GNSS 精密定位原理与方法

涂 锐 洪 菊 张鹏飞 王 进 李芳馨 著

科学出版社

北京

内 容 简 介

　　本书结合作者团队近年来的科研教学实践，总结和归纳了当前卫星定位技术手段，并详细给出了各种定位技术的原理、实现方法、性能分析和典型应用。本书共11章。第1章阐述卫星导航系统的进展；第2章介绍卫星精密定位技术的发展历程；第3章讲述卫星精密定位的误差源；第4章讲解单点定位技术；第5章讲解伪距差分定位技术；第6章讲解实时动态定位技术；第7章讲解精密单点定位技术；第8章讲述相位观测值模糊度固定技术；第9章讲解PPP增强定位技术；第10章讲述网络RTK定位技术；第11章讲述GNSS精密定位技术的发展态势。

　　本书可作为从事卫星导航专业的教学用书，也可作为科普读本帮助广大读者普及卫星导航定位基础知识。

图书在版编目（CIP）数据

GNSS精密定位原理与方法 / 涂锐等著. -- 北京：科学出版社，2025. 3. -- ISBN 978-7-03-081363-3

Ⅰ. P228.41

中国国家版本馆CIP数据核字第2025UP4367号

责任编辑：周　涵 / 责任校对：彭珍珍
责任印制：张　伟 / 封面设计：无极书装

科 学 出 版 社 出版

北京东黄城根北街16号
邮政编码：100717
http://www.sciencep.com

北京中科印刷有限公司印刷
科学出版社发行　各地新华书店经销

*

2025年3月第 一 版　　开本：720×1000 1/16
2025年3月第一次印刷　　印张：16 1/2
字数：332 000

定价：128.00元

（如有印装质量问题，我社负责调换）

前　言

全球导航卫星系统(GNSS)能提供全方位、全天候、全天时的高精度导航定位服务,已应用于国防科技、生产生活的方方面面。目前,高精度位置服务的精度范围涵盖米、分米、厘米和毫米量级,其时效性可分为事后模式和实时模式,其服务模式分为大众免费和行业收费,其定位模式分为绝对定位和相对定位。对于不同的用户,其精度、实时性、成本、定位模式要求均不相同,因此,有必要对各种定位手段进行详细了解,从而选取最佳的定位手段。本书结合团队近年来的科研教学实践,总结和归纳了当前卫星定位技术手段,并详细给出了各种定位技术的原理、实现方法、性能分析和典型应用,可以作为从事卫星导航专业的学习教材,也可以作为科普读本帮助广大读者普及卫星导航定位基础知识。

本书分为11章。第1章阐述卫星导航系统的进展;第2章介绍卫星精密定位技术的发展历程;第3章讲述卫星精密定位的误差源;第4章讲解单点定位技术;第5章讲解伪距差分定位技术;第6章讲解实时动态定位技术;第7章讲解精密单点定位技术;第8章讲述相位观测值模糊度固定技术;第9章讲解PPP增强定位技术;第10章讲述网络RTK定位技术;第11章讲述GNSS精密定位技术的发展态势。

由于作者知识和视野有限,时间仓促,书中难免有不妥之处,恳请读者批评指正。

本书的出版得到国家重点研发计划、山东省"泰山学者"特聘专家、山东省自然科学杰出青年基金、国家自然科学基金和中国科学院高层次人才计划等项目的资助,在此表示衷心感谢。

作　者
2025 年 2 月

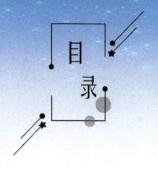

目 录

第
1
章

卫星导航系统进展

全球导航卫星系统(Global Navigation Satellite System,GNSS)利用导航卫星发射的无线电信号进行精确测时与测距,能够为用户提供连续、稳定、可靠的定位、导航和授时(Positioning,Navigation,and Timing,PNT)服务。GNSS包括中国北斗卫星导航系统(BeiDou Navigation Satellite System,BDS),美国全球定位系统(Global Positioning System,GPS),俄罗斯格洛纳斯导航卫星系统(GLObalnaya NAvigatsionnaya Sputnikovaya Sistema,GLONASS)和欧盟伽利略系统(Galileo)在内的全球性导航系统,日本准天顶卫星系统(Quasi-Zenith Satellite System,QZSS)和印度区域导航卫星系统(Navigation with Indian Constellation,NAVIC)在内的区域性卫星系统及其各类星基增强系统(Satellite-Based Augmentation System,SBAS),例如美国的WAAS(Wide Area Augmentation System),欧洲的EGNOS(European Geostationary Navigation Overlay Service),日本的MSAS(Multi-functional Satellite Augmentation System)和印度的GAGAN(GPS Aided GEO Augmented Navigation)。以下重点介绍BDS、GPS、GLONASS和Galileo四个全球性导航系统并简要介绍其他区域导航系统的发展历程。

1.1 北斗卫星导航系统进展

北斗卫星导航系统(以下简称北斗系统)是中国着眼于国家安全和经济社会发展需要,自主建设运行的全球卫星导航系统,是为全球用户提供全天候、全天时、高精度定位、导航和授时服务的国家重要时空基础设施。

中国高度重视北斗系统的建设发展,20世纪80年代,中国开始探索适合本国国情的卫星导航系统发展道路,形成了"三步走"的发展战略[1]。第一步,1994年启动第一代北斗卫星导航定位系统建设,该系统是根据陈芳允院士提出的利用两颗地球同步卫星进行导航定位的设想而建立的,采用有源定位体制,靠双星定位确定用户的平面位置,海拔高程依靠中心站内的地面高程模型来确定。中国自行研制的两颗北斗导航试验卫星于 2000 年 10 月 31 日和 2000 年 12 月 21 日相继从西昌卫星发射中心升空并准确进入预定的地球同步轨道(分别位于东经 80°和 140°赤道上空),组成了我国第一代卫星导航定位系统——北斗一号导航系统的卫星星座。2003 年,发射第 3 颗地球静止轨道卫星,进一步增强系统性能。同时,北斗一号巧妙设计了双向短报文通信功能,这是北斗的独创。北斗一号是探索性的第一步,初步满足了中国及周边区域的定位导航授时需求。中国卫星导航系统实现从无到有,使中国成为继美、俄之后第三个拥有卫星导航系统的国家。第二步,2004年启动北斗二号系统建设。2012 年完成了 14 颗卫星发射组网,包括 5 颗地球静止轨道卫星(Geostationary Earth Orbit,GEO)、5 颗倾斜地球同步轨道卫星(Inclined GeoSynchronous Orbit,IGSO)和 4 颗中圆地球轨道卫星(Medium Earth Orbit,MEO),北斗二号系统在兼容北斗一号系统技术体制的基础上,增加了无源定位体制,为亚太地区用户提供定位、测速、授时和短报文通信服务。北斗二号创新性构建的 5GEO＋5IGSO＋4MEO 的中高轨混合星座架构,可为亚太地区用户提供更高性能的定位导航授时服务,为全世界卫星导航系统发展提出了新的中国方案。第三步,2009 年启动北斗三号系统建设。北斗三号系统是由 3GEO＋3IGSO＋24MEO 构成的混合导航星座,系统继承有源服务和无源服务两种技术体制,为全球用户提供基本导航(定位、测速、授时)、全球短报文通信和国际搜救服务,同时可为中国及周边地区用户提供区域短报文通信、星基增强和精密单点定位等服务。2020 年 6 月 23 日,北斗三号系统最后一颗 GEO 卫星成功发射,标志着北斗三号系统全球服务星座部署完成;同时,7 月 31 日在北京人民大会堂举行的北斗三号全球卫星导航系统建成暨开通仪式,标志着北斗三号全球卫星导航系统正式开始向全世界提供连续稳定的导航定位授时服务。计划到 2035 年,将建成以北斗系统为核心,更加泛在、更加融合、更加智能的国家综合定位导航授时体系,进一步提升时空信息服务能力,实现北斗高质量建设发展。

北斗系统是全球第一个提供三频信号服务的卫星导航系统,使用双频信号可以减弱电离层延迟的影响,而使用三频信号可以构建更为复杂的模型,以此消除电离层延迟的高阶误差。同时,使用三频信号可以提高载波相位模糊度的解算效率,理论上还可以提高载波收敛速度。正因如此,GPS 系统也在扩展成三频信号系统。北斗二号在 B1、B2 和 B3 三个频段提供 B1I、B2I 和 B3I 三个公开服务信号。其中,B1 频段的中心频率为 1561.098 MHz,B2 为 1207.14 MHz,B3 为 1268.52 MHz。北斗三号在 B1、B2 和 B3 三个频段提供 B1I、B1C、B2a、B2b 和 B3I 五个公开服务信号。其中,B1 频段的中心频率为 1575.42 MHz,B2 为 1176.45 MHz,B3 为 1268.52 MHz。

北斗系统由空间段、地面段和用户段 3 部分组成。北斗系统的空间段由 3 类混合星座的卫星构成,北斗三号系统目前由 3 颗 GEO 卫星、3 颗 IGSO 卫星和 24 颗 MEO 卫星组成,其中 MEO 卫星运行在 3 个轨道面上,轨道面之间相隔 120°,均匀分布。北斗卫星导航系统的地面段包括主控站、注入站、监测站等若干地面站以及星间链路运行管理设施。主控站从监测站接收数据并进行处理,生成卫星导航电文和差分完好性信息,而后交由注入站执行信息的发送。同时,主控站还负责管理、协调整个地面控制系统的工作。注入站用于向卫星发送信号,对卫星进行控制管理,在接受主控站的调度后,将卫星导航电文和差分完好性信息向卫星发送。监测站用于接收卫星的信号,并发送给主控站,实现对卫星的跟踪、监测,为卫星轨道确定和时间同步提供可靠的观测资料。用户段包括北斗和兼容其他卫星导航系统的芯片、模块、天线等基础产品,以及终端设备、应用系统与应用服务等。

1.2　GPS 卫星导航系统进展

苏联于 1957 年 10 月 4 日成功发射了世界上第一颗人造地球卫星,美国霍普金斯大学应用物理实验室的韦芬巴赫等学者在苏联这颗卫星入轨不久,在地面已知坐标点上对其进行跟踪并捕获到了它发送的无线电信号,测得它的多普勒频移,进而解算出了苏联卫星的轨道参数,掌握了其在空间的实时位置。根据这一观测结果,该实验室的麦克雷等学者提出了一个"反向观测"设想:有了地面已知点可求得在轨卫星的空间坐标;反之,如果知道卫星的轨道参数,也能求解出地面观测者的点位坐标。1958 年 12 月,美国海军委托霍普金斯大学应用物理实验室开始研制基于上述"反向观测"原理的世界上第一代卫星导航系统。即把在轨卫星作为空间的动态已知点,通过测量卫星的多普勒频移,解算出观测者(舰艇)的在途坐标,进而实现军用舰艇等运动客体的导航定位。这一系统被称为美国海军卫星导航系统(Navy Navigation Satellite System, NNSS)。1967 年 7 月 29 日,美国政府宣布对子午卫星系统(TRANSIT)的导航电文进行部分解密而供民用。尽管 TRANSIT 在导航技术的发展中具有划时代的意义,但它存在观测时间长、定位速度慢(2 个小时才有一次卫星通过,一个点的定位需要观测 2 天),不能满足连续实时三维导航的要求,尤其不能满足飞机、导弹等高速动态目标的精密导航要求。于是,美国国防部于 1973 年开始组织研制能满足陆、海、空三军需要的"导航卫星定时和测距全球定位系统"(Navigation Satellite Timing and Ranging Global Positioning System),简称 GPS(全球定位系统)。GPS 计划的实施分为三个阶段:第一阶段为方案论证和初步设计阶段。1978 年到 1979 年,在加利福尼亚的范登堡空军基地采用双子座火箭发射 4 颗试验卫星,主要验证定位体制和地面测控能力。第二阶段为研制和试验阶段。1979 年到 1984 年,陆续发射了 7 颗 BLOCK-I 的试验卫星,进一步验证定位体制,实验结果表明 L1 C/A 码信号定位精度达到 14 m。第三阶段为空间组网阶段,1989 年到 1994 年,陆续发射了 9 颗 Block-II 型和 15 颗 Block-IIA 型工作卫星,从而建成了由 24 颗卫星组成的 GPS 星座,包括 21 颗工作卫星和 3 颗在轨备用卫星,它们分布在离地高约 20200 km 的 6 个近似于圆形的轨道上,每个轨道 4 颗,各轨道间的交角为 60°,轨道的长半轴为 2656 km,轨道面倾角为 55°,卫星运行周期为 11 时 58 分。1995 年美国国防部宣布 GPS 可提供完全运行服务(Full Operational Capability,FOC),利用 L1 C/A 码信号为民用用户提供标准定位服务(Standard Positioning Service,SPS),利用 L1P(Y)码信号和 L2P(Y)码信号为授权用户提供精密定位服务(Precise Positioning Service,PPS)。该系统由空间段、地面监控段和用户段 3 部分组成。GPS 作为军民两用系统,随着 GPS 应用的不断深入,GPS 存在的一些问题影响了 GPS 的效能。1999 年美国正式实施"GPS 现代化",用当前先进的技术改进和完善 GPS,确定了两个主要目标:其一,增强 GPS 强对抗环境下的定位导航授时服务能力,即所谓"导航战"能力,主要包括增加新的 M 码信号、星上信号可调功能、V 频段高速星间星地链路、点波束增强、可变导航有效载荷等;其二,增强 GPS 在全球民用卫星导航市场的竞争能力,主要包括增加 L2 频段的 L2C 民用信号和 L5 频段主要用于民用航空导航的 L5 信号。GPS 还以其空间段、地面运控段和用户段三大组成的现代化进程进行规划部署。①GPS 空间段现代化涉及 5 个型号,分别为 GPS-2RM、GPS-2F 和 GPS-3A/3B/3C 卫星(现 GPS-3 卫星已经调整为 2 个型号,分别为 GPS-3 和 GPS-3F 卫星)。②GPS 运行控制系统现代化分两个阶段进行,分别为体系结构演进计划(Architecture Evolution Plan,AEP)和运行控制系统(Operational Control System,OCS)。AEP 于 2012 年底完成,实现了 GPS 运行控制系统从大型主控计算机控制结构向分布式 IT 网络控制结构的转变。这种控制结构的转变提升了 GPS 运行控制系统的可靠性、稳健性与 GPS 星座的运行控制能力,也为 GPS 新一代运行控制系统的建设与发展奠定了基础,同时也使赛博安全成为 GPS 运行控制系统必须解决的问题。OCS 除保证 GPS 卫星的运行管理,以及新的军、民用信号(M 码、L2C、L5C 和 L1C)、支持在轨升级、信号重构、高速星间/星地链路和点波束功率增强等新信号、新功能的运行外,最重要的变化是增加了 GPS 运行控制系统的赛博安全与信息保证能力。③GPS 军事用户装备现代化的主要内容同样包含两个部分:其一,研发充分发挥现代化 GPS 能力、满足新军事需求的 GPS 军用核心芯片与板卡;其二,各军兵种以 GPS 军用核心芯片与板卡为基础研发满足各自需求的用户装备[2]。

2001 年,美国开始研发 GPS(全球定位系统)第四代导航卫星 BLOCK-III,在保持 BLOCK-II 导航卫星能力的基础上,新一代导航卫星 BLOCK-III 将播发第四民用信号 L1C,该信号计划与欧洲伽利略、中国北斗、俄罗斯格洛纳斯在 L1 频点(1575.42 MHz)实现兼容互操作。按最初的计划,新一代导航卫星GPS-3卫星分为 A、B、C 三个型号,每个型号安排一或两项功能或能力的重要增量(L1C 互操作信号与搜索救援功能、高速星间星地链路、点波束增强),由于计划拖延,2017 年底美国空军调整了 GPS-3 卫星研发计划,由原来的 3 个型号调整为 GPS-3 和 GPS-3F 卫星 2 个型号,其中 F 的含义为后续型号。2018 年 2 月,美国空军宣布将发布后续 22 颗 GPS-3 卫星的征询建议书,并将其命名为 GPS-3F 卫星。美军在推进 GPS 接收机现代化的过程中,主要以提高 GPS 用户接收机抗干扰能力为核心,同时降低接收机功耗、体积和质量。目前主要在四个方面采取措施提高接收机的抗干扰能力,首先是改进接收机抑制同相多径干扰设计;其次是采用窄区相关技术,提高伪码测距测量精度;再次是增加微带天线的馈电点,即保证电波圆极化,这样又可以实现天线相位中心的高度稳定性;最后是研发 P 码信号直接捕获接收机[3]。

1.3　GLONASS 卫星导航系统进展

俄罗斯的全球卫星导航系统(GLONASS)是继美国全球定位系统之后的第二个建成并使用的全球卫星导航系统。GLONASS 的研发始于 1976 年,从 1982 年 10 月 12 日开始,苏联发射了大量的火箭,GLONASS 卫星不断入轨,苏联解体后,俄罗斯继续实行该计划,到 1995 年 12 月,组成了由 24 颗工作卫星构成的空间星座。在经过一系列的调试后,整个系统终于在 1996 年 1 月 18 日正常运行。不过,此后俄罗斯的经济持续走低,系统的维持和补网发射难以为继,加之当时 GLONASS 卫星的设计寿命只有 3 年,在轨运行卫星的数量迅速下降,在 2001 年一度下降到 6 颗,整个系统几近崩溃。2002 年后,随着俄罗斯的经济好转,GLONASS 的复兴开始提上日程。2003 年后,工作寿命可以达到 7 年的新型 GLONASS-M 卫星不断升空,GLONASS 稳步升级。2011 年 2 月,首颗质量更轻、寿命更长的新一代GLONASS-K卫星成功进入预定轨道。GLONASS 覆盖俄罗斯全境至少需要 18 颗卫星,实现全球覆盖则至少需要 24 颗卫星。2011 年 12 月,已经有 24 颗 GLONASS 卫星同时在轨运行,GLONASS 第二次实现了全球覆盖。

GLONASS 由空间星座、地基控制和用户设备 3 部分组成。空间星座部分由 23+1 颗卫星组成,其中 23 颗为工作卫星,1 颗为备用卫星。卫星分布在 3 个等间隔的椭圆轨道面内,每个轨道面上分布有 8 颗卫星,同一轨道面上的卫星间隔45°。卫星轨道面相对地球赤道面的倾角为 64.8°,轨道偏心率为 0.001,每个轨道平面的升交点赤经相差 120°,卫星平均高度为 19100 km,运行周期为 11 时 15 分,地迹重复周期为 8 天,轨道同步周期为 17 圈。由于 GLONASS 卫星的轨道倾角大于

GPS 卫星的轨道倾角,所以在高纬度(50°以上)地区的可见性较好。和 GPS 不同,GLONASS 采用频分多址(Frequency Division Multiple Access,FDMA)的信号体制,频率分别为 $L_1 = 1602 + n \times 0.5625$ (MHz)和 $L_2 = 1246 + n \times 0.4375$ (MHz),其中 n 的取值 1~24,是每颗卫星的频率编号,同一颗卫星满足 $L_1/L_2 = 9/7$。GPS 的卫星信号采用码分多址(Code Division Multiple Access,CDMA)体制,根据调制码的不同区分卫星,每颗卫星的信号频率和调制方式相同。采用 FDMA 的初衷是为了提高系统的抗干扰能力,防止整个系统被敌方干扰,但同时也给 GLONASS 的商业化推广增加了阻力。近年来,随着商用精度的不断提高,FDMA 的劣势尽现,俄罗斯也开始在 GLONASS 卫星的波段中增加 CDMA 信号[4]。地基控制部分(Ground Control Segment,GCS)包括位于莫斯科 Geolisyno-2 的系统控制中心和分布在全俄罗斯境内的指令跟踪站(Command Tracking Station,CTS)组成的网络。CTS 有 St. PetersBurg, Ternopol, Eniseisk, Komsomolskna-Amure 4 个。每个 CTS 内都有高精度时钟和激光测距装置,它的主要功能是跟踪观测 GLONASS 卫星,进行测距数据的采集和监测,系统控制中心的主要功能是收集和处理 CTS 采集的数据。最后由 CTS 将 GLONASS 卫星状态、轨道参数和其他导航信息上传至卫星。用户部分由接收机和处理导航信号的处理软件组成,主要功能是接收、处理卫星信号,为用户提供坐标、速度和时间等数据。GLONASS 接收机接收卫星发出的信号并测量其伪距和速度,同时从卫星信号中选出并处理导航电文。接收机的计算机对所有输入的数据处理后,推算出位置坐标、速度矢量的三个分量和时间。

为了保持俄罗斯在卫星导航领域的地位,追赶 GPS 现代化的步伐,2001 年 8 月,俄罗斯政府通过了"Global Navigation System(2002−2011)"项目,计划投资 4.2 亿美元,重建 GLONASS,从而拉开了 GLONASS 现代化的序幕。GLONASS 空间段现代化主要包括三个阶段[5]:第一阶段,维持 GLONASS 卫星"最低需求水平"的轨道星座;第二阶段,开发 GLONASS-M 卫星,基于 GLONASS 卫星和 GLONASS-M 卫星实现 18 颗卫星的星座部署;第三阶段,开发 GLONASS-K 卫星,基于 GLONASS-M 卫星和 GLONASS-K 卫星实现 24 颗卫星的星座部署。在 2019 年 12 月 11 日,俄罗斯又成功发射一颗 GLONASS-M 卫星。目前,GLONASS 在轨可工作卫星一共有 28 颗,设置为健康工作卫星的有 21 颗,其额定星座应该是 24 颗。俄罗斯联邦航天局 2013 年 1 月 12 日发布《俄罗斯 2013—2020 年空间活动》的文件,宣布至 2020 年还将建造并发射 13 颗 GLONASS-M 卫星以及 22 颗 GLONASS-K 卫星。预计 2025 年发射 GLONASS-KM 卫星。各型号卫星的特性如表 1 - 1 所示。

表 1-1　GLONASS 参数

卫星类型	服务时间	FDMA 频点/MHz		CDMA 频点/MHz		
		$1602+n$ $\times 0.5625$	$1246+n$ $\times 0.4375$	16000.995 MHz	1248.06 MHz	1202.25 MHz
GLONASS	1982—2005 年	L_1OF, L_1SF	L_2SF			
GLONASS-M	2003—2016 年	L_1OF, L_1SF	L_2OF, L_2SF			L_3OC*
GLONASS-K	2011—2018 年	L_1OF, L_1SF	L_2OF, L_2SF			L_3OC*
GLONASS-K2	2017 年开始	L_1OF, L_1SF	L_2OF, L_2SF			L_3OC*

注："O"为开放信号；"S"为模糊、高精度信号；"F"为 FDMA；"C"为 CDMA；"L_3OC*"表示 2014 年以后发射的 M 卫星具有 L_3OC 信号；n 为频率号。

1.4　Galileo 卫星导航系统进展

1999 年,欧洲提出了建立"伽利略"(Galileo)导航卫星系统的计划。经过长时间的酝酿,2002 年 3 月 26 日,欧盟 15 国交通部长会议一致决定,正式启动"伽利略"导航卫星计划(以下简称 Galileo 计划),这标志着欧洲将拥有自己的卫星导航定位系统。2003 年 5 月 26 日,欧盟及欧洲航天局通过了 Galileo 计划的第一部分,是由包括 1999 年法国、德国、意大利及英国四国各自提出的不同概念,经四国的工程师将之整合而成的。理论上,欧洲的 Galileo 系统主要是供民用,不会把系统资源全部抽取作军事用途,到系统完工开放时,将会给全球的军、民共同使用。经过多方论证后,采用方案为:系统由轨道高度为 23616 km 的 30 颗卫星组成,其中 27 颗工作星,3 颗备份星。每次发射将会把 5 或 6 颗卫星同时送入轨道,并于 2002 年 3 月正式启动。系统建成的最初目标时间是 2008 年,但由于资金等问题,延长到了 2011 年。2010 年初,欧盟委员会再次宣布,Galileo 系统将推迟到 2014 年投入运营。Galileo 卫星导航系统的第一颗试验卫星 GIOVE-A 于 2005 年 12 月 28 日发射,第一颗正式卫星于 2011 年 8 月 21 日发射。截至 2016 年 5 月,已有 14 颗卫星发射入轨。Galileo 系统于 2016 年 12 月 15 日在布鲁塞尔举行激活仪式,提供早期服务,并于 2017 年到 2018 年提供初步工作服务,目前其在轨可工作卫星为 26 颗,分为两类:一类是在轨验证卫星,共 4 颗,其中 3 颗设置为正常工作,1 颗只有搜索救援载荷(Search and Rescue,SAR)能够工作;另一类是完全工作卫星,共有 22 颗,其中有 2 颗当时由于发射失误未进入预定轨道,成为椭圆轨道,还有 1 颗备份星,设置为正常工作的卫星有 19 颗。从 2021 年开始至 2027 年,欧洲将推进其单一的空间计划,将哥白尼对地观测(遥感)与 Galileo/EGNOS,以及通信卫星等实现集成组合。Galileo 提供的服务有开放服务、商用认证服务、公共规范服务,以及生命安全服务。

Galileo 系统的总体结构包括空间星座、地面监控和用户设备 3 个部分。空间星座由分布在 3 条轨道上的 30 颗中等高度轨道卫星(MEO)构成。卫星离地面高度 23222 km,3 条轨道的倾角为 56°(每条轨道将有 9 颗卫星工作,另有 1 颗作为后备),卫星寿命 12 年以上,卫星质量 675 kg,卫星长、宽、高为 2.7 m×1.2 m×1.1 m[6]。地面监控部分由完好性监控系统、轨道测控系统、时间同步系统和系统管理中心组成。Galileo 系统的地面段主要由 2 个位于欧洲的 Galileo 控制中心(Galileo Control Center, GCC)和 29 个分布于全球的 Galileo 传感器站(Galileo Sensor Station, GSS)组成,另外还有分布于全球的 5 个 S 波段上行站和 10 个 C 波段上行站,用于控制中心与卫星之间的数据交换。控制中心与传感器站之间通过冗余通信网络相连。全球地面部分还提供与服务中心的接口、增值商业服务以及与"科斯帕斯-萨尔萨特"(COSPAS-SARSAT)的地面部分一起提供搜救服务。

1.5　其他卫星导航系统进展

GNSS 除了上述四个全球卫星导航系统外,还包括日本的准天顶卫星系统 QZSS,印度的 NAVIC 等区域性系统,以及如美国的 WAAS、欧洲的 EGNOS、日本的 MSAS、印度的 GAGAN 以及伪卫星等增强系统。本节简要介绍 QZSS、NAVIC、WAAS 和 EGNOS。

QZSS 是由日本宇宙航空研究开发机构(Japan Aerospace Exploration Agency, JAXA)研发和实施的区域性卫星导航及增强系统[7]。QZSS 可以在两方面增强全球定位系统的性能:一方面可以增进 GPS 信号的可用性;另一方面可以增加 GPS 导航的准确度和可靠度。QZSS 卫星发送的 GPS 可用性增强信号和现代化的 GPS 信号相容,因此确保了两系统的互通性。QZSS 卫星将发送 L1C/A 信号、L1C 信号、L2C 信号和 L5 信号。这将大大减少对于规范及接收机设计的改动。QZSS 自 2010 年发射第一颗卫星以来,目前已发射 3 颗 IGSO 卫星和 1 颗 GEO 卫星,并在 2018 年 11 月正式提供服务。QZSS 计划在 2026 年实现七星运行体系,从而实现更稳定的定位服务。

QZSS 由地面系统和空间星座两部分组成。QZSS 空间星座由位于 3 个高椭圆轨道上的 3 颗 IGSO 卫星组成。QZSS 空间星座的设计,确保在仰角 60°以上的空间,至少可以看到 1 颗 IGSO 卫星,这也是 QZSS 之所以被称为"准天顶"导航卫星系统的原因。QZSS 地面系统由主控站、跟踪站和监测站组成,主要位于日本境内、班加罗尔、曼谷、堪培拉、夏威夷、关岛等地,遍及其服务覆盖区域。与 Galileo 和 GPS 不同,QZSS 地面站使用专用天线,能够像 GEO 卫星一样,和卫星保持不间断地通信。C 波段的通信链路用于跟踪、遥测和控制。

印度区域导航系统(Indian Regional Navigation Satellite System, IRNSS)在 2016 年 4 月发完第 7 颗卫星后改名为 NAVIC,这是一个由印度空间研究组织(Indian Space Research Organisation，ISRO）发展的自由区域型卫星导航系统，2014年至2016年陆续发射了7颗自主研制的IRNSS区域导航系统卫星，成功完成七星组网。同美国的GPS系统一样，印度区域卫星导航系统将提供两种服务，包括民用的标准定位服务和供特定授权使用者（军用）的限制型服务。NAVIC系统由空间段、地面控制段和用户段组成，现有7颗卫星。其中3颗卫星位于印度洋上空的GEO轨道，轨道倾角为5°，分别位于34°E、83°E和132°E。另外4颗采用IGSO轨道，部署在两个轨道面上，轨道倾角均为29°，分别位于55°E和111°E，实现了印度本土区域内对7颗NAVLC卫星的连续可见。系统信号采用3个工作频段：C波段、S波段和L波段。其中，C波段主要用于测控，S波段和L波段主要为用户提供导航定位服务。标准定位服务和精密定位服务信息调制在S波段和L波段的L5上。政府授权用户服务信息只调制在L5频率上。S波段的导航信号由卫星上的相控阵天线发射，确保覆盖区域和信号。地面控制段主要作用是产生和发射导航数据、卫星控制、测距和完好性监控以及授时，主要由ISRO导航中心（ISRO Navigation Center，INC）、测距与完好性监测站（IRNSS Range and Integrity Monitoring Stations，IRIMS）、CDMA测距站（IRNSS CDMA Ranging Stations，IRCDR）、NAVIC网络授时中心（IRNSS Network Timing Centre，IRNWT）、卫星控制设备（Satellite Control Facility，SCF）、数据通信网络（IRNSS Data Communication Network，IRDCN）和激光测距站（International Laser Ranging Station，ILRS）组成。INC是地面控制段的控制中心，主要用来产生导航数据；IRIMS完成对NAVIC卫星的连续单向测距，确定星座的完好性；IRCDR完成NAVIC卫星的精确双向测距；IRNWT则是产生、保持和分配NAVIC网络时间；SCF通过遥感跟踪指挥网控制空间段；IRDCN向NAVIC网络提供数字通信中枢；ILRS是指应用技术定期对NAVIC轨道进行校正[8,9]。

WAAS是美国联邦航空管理局（Federal Aviation Administration，FAA）主导的星基增强系统（Satellite Based Augmentation System，SBAS），为满足美国民用航空对GPS更高的定位精度要求，特别是完好性要求，1992年，FAA在美国GPS广域差分系统（Wide Area Differential GPS，WADGPS）的基础上，设计了利用位于地球同步静止轨道的通信卫星（GEO卫星）广播GPS差分修正数据和完好性信息，实现在北美地区GPS的SBAS服务。WAAS的GEO卫星不仅播发增强信号，作为完好性报警通道，同时还播发测距信号，利用GEO卫星覆盖范围大且位置相对稳定的特点，提高GPS星座用户可见卫星数量。目前WAAS只能为美国本土提供GPS的完好性增强服务，WAAS的目标是改善GPS的PNT服务的完好性和定位精度，最终目的是提供直至精密进场着陆的所有飞行阶段参数的导航服务。目前FAA正在开展双频（L1，L5）多系统（Dual-Frequency Multi-Constellation，DFMC）的建设，持续开展GEO卫星升级、现有地面设备的更新换代、技术更新。

WASS 由地面段、空间段和用户段 3 部分组成,其中地面段由 38 个广域参考站(Wide-area Reference Stations,WRSs)、3 个位于美国本土大陆两端的广域主控站(Wide-area Master Stations,WMSs)、6 个地面上行链路站(Ground Uplink Stations,GUSs)、2 个系统运行中心(Operational Centers,OCs)以及陆地通信网络(Terrestrial Communication Network,TCN)组成,其中地面上行链路站一般又称为地球站(Ground Earth Stations,GESs)。WAAS 空间段利用 3 颗 GEO 卫星组成,GEO 卫星也称完好性通道,透明转发由地面 WMSs 生成的增强信息。WAAS 用户段通常配置嵌入 WAAS 模块的 GPS 接收机,能够接收 GPS 信号的同时接收 GEO 卫星播发的增强信息,通信协议需要满足 RTCA MOPS DO 229 等 SBAS 相关标准[10]。

欧洲地球静止轨道卫星导航重叠服务(European Geostationary Navigation Overlay Service,EGNOS)系统是 GPS 在欧洲的星基增强系统(SBAS),目的是在欧洲民用航空委员会服务区域从定位精度和完好性两个方面改善 GPS 的导航性能,其中完好性需要满足导航服务的可用性和连续性指标要求。EGNOS 系统通过 GEO 卫星广播 GPS 卫星轨道和时钟改正数、电离层延迟改正数、完好性信息,给出具有较高置信度的位置误差边界,以达到增强 GPS 服务的目标。2002 年,欧盟和欧空局(ESA)启动 EGNOS 系统论证,2005 年建设地面运行控制系统并同步部署卫星,2008 年 1 月系统空间段卫星播发导航增强信号,2010 年 EGNOS 全面运营。EGNOS 系统由地面段、空间段、用户段 3 部分组成,地面由 4 个任务控制中心(Mission Control Center,MCC)、41 个地面测距和完好性监测站、6 个地面导航增强信息注入站(Navigation Land Earth Station,NLES)和 1 套 EGNOS 系统广域通信网络(Egnos Wide Area Network,EWAN)组成。MCC 负责任务控制和数据处理工作,4 个 MCC 中 1 个工作,1 个热备,2 个冷备;41 个 RIMS 分布在欧洲 20 余个国家,负责监测 CPS 和 GLONASS 卫星信号。空间段包括 3 颗 GEO 卫星,卫星播发中心频点为 1575.42 MHz 的 EGNOS 增强信号。此外,EGNOS 系统配置了系统性能评估和检查机构(Performance Assessment and Checkout Facility,PACF)以及应用专门鉴定机构(Application Specific Qualification Facility,ASQF)作为系统正常运行的支撑机构。用户段由兼容 GPS 和 GLONASS 的 EGNOS 接收机组成,主要服务民用航空用户,也可以扩展到航海和铁路等交通领域用户。EGNOS 系统用 3 颗 GEO 卫星覆盖整个欧洲服务区,包括 2 颗 Inmarsat-Ⅲ通信卫星(AOR-E 和 IOR-W)和 1 颗 ESA Artemia 通信卫星,其中 Inmarsat-Ⅲ AOR-E 卫星定点在 15.5°W;Inmarsat-Ⅲ IOR-W 卫星定点在 65.5°E;ESA Artemia 卫星定点在 21.3°W。EGNOS 系统提供三种服务模式:一是开放服务(Open Service,OS),2009 年 10 月 1 日,EGNOS 系统向欧洲公众用户免费提供 OS 等级的增强服务,连续监测表明在 99% 的时间内,EGNOS 系统可以将 GPS 的定位精度提高到 1～2 m。二是生命安全服务(Safety Of Life Service,SOL),2011年 3 月 2 日,欧洲卫星服务提供商(European Satellite Services Provider,ESSP)宣布在欧洲委员会(European Commisaion,EC)的授权下,EGNOS 系统向欧洲航空用户提供最高等级的 SOL 增强服务,在 6 s 内给出系统增强信号不可用完好性报警信息。三是商业数据发布服务(Commercial Data Distribution Service,CDDS),2010 年 4 月,EGNOS 系统向商业和专业用户提供高精度的双频伪距和载波相位观测信息、实时差分改正数以及系统完好性信息,用户必须付费方可使用[11,12]。

卫星精密定位技术的发展历程

民用用户对 GNSS 性能的需求不断提高,特别是更高的精度、更高的可靠性、更低的成本和更快的结果等需求的出现,促使 GNSS 定位技术朝着实时、高精度和高可靠性的方向发展。卫星导航定位技术按定位模式可分为绝对定位和相对定位。下面详细介绍绝对定位和相对定位的发展历程。

2.1 绝对定位技术发展历程

根据卫星星历以及一台 GNSS 接收机的观测值来独立确定该接收机在地球坐标系中的绝对坐标的方法称为单点定位,也称绝对定位。传统的 GNSS 单点定位是指利用伪距及广播星历,采用距离交会法解算接收机天线所在点的三维坐标,又称伪距单点定位或者标准单点定位。伪距单点定位数据采集和数据处理简便,不存在整周模糊度解算问题,定位速度快,但伪距观测值精度比较低,采用民用码伪距观测值定位精度在 10 m 左右,采用军用码伪距观测值定位精度在 3 m 左右。军用码定位需要授权使用军用接收机才可以定位,因此其使用范围较小,只能满足低精度导航定位领域的需求。在科学技术高速发展的今天,精密定位的需求量与日俱增,在地图更新、军(民)用导航、火力单元指挥控制、油气管道监控等一大批工程项目的应用中占有主导地位。因此,高精度精密单点定位(Precise Point Positioning,PPP)技术快速发展并被应用。PPP 指的是用户利用一台 GNSS 接收机采集的载波相位和测码伪距观测值,采用高精度的卫星轨道和钟差产品,并通过模型改正或参数估计的方法精细考虑与卫星端、信号传播路径及接收机端有关误差对定位的影响,实现毫米至厘米级高精度定位。Zumberge 等[13]将 PPP 理论研究成果在 GIPSY 软件上开发实现,经实际数据验证,静态单天解精度达 1~2 cm,后处理仿真动态解精度可达 2.3~3.5 dm。Kouba 和 Héroux[14]利用无电离层组合观测值获取的定位结果表明,长期静态数据的非差 PPP 定位精度可达厘米级;然而该组合放大了观测值噪声且忽略了电离层高阶项对位置估算的影响,限制了高精度定位应用。卡尔加里的 Gao 和 Shen[15]为固定各个频率模糊度且消除电离层的影响,提出了一种无电离层组合模型,并基于该模型开发了 P3 精密定位软件并用于商业用途,该方式相比于无电离层组合函数模型,具有较小的组合观测噪声并且保留了独立频率上模糊度参数,为解决传统 PPP 模型无法固定单频点模糊度问题提供了可行性方案;然而 UofC 模型造成了观测值之间相关性,增加了待估参数,且无法消除电离层二阶项的影响。武汉大学的叶世榕[16]利用自主开发软件对非差 PPP 进行研究,结果表明静态定位解精度平面优于 2 cm,高程优于 3 cm;由于相位观测值中整周未知数的存在,导致动态定位收敛时间至少 15 min,动态定位精度三维方向优于 2 dm。自 20 世纪 90 年代以来,先后历经了从 GPS 单系统到 GNSS 多系统,从双频到单频再到多频,从模糊度浮点解到模糊度固定解,从后处理到实时的发展过程。主要解决的是 PPP 的精度、时效和可靠性三大问题,其核心是 PPP 模糊度固定和快速初始化。在 PPP 的发展过程中贯穿了三条发展主线:①浮点解到固定解的发展主线;②后处理到实时的发展主线;③单系统到双系统乃至多系统集成的发展主线。这三条发展主线并非平行独立发展,而是相互交叉并融合。浮点解到固定解的发展过程主要围绕如何固定非差模糊度为核心[17-21];后处理到实时的发展主线主要围绕高精度实时卫星轨道和高频卫星钟差产品处理为重点[22,23];单系统到多系统集成的发展主线主要围绕系统间偏差、频间偏差和频内偏差的估计与建模为关键[24-29]。

2.2　相对定位技术发展历程

GNSS 相对定位是 20 世纪 80 年代发展起来的一种卫星定位技术。因其无须通视、可全天候观测、成本相对低廉等优点,在大地测量、工程建设以及地球科学研究等领域得到了广泛应用[30]。相对定位技术利用多点采集的观测数据确定未知点相对已知点的位置,主要有基于双差观测值的相对定位技术。

基于双差观测值的相对定位技术根据所用观测值的不同分为伪距差分定位技术和载波相位差分技术。在伪距单点定位精度无法满足要求的低成本定位中,可以采用伪距差分定位削弱对流层、电离层延迟的影响,从而提高定位的准确度。伪距差分可以通过观测值域差分和坐标域差分两种方式实现,对于能够输出 GNSS 伪距观测值的用户,可以直接采用观测值域的伪距差分技术实现相对定位。而在早期的智能设备和物联网设备中,考虑到功耗和用户需求,均不支持原始观测值的输出,仅返回 NMEA 信息给用户,此时用户只能基于坐标信息,通过坐标域差分实现相对定位,与观测值域差分类似,也能显著提高定位精度[31,32]。尽管如此,基于伪距的差分定位精度仍然在米级水平,难以满足高精度定位需求。

1981 年,Counselman 等首次提出基于双差伪距和载波相位观测值实现厘米级高精度定位[33],双差观测值消除了接收机钟差、卫星钟差、接收机和卫星端硬件延迟的影响,削弱了对流层、电离层延迟和卫星轨道误差,并且载波相位观测值的分辨率为毫米级,因此能够获得实时高精度定位结果,尤其是在短基线定位中。对于长基线,由于大气延迟的相关性降低,双差后的大气延迟较大,导致模糊度固定困难,此时需要对大气延迟参数进行估计,或者采用多频观测值进行削弱。为了扩大差分定位技术在实时高精度定位中的作用范围,有学者提出了网络实时动态差分定位(Real-Time Kinematic,RTK)技术,根据具体实施方案的不同包括区域改正数技术(Flächen Korrektur Parameter,FKP)、主辅站技术(Master-Auxiliary Concept,MAC)、虚拟参考站技术(Virtual Reference Station,VRS)[34,35]和综合误差内插技术(Combined Bias Interpolation,CBI)[36],其主要区别在于误差改正数的生成以及用户端定位方式的不同。基于双差伪距和载波相位观测值的相对定位技术已经广泛应用于大地测量、海洋测绘、地壳形变监测等领域。

为了避免整周模糊度问题,有学者提出了基于历元差分的相对定位技术,该方法采用相位历元差分消除了整周模糊度[37-40],并且可以基于单台接收机实现短时间内的高精度相对定位,尽管定位误差会随着观测时间增加而累积,该技术仍然具有较大的潜力[41]。

2.3　融合定位技术发展历程

2.3.1　多模多频 GNSS 观测的融合定位技术

随着美国 GPS 的不断现代化、俄罗斯 GLONASS 的逐步恢复以及中国 BDS 和欧盟 Galileo 的快速建设与发展,多模 GNSS 融合是高精度、高可靠性导航定位服务的必然趋势。为了促进多系统 GNSS 间的兼容和互操作能力,国际 GNSS 服务(International GNSS Service,IGS)于 2003 年成立多系统 GNSS 工作组(Multi-GNSS Working Group,MGWG),并于 2012 年开始建立多系统组合 GNSS 试验跟踪网(Multi-GNSS Experiment,MGEX)。

GNSS 多系统组合不仅能增加可用卫星数量,增强观测系统的冗余度,改善空间几何结构,提高导航定位的精度、可用性与可靠性,而且还可以提高周跳探测与修复的成功率与可靠性,缩短初始化时间,扩展网络 RTK 中基准站和流动站间的作用距离,以及提高卫星导航系统的自主完备性监测能力[42,43]。但是,各卫星导航系统是由不同国家根据自身的实际需要和客观情况所建立的,在星座设计、信号体制以及时空基准等方面存在显著差异,这给多模 GNSS 融合带来了一系列挑战。

因此,如何充分利用所观测到的 GNSS 多系统信号进行导航定位解算以获得最优的性能,提高 GNSS 系统间的兼容、互操作水平[44,45],已成为当前 GNSS 导航定位领域的研究热点。

对于标准单点定位(Standard Single Point Positioning,SPP)和精密单点定位(PPP),多模 GNSS 组合通常采用附加系统偏差的方式来解决系统基准不一致的问题,或者采用事先标定的参数对系统间偏差进行校正[46,47]。无论哪种方式,对单站定位性能的提高都是显而易见的,尤其是城市、峡谷等 GNSS 信号遮挡地区[48-50]。

对于相对定位,多模 GNSS 组合包括松组合和紧组合两种模式。松组合定位在每个系统内选择独立参考卫星,只在系统内组成双差观测值,然后联合各系统的双差观测值进行多系统相对定位解算[51]。松组合能够在一定程度上改善单系统的导航定位性能,并没有在精密相对定位中实现 GNSS 系统间的互操作性和可互换性。因此,又有学者提出紧组合定位模式,即在组合定位时,不同 GNSS 系统组成双差时只选择一颗参考星,这样不仅可以形成系统内的双差观测值,还可以形成系统间的双差观测值[52]。相较于松组合模型,紧组合模型可以减少参考星的个数,增加额外观测方程,改善模型的强度,提高观测数据利用率,进一步提高组合相对定位的精度、可用性以及可靠性[53-55]。

2.3.2　GNSS 与其他测量手段的融合定位技术

GNSS 具有全天候、高精度的先天优势,但在信号遮挡地区无法为用户提供高精度定位服务。因此,GNSS 技术与其他导航定位技术或者信息融合是无缝导航定位的必然选择。

在多传感器融合时,根据不同的应用场景,选择不同的传感器或可用信息。例如,对于车载平台,可以选择的传感器有相机、超声波、GPS、IMU[Inertial Measurement Unit,(惯性测量单元)惯性传感器]、LiDAR(Laser Radar,激光雷达)、RADAR(Radar,雷达)等[56];而对于智能设备(手机、平板等),主要为 GPS、IMU、声学定位设备、气压计、蓝牙、WiFi 等[57]。无论选择何种传感器,其最终目的仍然是为用户提供高可靠性、高精度的位置和姿态信息。其中,GNSS 和 IMU 组合是最常用的组合定位方式,也是最为成熟的多传感器组合定位技术,其在组合解算时,根据 IMU 器件的性能而采用不同的组合方法,对于低成本 IMU 设备,由于其稳定性较低,一般采用船位推算的方式进行解算[58],而对于高精度 IMU,一般采用积分的方法进行组合解算[55]。

随着计算机视觉技术的不断发展,视觉开始应用于建图与定位(Simultaneous Localization And Mapping,SLAM)及车载导航[59]。利用相机和 GNSS、INS(Inertial Navigation System,惯性导航系统)等导航设备分别确定载体坐标信息,再进行融合来提升定位精度、可用性和可靠性。根据遥感影像定位方式不同,融合定位模式也可分为 GNSS/SMN 融合和 GNSS/VO(Visual Odometer,视觉里程计)融合两大类。GNSS/SMN(Scene Matching Navigation,景象匹配导航)组合导航主要用于车辆导航和无人机导航[60-62]。SMN 能够在 GNSS 的基础上进一步提升精细导航能力,实现自动驾驶防撞、避障、变道导航等。在一些可靠性精度要求较高的场合,通常需要利用视觉信息匹配来提升 GNSS 定位的可靠性,例如视觉辅助无人机自主着陆[63]。GNSS/SMN 技术与惯性导航技术(INS)、地形匹配导航技术(Terrion Aicled Navigation,TAN)等组合应用可以提升复杂环境下自主导航能力[64]。视觉里程计导航主要使用视觉传感器技术,通过单目视觉、双目立体视觉、多目立体视觉、全景视觉以及多传感器组合应用等方式获取载体相对运动信息。单独使用视觉进行导航定位计算量大,而且容易造成误差累计,受环境光线影响明显,因此通常使用视觉与惯性导航、GNSS 导航等技术融合进行导航定位。在视觉里程计的基础上可以进一步扩展建图功能,形成视觉的同时,也实现定位和建图,该技术可广泛地应用于行星车等特殊场合[65,66]。

除上述传感器信息外,城市三维地图、Lidar 等技术还可以用于鉴别 GNSS 非视距(Non-Line-Of-Sight,NLOS)信号[67],或者用于计算伪距多路径误差,以修正伪距观测值[68,69],从而提高定位精度和可靠性。此外,5G 技术由于支持设备间通信,且能够用于室内外定位[70],有利于促进室内外无缝导航定位技术的发展,是当前极具潜力的定位技术之一。

整体来讲,在多源信息融合时,根据融合时所用信息和融合模型的不同,一般将多传感器融合技术分为松组合、紧组合和深组合。松组合是利用各个传感器得到的位置姿态信息再进行融合[71];紧组合则指基于原始观测值实现用户位置姿态信息的估计[72];而深组合技术则是在组合定位的同时,利用外部信息辅助 GNSS 信号的捕获与跟踪[73]。目前,多数传感器与 GNSS 组合均以松组合、紧组合为主,仅 GNSS 与 IMU 的深组合有初步研究[74,75],成熟的市场化产品还比较少。

卫星精密定位的误差源

GNSS 测量是通过地面接收设备接收卫星信号来确定地面点的三维坐标,影响测量结果的误差主要来源于 GNSS 卫星、卫星信号传播、地面接收设备以及与地球整体运动有关的地球潮汐、相对论效应等。这些误差大致可以分为四类:与卫星有关的误差,主要包括卫星轨道误差、卫星钟误差、卫星天线相位中心偏差及其变化、相对论效应等;与信号传播路径有关的误差,主要包括对流层延迟误差、电离层延迟误差、地球自转误差以及多路径效应等;与接收机和测站有关的误差,主要包括接收机钟差、接收机天线相位中心偏差及变化、固体潮汐、海洋潮汐、极潮等;以及其他特殊考虑的误差,包括硬件延迟误差、相位缠绕误差、系统间偏差、频率间偏差等。

在单点定位中,许多误差不能像相对定位中那样得以消除,加之对定位精度的要求又很高,所以必须对影响定位精度的各种误差精确地进行修正。尤其在精密定位中,必须精细考虑并改正所有的误差项。概括起来主要有三种途径来处理这些误差项。

第一种是对于能精确模型化的误差采用模型改正,比如卫星天线相位中心偏差及其变化的改正、各种潮汐负荷的影响、相对论效应等都可以采用现有的模型精确改正;第二种是对于不能精确模型化的误差进行参数估计,比如对流层天顶湿延迟,目前还难以用模型精确模拟,则通过增加参数进行估计;第三种是观测值的组合,如电离层延迟误差则可以采用双频无电离层组合观测值来消除低阶项影响,另外单差、双差、三差等观测值差分组合也可以有效地消除星历、大气等误差影响。

本章主要介绍了 GNSS 精密定位中的误差源以及相应的改正措施。

3.1 卫星有关的误差

1.卫星轨道误差

由卫星星历给出的卫星空间位置及运动速度与卫星的实际位置及运动速度之

差称为卫星星历误差。卫星星历误差取决于计算轨道所采用的数学模型、软件、跟踪网的大小、跟踪站的分布以及观测时间。卫星星历是 GNSS 定位中的重要起算数据,可分为预报星历和后处理星历。

预报星历又叫广播星历,是用参考时刻的轨道根数及其变化率来描述卫星轨道,然后再由用户来计算观测瞬间卫星在空间的位置及运动速度。卫星星历主要受到跟踪网的规模、跟踪站的分布以及轨道计算的数学模型等因素的影响,其质量直接会影响单点定位的精度。目前,广播星历的轨道误差约 1 m,由广播星历提供的钟差改正精度约 5 ns,等效距离为 1.5 m,这样的精度显然不能满足厘米级精密单点定位的要求。

后处理星历又称为精密星历,由 IGS 服务组织提供。它以一定的时间间隔直接给出了卫星在空间的三维坐标及三维运动速度,用户进行内插(如采用拉格朗日多项式)后即可求得观测瞬间卫星在空间的位置及运动速度。在数小时内,对某一卫星而言,其星历误差主要呈系统误差特性;但对视场中的多颗卫星而言,其星历误差一般是互不相关的,可以看成是一组随机误差。卫星星历误差将严重影响单点定位的精度,目前 IGS 已发展成由来自 80 多个国家的 200 多个组织提供的 400 多个 GNSS 监测站组成的一个庞大的数据网络,提供最终(Final)、快速(Rapid)、超快速(Ultra-rapid)星历产品,其中超快速星历产品包含前 24 h 的实测星历与后 24 h 的预报星历。当前,求解 GPS 星历部分轨道精度优于 3 cm,卫星钟差优于 0.15 ns;预测星历部分轨道精度优于 5 cm,卫星钟差优于 3 ns。这些超快速星历产品更新率为 6 h,分别于当日 3、9、15、21 时发布,虽然存在 3 h 的滞后时间,但基本可以满足实时定位的需求。除了 IGS 产品外,IGS 组织中的各家分析中心也能为 GPS 用户提供实时或近实时轨道产品,如美国 JPL 的 NRT、IGDG 产品,加拿大 NRCan 的 GPS·C 产品。通常,卫星单点定位误差的量级大体上与卫星星历误差的量级相同。因此,广播星历通常只能满足导航和低精度单点定位的需求。若实现厘米级精度的精密单点定位,则要求卫星轨道精度达到厘米级水平,卫星钟差精度应该优于 0.3 ns(等效距离为 9 cm),因此需要采用精密星历。

2. 卫星钟差

卫星钟频率漂移引起卫星钟时间与 GNSS 标准时之间存在一定差异,称为卫星钟差。与接收机钟差相似,该项误差对计算卫星位置和卫星与测站之间的距离有一定程度的影响。由于光速 c 很大,微小的钟差将导致很大的码和相位误差,若存在 1 ns 的钟差,则由此引起的等效距离误差约为 3 m。由于各个卫星钟差大小不同,无法作为参数进行估计,通常事先确定卫星的钟差。对于卫星钟差可以使用 IGS 提供的精密星历(SP3 文件)中的钟差或者钟差文件(CLK 文件)中的钟差内插加以消除。目前,为了满足高精度定位与时间传递等方面的应用,IGS 及其分析中心提供 5 min 和 30 s 的事后钟差,且精度优于亚纳秒级,能满足 PPP 定位的要求,用户采用低阶多项式内插就满足其精度要求。

3. 卫星天线相位中心偏差

卫星天线相位中心偏差(Phase Center Offset,PCO)指卫星质量中心与天线的相位中心之差。IGS 提供的精密星历与精密钟差是从天线的质量中心计算,而观测值是从天线的相位中心计算的。因此,在精密定位中,必须顾及卫星质心和卫星天线相位中心之间的偏差改正。另外,卫星天线相位中心随着卫星位置、朝向改变而变化,接收机的天线相位中心随着输入信号的强度和高度角的不同也在变化,这种变化称为天线相位中心变化[76]。

天线相位中心偏差和变化对 GNSS 精密定位来说,是难以利用差分方法消除或减弱的,通常采用模型进行修正[77],其改正公式为

$$\Delta\phi(\alpha,z) = \Delta\phi'(\alpha,z) + \Delta a \cdot \boldsymbol{r}_0 \qquad (3-1)$$

式中,α 为卫星的方位角;z 表示 GNSS 接收机的天顶角或者 GNSS 卫星的天底角;$\Delta\phi(\alpha,z)$ 为 α、z 方向总的天线相位中心改正量;Δa 表示平均天线相位中心至天线参考点的距离;$\boldsymbol{r}_0$ 定义为接收机与卫星方向的旋转矩阵;$\Delta\phi'(\alpha,z)$ 表示天线相位中心变化的改正值。当前,IGS 是以 $5°$ 的间隔给出天线相位中心变化改正值,对于非格网点上的改正可以采用线性内插算法得到。

IGS 从 1998 年开始使用相对天线相位中心模型 IGS01,但是相对相位中心改正假定参考天线(AOAD/M-T 型天线)的天线相位中心变化(Phase Center Variation,PCV)为 0,通过短基线测量得到其他天线类型的 PCV。而实际上,参考天线的 PCV 值并不为 0,而且难以估计 $10°$ 高度角以下的天线相位中心变化,当天线旋转或者倾斜的时候,模型的精度难以保证,整流罩对天线相位中心的影响可以达到数厘米[78]。自 2006 年 11 月开始,IGS 使用绝对相位中心 IGS05 模型代替相对相位中心模型。该模型考虑了卫星天线相位中心变化,并考虑了接收机天线的方位角、整流罩的影响,受高度角的影响较小[79-81]。

4. 相对论效应

由卫星钟和接收机钟在惯性空间中的运动速度不同以及这两台钟所处位置的地球引力位的不同而引起的现象称为相对论效应。相对静止的参考框架以地心为原点,而每个 GNSS 卫星都处在一个加速参考框架中,因此必须考虑相对论效应。相对论效应与卫星轨道、卫星信号传播、卫星钟以及接收机钟有关[82,83],GNSS 相对论效应是由于卫星钟和接收机钟所处的运动速度和重力位置不同而导致卫星钟频率产生漂移现象,从而引起的频率或时间偏差。该部分偏差包括两部分。

第一部分是圆形轨道时的广义相对论效应引起的偏差,为一常量,频率偏差为 0.0045674 Hz。为改正这一偏差,在制造卫星钟时预先把频率调低 0.0045674 Hz。因此,这部分偏差不予考虑。

第二部分由轨道偏心率产生的周期性偏差,可用下式进行改正[16]:

$$\Delta\rho = -\frac{2}{c} r_s \cdot v_{r_s} \tag{3-2}$$

式中，r_s 为卫星的位置矢量；v_{r_s} 为卫星速度矢量；c 为光速；$\Delta\rho$ 为引起的测距误差。

GNSS 卫星轨道偏心率的影响在 $0\sim45$ ns，最大可达到 15 m，所以周期项对单点定位将产生很大的影响。广义相对论效应还包括由于地球引力场所引起的信号传播的时间延迟，称为引力延迟，计算公式如下：

$$\Delta t_P = \frac{2G_M M}{c^2} \ln\left(\frac{r+R+\rho}{r+R-\rho}\right) \tag{3-3}$$

式中，G_M 为引力常数；M 为地球总质量；r 为卫星至地心的距离；R 为测站至地心的距离；ρ 为测站至卫星的距离。当卫星接近地平面时引力延迟取得最大值约为 19 mm，天顶方向上最小值为 13 mm，一般的单点定位中无须顾及，但在精密单点定位中应该考虑。

3.2 测站有关的误差

1. 接收机钟差

接收机钟差可以定义为 GNSS 接收机钟面时与标准 GNSS 时之间的差值，主要由接收机内晶体振荡器的频率漂移引起。在精密单点定位数据处理中，接收机钟差对定位的影响包括两个方面：一是接收机钟差对计算卫星坐标的影响，在精密单点定位中，可以先利用标准单点定位求出接收机钟差的概略值，消除此项影响。二是由接收机钟差引起的站星距离观测值误差，用标准单点定位解算得到的钟差误差所对应的等效距离误差可达数米甚至数十米，远远满足不了精密单点定位的要求。对于接收机钟差在精密单点定位中一般采取两种方式进行处理：第一种是星间差分法。通过在卫星之间求一次差消除这部分影响。第二种是参数估计法。在非差数据处理中，将接收机钟差作为未知参数与观测值的位置参数一起求解，可事先利用伪距单点定位确定接收机钟差的概略值作为迭代计算的初始值。

2. 地球固体潮误差

地球不是一个刚体，在太阳和月亮的作用下，地球的陆地部分会发生弹性形变，这种变化称为固体潮[84]。由固体潮而引起的测站位移主要包括长期偏移和由日周期与半日周期组成的周期项，通常表达成 n 阶 Lover 数和 Shida 数组成的球谐函数，潮汐的每一项引起的测站位移正比于径向 Lover 数 h 和北向、东向 Shida 数 l。固体潮可以使地面点在垂直方向的位移达到 80 cm。对于非差精密单点定位，无法采用差分消除固体潮影响，一般采用模型改正该项误差影响。固体潮对测站位置影响近似表达式为[85]

$$\Delta \boldsymbol{X} = \sum_{j=2}^{3} \frac{GM_j}{GM_E} \frac{R_E^4}{|\boldsymbol{X}_j|^3} \left\{ 3l_2 \frac{\boldsymbol{X}_p}{|\boldsymbol{X}_p|} \cdot \frac{\boldsymbol{X}_j}{|\boldsymbol{X}_j|} \cdot \frac{\boldsymbol{X}_j}{|\boldsymbol{X}_j|} \right.$$

$$+ \left[3\left(\frac{h_2}{2} - l_2 \right) \left(\frac{\boldsymbol{X}_p}{|\boldsymbol{X}_p|} \cdot \frac{\boldsymbol{X}_j}{|\boldsymbol{X}_j|} \right)^2 - \frac{h_2}{2} \right] \cdot \frac{\boldsymbol{X}_p}{|\boldsymbol{X}_p|} \Big\}$$

$$+ \left[-0.025\sin\phi\cos\phi\sin(\theta + \lambda) \right] \cdot \frac{\boldsymbol{X}_p}{|\boldsymbol{X}_p|} \tag{3-4}$$

其中，R_E 为地球半径；$\boldsymbol{X}_j$ 为摄动天体（$j=2$ 表示月球，$j=3$ 表示太阳）在地心参考框架下的坐标；$\boldsymbol{X}_p$ 为测站坐标；GM_j 为摄动天体的引力参数；GM_E 为地球的引力参数；$h_2 = 0.6090, l_2 = 0.00852$ 分别为名义二阶 Lover 数和 Shida 数；ϕ、λ 为测站纬度和经度；θ 为格林尼治平恒星时。

固体潮影响在径向可以达到 30 cm，水平可以达到 5 cm，主要由与纬度相关的常数项部分和与日周期、半日周期相关的周期性部分组成。值得注意的是，在观测时段为 24 小时的观测数据中，其周期部分均值基本为零，但其常数部分的固体潮效应均值大约为几厘米，在中纬地区可达到 12 cm。对于相对定位，基线长度小于 100 km 时可不考虑固体潮效应的影响，但对于精密单点定位，其影响不可忽略。

3. 海潮误差

在月亮与太阳的作用下，海洋也发生周期性潮汐涨落现象。大洋潮汐与固体潮影响相似，但比固体潮低一个量级。对于单历元定位，其影响可以达到 5 cm。对于 24 h 的静态定位，其影响可以达到毫米级。若测站距海岸超过 1000 km，大洋负荷影响可以忽略不计。大洋负荷的改正模型为[16,76,86]

$$\Delta \boldsymbol{X}_c = \sum_{j=1}^{11} f_j A_{cj} \cos(\bar{\omega}_j t + x_j + \mu_j - \phi_{cj}) \tag{3-5}$$

式中，$\Delta\boldsymbol{X}_c$ 为海洋负荷对测站坐标的影响（$c=1,2,3$）；t 为时间参数；A_{cj} 为潮汐 j 分量对坐标 c 分量影响的幅度（$j=1,\cdots,11$）；ϕ_{cj} 为潮汐 j 分量对坐标 c 分量影响的相位角；f_j 为 j 分量的比例因子；μ_j 为 j 分量的相位角偏差；$\bar{\omega}_j$ 为分量的角速度；x_j 为 j 分量的天文参数。

目前，各个 IGS 分析中心采用 GOT00.2 模型，其具体的大洋负荷改正参数可以从瑞典昂萨斯天文台 OSO 下载，其网址为 http://www.oso.chalmers.se/~loading/。只要用户输入测站名和测站大概位置，就能得到测站主要潮波的振幅和相位角，进而可以计算大洋负荷改正。

4. 极潮误差

极潮是由于地球自转轴相对于地球本体的偏移造成的。自转轴的变化过程也可以被称作极移，该过程会导致站点位移周期性变化。与高频率的固体潮不同，极潮拥有慢得多的周期，即季节性周期和钱德勒周期（约 430 天）。极移运动可以造成接收机坐标高程方向 25 mm 和水平方向 7 mm 的位移。因此，对于亚厘米级的GNSS 定位应用，需要考虑极潮改正。

设纬度为 φ，经度为 λ，高度为 h 位置的接收机，极潮引起的站位移可以表示为

$$\begin{cases} \Delta\varphi = -9\cos(2\varphi)\left[(X_p - \overline{X}_p)\cos\lambda - (Y_p - \overline{Y}_p)\sin\lambda\right] \\ \Delta\lambda = 9\sin\varphi\left[(X_p - \overline{X}_p)\sin\lambda + (Y_p - \overline{Y}_p)\cos\lambda\right] \\ \Delta h = -33\sin(2\varphi)\left[(X_p - \overline{X}_p)\cos\lambda - (Y_p - \overline{Y}_p)\sin\lambda\right] \end{cases} \quad (3-6)$$

式中, $X_p - \overline{X}_p$ 和 $Y_p - \overline{Y}_p$ 分别为真实极坐标相对于平均极坐标($\overline{X}_p, \overline{Y}_p$)的变化量。

5.接收机天线相位中心偏差

在 GNSS 定位中,天线的相位中心与几何中心理论上应保持一致。而实际上,接收机的天线相位中心随着输入信号的强度和高度角的不同而有所变化,两者的偏差可达数毫米至数厘米。另外,整流罩对天线相位中心的影响可以达到数厘米[78],在精密单点定位中,可利用模型改正来消除其影响。与 GNSS 卫星的天线相位中心改正方法一样,采用绝对天线相位中心改正模型。在 2006 年 11 月以前,IGS 一致采用相对天线相位中心改正模型,该模型是以 AOAD/MT 型天线为参考标准,并假定该天线的相位中心改正为零。由于参考天线的相位中心误差实际上并不是严格为零,利用相对模型进行改正的相位中心误差并不精确,且并非各类接收机天线真正的误差。于是,IGS 决定从 2006 年 11 月起用绝对相位中心模型来取代原来的相对天线相位中心模型。

绝对相位中心模型中的天线相位中心偏差和相位中心变化改正信息通过 IGS 公布。天线参考点的位置计算公式为

$$\begin{bmatrix} X \\ Y \\ Z \end{bmatrix}_{ARP} = \begin{bmatrix} X \\ Y \\ Z \end{bmatrix}_{APC} - \begin{bmatrix} \delta X \\ \delta Y \\ \delta Z \end{bmatrix}_{PCO} \quad (3-7)$$

由于 IGS 文件中给出的是天线相位中心偏差 PCO 在测站地平坐标系中的三个分量(N, E, U),用户可以方便地将它们转换到空间直角坐标系下,转换公式如下:

$$\begin{bmatrix} \delta X \\ \delta Y \\ \delta Z \end{bmatrix}_{PCO} = \begin{bmatrix} -\cos L\sin B & -\sin L & \cos L\cos B \\ -\sin L\sin B & \cos L & \sin L\cos B \\ \cos B & 0 & \sin B \end{bmatrix} \cdot \begin{bmatrix} N \\ E \\ U \end{bmatrix}_{PCO} \quad (3-8)$$

式中, L、B 为该测站的经度与纬度;$(X, Y, Z)_{ARP}^{T}$ 表示天线参考点(Antenna Reference Point, ARP)坐标;$(X, Y, Z)_{APC}^{T}$ 表示天线相位中心(Antenna Phace Center, APC)坐标。

接收机相位中心变化 PCV 采用两种形式给出:一种是只顾及卫星信号的天顶距而不考虑信号方位角变化时的天线相位中心变化;另一种是同时顾及卫星信号的天顶距以及方位角时的天线相位中心变化。对于第二种形式的 PCV 信息还包含了不顾及方位角时的天线相位中心变化值(PCV NOAZI),该值为方位角从 0°~360°时的 PCV AZEL 值的平均值,用户采用双线性内插法即可求得任意方向的卫

星信号的天线相位中心变化值。

对于天线相位中心变化 PCV,通常改正到距离观测值,计算公式如下:

$$R = \rho - \delta_{PCV} + \delta_{other} \tag{3-9}$$

式中,R 为改正后的几何距离;ρ 为观测的距离;δ_{PCV} 为卫星到测站视线上的距离;δ_{other} 为其他误差改正。

3.3　信号传播有关的误差

1. 电离层延迟误差

电离层是指地球上空 $60 \sim 1000$ km 的大气层。在该层中,由于太阳作用使得大气中分子发生了分离,从而导致了电磁波在传播中产生了延迟[87]。

GNSS 伪距观测值的一阶电离层延迟为[15]

$$\delta\rho_P = -\frac{40.28}{f^2}\int N_e \mathrm{d}s \tag{3-10}$$

式(3-10)中的积分 $\int N_e \mathrm{d}s$ 表示沿着信号传播路径时对电子密度 N_e 进行积分;f 为频率。GNSS 载波相位观测值的一阶电离层延迟为

$$\delta\rho_\phi = \frac{40.28}{f^2}\int N_e \mathrm{d}s \tag{3-11}$$

电离层一阶项的影响与电磁波频率平方成反比,因此,可以利用双频观测值消除电离层一阶项的影响。伪距的无电离层组合观测值为

$$P_3 = \frac{1}{f_1^2 - f_2^2}(f_1^2 P_1 - f_2^2 P_2) \tag{3-12}$$

载波相位无电离层组合为

$$L_3 = \frac{1}{f_1^2 - f_2^2}(f_1^2 L_1 - f_2^2 L_2) \tag{3-13}$$

但是,对于单频用户,无法采用无电离层组合观测值消除电离层误差,常采用电离层模型改正或其他改正措施。

2. 对流层延迟误差

卫星导航定位中的对流层延迟通常指电磁波信号在通过高度 50 km 以下的未被电离的中性大气层时所产生的信号延迟。电磁波在对流层的传播速度只与大气的射频率及电磁波的传播方向有关。在天顶方向,延迟为 $2 \sim 3$ m,高度角为 $10°$ 时,对流层延迟可以达到 20 m。

对流层延迟的 90% 由大气中的干燥气体引起,这部分称为干分量;10% 由水汽引起,称为湿分量。另外,对流层延迟一般表示为天顶方向的对流层折射和与高度角有关的投影函数的乘积,即

$$\Delta\rho = \Delta\rho_{z,dry} * M_{dry}E + \Delta\rho_{z,uet} * M_{uet}E \qquad (3-14)$$

式中，$\Delta\rho_{z,dry}$、$M_{dry}E$ 分别为干分量延迟与投影函数；$\Delta\rho_{z,uet}$、$M_{uet}E$ 为湿分量延迟与投影函数；E 为天顶距。

目前，在精密单点定位中常采用的对流层模型有 Hopfield 和 Saastamoincn 模型，投影函数常选取 Neil 投影函数、Chao 投影函数、Marini 投影函数、维也纳投影函数（VMF1）和全球投影函数（GMF）等。这些对流层模型及投影函数可以在相关文献中查到，此处不再对它们进行详细阐述。

对流层影响利用模型改正后，干分量部分的改正精度可以达到厘米级，而湿分量部分的残余影响还比较大，因此，在精密单点定位中，通常将湿延迟剩余残差作为参数进行估计，常采用的估计方法有线性分段函数法、随机游走法等[16]。

3. 地球自转误差

GNSS 数据处理一般都在协议地球坐标系中进行，即地面测站和卫星均用地固坐标表示。卫星在空间的位置如果是根据信号的发射时刻 t_1 来计算的，那么求得的是卫星在 t_1 时刻的协议地球坐标系中的位置 $(X_1^s, Y_1^s, Z_1^s)^T$。当信号于 t_2 时刻到达接收机时，协议地球坐标系将围绕地球自转轴（z 轴）旋转一个角度 $\Delta\alpha$：

$$\Delta\alpha = \omega(t_2 - t_1) \qquad (3-15)$$

式中，ω 为地球自转角速度。此时卫星坐标将产生下列变化：

$$\begin{bmatrix} \delta x_s \\ \delta y_s \\ \delta z_s \end{bmatrix} = \begin{bmatrix} 0 & \sin\Delta\alpha & 0 \\ -\sin\Delta\alpha & 0 & 0 \\ 0 & 0 & 0 \end{bmatrix} \begin{bmatrix} X_1^s \\ Y_1^s \\ Z_1^s \end{bmatrix} \approx \begin{bmatrix} 0 & \Delta\alpha & 0 \\ -\Delta\alpha & 0 & 0 \\ 0 & 0 & 0 \end{bmatrix} \begin{bmatrix} X_1^s \\ Y_1^s \\ Z_1^s \end{bmatrix}$$

$$= \begin{bmatrix} \omega(t_2 - t_1)Y_1^s \\ -\omega(t_2 - t_1)X_1^s \\ 0 \end{bmatrix} \qquad (3-16)$$

将上述改正加到 $(X_1^s, Y_1^s, Z_1^s)^T$ 上后即可求得卫星在 t_2 时刻的协议地球坐标系中的坐标，因为所有的计算都是在 t_2 时刻的协议坐标系中进行的。$(\delta x_s, \delta y_s, \delta z_s)$ 即为卫星位置的地球自转改正。

卫星位置有了变化 $(\delta x_s, \delta y_s, \delta z_s)$ 后，会使卫星至接收机的距离 $\rho = [(X_1^s - X)^2 + (Y_1^s - Y)^2 + (Z_1^s - Z)^2]^{\frac{1}{2}}$ 产生相应的变化 $\delta\rho$。

$$\delta\rho = \frac{\rho}{X_1^s} \cdot \delta x_1^s + \frac{\rho}{Y_1^s} \cdot \delta y_1^s$$

$$= \frac{X_1^s - X}{\rho}\omega(t_2 - t_1)Y_1^s - \frac{Y_1^s - Y}{\rho}\omega(t_2 - t_1)X_1^s$$

$$= \frac{\omega(t_2 - t_1)}{\rho}[(X_1^s - X)Y_1^s - (Y_1^s - Y)X_1^s]$$

$$= \frac{\omega}{c}[(X_1^s - X)Y_1^s - (Y_1^s - Y)X_1^s] \qquad (3-17)$$

上式给出了地球自转对卫地距 ρ 的影响。

当卫星的截止高度角取 15°时,对于赤道上测站的 $\delta\rho$ 值可达 36 m。当两站的间距为 10 km 时,地球自转改正对基线分量的影响可大于 1 cm,因此在 GNSS 测量中一般应予以考虑。

4. 多路径效应

多路径效应是指接收机天线除直接收到卫星的信号外,尚有可能收到经天线周围物体反射的卫星信号。两种信号叠加将会引起天线相位中心位置的变化。而这种变化随天线周围反射面的性质而异,很难控制。多路径效应具有周期特征,其变化幅度可达数厘米[88]。削弱多路径效应影响可以采用硬件方法和软件方法。硬件方法为利用抑制天线、相控阵列天线等技术,软件方法为采用小波分析等方法[16]。

3.4　其他特殊考虑的误差

1. 硬件延迟偏差

硬件延迟是由于不同类型、不同频率的信号在卫星或接收机内部通道传播的时延所产生的偏差。该偏差属于系统误差,与观测值类型、频率相关。且这类误差的公共部分与钟差相关,无法计算绝对量。通常处理为同类型信号频率间的相对偏差,即码/相位的硬件延迟偏差。在 PPP 应用中,特别是模糊度无须固定的情况下,相位的硬件延迟偏差往往被吸收到模糊度参数中,无须特别考虑;在考虑模糊度固定情况下,一般可以采用未校准相位延迟偏差(Un-calibrated Phase Delay,UPD)产品改正归整处理。卫星端的码硬件延迟偏差通常采用 IGS 公布的差分码偏差(Differential Code Bias,DCB)产品对相同频率伪距不同通道之间存在的偏差(C1—P1),以及不同频率存在的偏差(P1—P2)进行改正。

2. 相位缠绕改正

无论是接收机还是卫星天线的自转都会造成载波相位观测值增加达到一周的变化,这对于相位模糊度固定来说是非常致命的。这一误差被称作相位缠绕,相位缠绕在 GNSS 领域时常发生。比如,当发生日食时,卫星的太阳能电池板方向不再朝向太阳,为了获得足够的太阳能作为能源,此时就需要将卫星调向,调向操作会人为地让卫星发生转动,必然会导致相位缠绕误差的产生。

在双差观测模式中,相位缠绕可以被消除,但对于非差形式的 PPP 解算来说,不妥善处理缠绕误差将导致解算结果精度差且模糊度固定更为困难。在使用了 IGS 钟产品后,这一恶化现象会更为明显。相位缠绕改正值可以使用下式标定:

$$dWind_{L_i} = \lambda_{L_i} \, \text{sign}[\boldsymbol{k} \cdot (\boldsymbol{D}' \times \boldsymbol{D})]\cos^{-1}\left(\frac{\boldsymbol{D}' \times \boldsymbol{D}}{|\boldsymbol{D}'| \times |\boldsymbol{D}|}\right) \tag{3-18}$$

$$\boldsymbol{D}' = \hat{x}' - \boldsymbol{k} \cdot (\boldsymbol{k} \cdot \hat{x}') - \boldsymbol{k} \times \hat{y}' \tag{3-19}$$

$$D = \hat{x} - \boldsymbol{k} \cdot (\boldsymbol{k} \cdot \hat{x}) - \boldsymbol{k} \times \hat{y} \tag{3-20}$$

式中，$dWind_{L_i}$ 为第 i 个频率上相位观测值的相位缠绕改正值；$\boldsymbol{k}$ 为卫星到接收机位置间的单位向量；$\hat{x}'$ 和 $\hat{y}'$ 为卫星星载坐标系下的单位向量$(\hat{x}', \hat{y}', \hat{z}')$中的参量；$\hat{x}$ 和 $\hat{y}$ 为接收机坐标系下单位向量$(\hat{x}, \hat{y}, \hat{z})$中的北、东分量。相位缠绕被认为仅与接收机天线自身的自转速度有关，与卫星的方位角、高度角无关。

3. 系统间偏差

在多 GNSS 数据处理中，对接收机钟差参数一般采取两种处理策略：一种是为每个 GNSS 系统引入一个独立的接收机钟差参数，该方法适用于单系统和组合系统的数据处理。另一种方法是估计不同 GNSS 系统对应接收机硬件延迟的差异，在接收机端引入系统间偏差参数(Inter-System Bias，ISB)。实际上多 GNSS 伪距单点定位中的 ISB 可以理解为多 GNSS 系统间的时间差(如 BDS 与 GPS 间的时间差)与不同 GNSS 系统对应接收机伪距硬件延迟差异的综合。在差分相对定位中，差分 ISB 可以表征为不同 GNSS 系统对应的差分的接收机硬件延迟。

4. 频率间偏差

随着俄罗斯 GLONASS 卫星导航系统于 2012 年再次完成 24 颗卫星满星座运行，现今许多公司和学者已实现 GPS＋BDS、GPS＋Galileo、GPS＋BDS＋Galileo 组合定位技术，但是 GLONASS 系统却由于缺乏有效的双差模糊度固定方法而只能在 RTK 领域扮演辅助角色。造成这一现象的主要原因是 GLONASS 卫星导航系统使用了频分多址技术(FDMA)。由于 GLONASS 采用 FDMA 技术，造成了 GLONASS 每颗卫星信号的波长和频率都是不同的，进而导致 GLONASS 的频间偏差(Inter Frequency Bias，IFB)不能通过卫星间差分进行消除。对于码分多址(CDMA)系统，站间差分能够消除卫星端的硬件延迟偏差，而星间差分能够消除接收机端的硬件延迟偏差；但 GLONASS 系统由于不同卫星对应的硬件延迟不同，因此星间差分后依然会残留 IFB 的影响。

对应于码和相位两类观测值，IFB 可分为载波 IFB 和伪距 IFB 两大类。近年来，相关学者研究表明，模糊度解算中的载波 IFB 效应实质上是由于载波和伪距之间的钟差差异及不同的波长这两个因素结合所导致的，而不同频率的载波观测信号本质上并不存在显著的差异。而对于伪距 IFB，现有研究已证实了对于不同的接收机其特性存在显著的差异，其与 GLONASS 的频率数可能存在线性、二次型以及其他的函数关系，且即使对于相同型号的接收机，伪距 IFB 也难以消除。在定位中对于伪距 IFB 的处理，多采用忽略或线性建模估计的方式，但当客观的伪距 IFB 与频率数不成线性关系时，计算效果可能适得其反。伪距 IFB 的存在极大地限制了 GLONASS 系统在导航定位中的应用，在同等卫星观测环境的情况下，其导航定位性能一般低于其他卫星系统。尽管如此，若能对特定接收机组合的伪距 IFB 特性进行充分认知，仍然可采取一些针对性的措施以提升其定位性能。

第4章

单点定位技术

　　单点定位通常指在地球协议坐标系中,直接确立目标相对于坐标系原点的绝对坐标的一种定位方式,也称为绝对定位。根据观测值的不同,GNSS 单点定位分为伪距单点定位和相位单点定位,以高精度相位观测值作为主要观测值的精密单点定位技术将在第 7 章中详细介绍。伪距单点定位的实质是空间距离后方交会,由于 GNSS 采用单程测距原理,实际观测的站星距离均含有卫星钟和接收机钟同步差的影响,卫星钟差可根据广播星历中给出的有关钟差参数加以修正,而接收机的钟差一般难以确定,通常将其作为一个未知参数,在数据处理中与观测站坐标一并求解,因此需要求解 4 个未知数,至少需要 4 个同步伪距观测值,即至少需要同时观测 4 颗及 4 颗以上的卫星。伪距单点定位速度快捷、灵活方便且无多值性问题,能很好地满足实时测量的要求,被广泛地用于车辆、舰船、飞机的导航,地质矿产的野外勘测以及海洋捕鱼等领域。

　　本章将对单点定位的原理、实现及典型应用进行阐述。

4.1　单点定位的原理

　　在伪距测量中,直接量测值是信号到达接收机的时刻 t_R(由接收机钟量测)与信号离开卫星的时刻 t^S(由卫星钟量测)之差($t_R - t^S$),此差值与真空中的光速 c 的乘积即为伪距观测值 P,即

$$P = c \cdot (t_R - t^S) \tag{4-1}$$

　　当卫星钟与接收机钟严格同步时,($t_R - t^S$)即为卫星信号的传播时间。但实际上卫星钟和接收机钟都是有误差的,它们之间无法保持严格的同步。假设卫星信号离开卫星的真正时刻为 τ^S,但由于卫星钟有误差,所以由卫星钟给出的信号离开卫星的时刻为 t^S。同样,假设卫星信号到达接收机的真正时间为 τ_R,由于接收机钟有误差,

故给出的信号到达时刻为 t_R，则接收机钟误差 dt_R 和卫星钟误差 dt^S 可以表达为

$$\begin{cases} dt_R = t_R - \tau_R \\ dt^S = t^S - \tau^S \end{cases} \tag{4-2}$$

将式(4-2)代入式(4-1)，得

$$P = c \cdot (\tau_R - \tau^S) + c \cdot (dt_R - dt^S) \tag{4-3}$$

式中，$(\tau_R - \tau^S)$ 为卫星信号真正的传播时间，它与真空中光速 c 的乘积不等于卫星与接收机间的真正距离，因为信号在穿过对流层和电离层时并不是以光速传播的。所以，必须加上电离层延迟改正 I_R^S 和对流层延迟 T_R^S 改正后，才能得到真正的几何距离。即

$$\rho = c \cdot (\tau_R - \tau^S) + I_R^S + T_R^S \tag{4-4}$$

ρ 表示站星真正的几何距离。将式(4-4)代入式(4-3)，得

$$P = \rho + c \cdot (\tau_R - \tau^S) - I_R^S - T_R^S \tag{4-5}$$

假设测站的三维坐标为 $(X_R, Y_R, Z_R)^T$，根据星历所求得的卫星在空间的位置为 $(X^S, Y^S, Z^S)^T$，则

$$\rho = \sqrt{(X^S - X_R)^2 + (Y^S - Y_R)^2 + (Z^S - Z_R)^2} + \delta\rho \tag{4-6}$$

计算时星历误差对测距的影响 $\delta\rho$ 是未知量，通常通过选择足够精确的卫星星历使其影响可忽略不计的方法来解决。伪距单点定位中，卫星位置通过广播星历文件解算，其改正精度可满足伪距单点定位的精度要求，因此，星历误差可忽略不计。此外，考虑到相对论效应、地球自转效应等误差也会影响到站星几何距离的计算，将式(4-6)代入式(4-5)，可得

$$P = \sqrt{(X^S - X_R)^2 + (Y^S - Y_R)^2 + (Z^S - Z_R)^2}$$
$$+ c \cdot (dt_R - dt^S) - I_R^S - T_R^S - \epsilon \tag{4-7}$$

式(4-7)即为伪距单点定位的基本观测方程，ϵ 为其他误差。方程中包括接收机三维位置和接收机钟差共有 4 个未知数，因此至少要同时观测到 4 颗及 4 颗以上卫星才可进行定位解算，其基本原理流程如图 4-1 所示。

4.2　单点定位的实现

4.2.1　数学模型

假设观测站的近似坐标为 (X_{R0}, Y_{R0}, Z_{R0})，将式(4-7)在 (X_{R0}, Y_{R0}, Z_{R0}) 处作泰勒级数展开得到 $l_{R0}^S = \dfrac{X^S - X_{R0}}{\rho_{R0}^S}, m_{R0}^S = \dfrac{Y^S - Y_{R0}}{\rho_{R0}^S}, n_{R0}^S = \dfrac{z^S - z_{R0}}{\rho_{R0}^S}$，线性化的伪距单点定位函数模型可以表示为

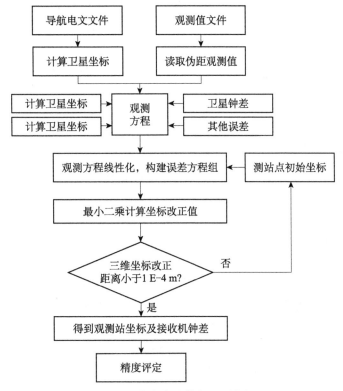

图 4 - 1　单点定位基本原理流程图

$$P_{R,i}^S = -\boldsymbol{\mu}_R^S \cdot \boldsymbol{x} + c \cdot dt_R + \rho_{R0}^S - cor_{R,i}^S \tag{4-8}$$

其中,

$$\begin{cases} \rho_{R0}^S = \sqrt{(X^S - X_{R0})^2 + (Y^S - Y_{R0})^2 + (Z^S - Z_{R0})^2} \\ cor_{R,i}^S = I_{R,i}^S + T_R^S + \epsilon_{R,i}^S \\ \boldsymbol{\mu}_R^S = (l_{R0}^S, m_{R0}^S, n_{R0}^S)^T \end{cases} \tag{4-9}$$

$\boldsymbol{x} = (dx, dy, dz)^T$ 为接收机坐标相对于近似坐标的改正数;i 代表卫星频率;$cor_{R,i}^S$ 为误差项;ρ_{R0}^S 为站星之间的近似距离;$\boldsymbol{\mu}_R^S$ 为接收机与卫星方向的单位矢量。将式 (4 - 8)表示为误差方程形式为

$$V_i^S = -\begin{bmatrix} l_{R0}^S & m_{R0}^S & n_{R0}^S & -c \end{bmatrix} \begin{bmatrix} dx \\ dy \\ dz \\ dt_R \end{bmatrix} + \rho_{R0}^S - P_{R,i}^S - cor_{R,i}^S$$

$$\tag{4-10}$$

假设在历元 t,同时观测到 k 颗卫星,当观测卫星大于 4 颗时,可列出误差方程组

$$
\begin{bmatrix} V_i^1(t) \\ V_i^2(t) \\ \vdots \\ V_i^k(t) \end{bmatrix} = - \begin{bmatrix} l_{R0}^1 & m_{R0}^1 & n_{R0}^1 & -c \\ l_{R0}^2 & m_{R0}^2 & n_{R0}^2 & -c \\ \vdots & \vdots & \vdots & \vdots \\ l_{R0}^k & m_{R0}^k & n_{R0}^2 & -c \end{bmatrix} \begin{bmatrix} dx \\ dx \\ dx \\ dt_R \end{bmatrix} + \begin{bmatrix} \rho_{R0}^1 - P_{R,i}^1 - cor_{R,i}^1 \\ \rho_{R0}^2 - P_{R,i}^2 - cor_{R,i}^2 \\ \vdots \\ \rho_{R0}^k - P_{R,i}^k - cor_{R,i}^k \end{bmatrix} \quad (4-11)
$$

记为

$$
V = BX - L \quad (4-12)
$$

利用广播星历求得卫星位置和卫星钟差,由于伪距码元宽、精度低,可不考虑卫星星历误差。但是,对于对流层延迟和电离层延迟,地球自转效应和相对论效应必须改正。对于电离层误差,通常采用电离层改正模型或双频观测值改正法来尽可能地减弱电离层的影响,现如今国际上相对成熟的改正模型包括克罗布歇(Klobuchar)模型、国际参考电离层(International Reference Ionosphere)模型、Bent 模型等。此外,双频观测值常常采用消电离层组合方法,该方法简便且效果显著[87,89]。对流层延迟可采用 Hopfield、Saastamonien[90]等现有模型改正。地球自转效应和相对论效应可采用第 3 章介绍的相关公式进行改正。

各观测值一般相互独立,因而观测值的方差阵为观测值精度的对角阵。当采用组合观测值时,应采用误差传播律来估计组合观测值的精度。

当采用原始观测值方程时,k 颗卫星观测值的随机模型可表达为

$$
\Sigma = \begin{bmatrix} (\sigma^1)^2 & 0 & 0 \\ 0 & \ddots & 0 \\ 0 & 0 & (\sigma^k)^2 \end{bmatrix} \quad (4-13)
$$

式中,$(\sigma^k)^2$ 为第 k 颗卫星观测值的方差。当采用原始观测值方程时,$(\sigma^k)^2 = (\sigma_{P_i}^k)^2$;当采用双频消电离层模型时,根据协方差传播定律$(\sigma^k)^2 = (\sigma_{P_i}^k)^2 + (\sigma_{P_j}^k)^2$。

伪距单点定位的随机模型主要有卫星高度角定权法、信噪比定权法和方差分量估计法等,其中应用最广泛的是基于卫星高度角和信噪比(或信号强度)的随机模型。本节详细介绍常用的高度角随机模型和信噪比随机模型。

1. 高度角随机模型

高度角低的 GNSS 卫星观测值通常含有较大的大气延迟及多路径效应,根据高度角大小确定相应的观测值的权重可以很好地反映观测值的质量。高度角随机模型通常是利用以卫星高度角为变量的函数模型对观测值的方差进行估计,观测值的方差可以表示为

$$
\sigma^2 = \frac{\sigma_0^2}{\sin^2(ele_R^S)} \quad (4-14)
$$

式中,σ_0^2 为观测值的先验方差;ele 为卫星高度角。当采用多 GNSS 组合定位时,不同卫星系统的观测值精度也不尽相同。

由于观测值受到噪声及多路径效应影响主要发生在低高度角卫星,为了不使

高仰角卫星的观测值权重降低，一般采用分段定权的方法，观测值方差计算公式为

$$\sigma^2 = \begin{cases} \sigma_0^2, & ele_R^S > \alpha \\ \dfrac{\sigma_0^2}{\sin^2\left(ele_R^S\right)}, & ele_R^S \leqslant \alpha \end{cases} \tag{4-15}$$

式中，α 为设置的卫星高度角的限值，一般设为 30°。

2. 信噪比随机模型

信噪比（Signal to Noise Ratio，SNR）指的是某个电路相同的时间和位置上测得的信号的强度与噪声的强度之间的比值。GNSS 接收机一般使用载波噪声功率谱密度（Carrier-to-Noise-power-density ration，C/N_0）来描述信号噪声水平，实际上就是 1 Hz 幅宽下的 SNR，单位为 dB-Hz。

SNR 是 GNSS 接收机观测过程中的副产品，主要受到相关性能、天线增益性能和多路径效应、大气层等影响，一定程度上反映了观测值的数据质量，因此 GNSS 观测值的方差与 SNR 存在一定的对应关系。利用这一性质，Ward 给出了利用信噪比计算观测值方差的模型：

$$\sigma^2 = \frac{B_n}{10^{\frac{C}{N_0}}} \left[1 + \frac{1}{2 \times T \times 10^{\frac{C}{N_0}}} \right] \tag{4-16}$$

式中，B_n 为相位跟踪环宽度；T 为一体化检测波时间，其值约等于导航数据的位长。

由于观测噪声的方差能量量级非常小，可以对其进行较精确的简化，得到

$$\sigma^2 = B_n \times 10^{\frac{C}{N_0}} \tag{4-17}$$

为了将方差的单位统一为平方毫米，通常利用下式中 C_n 代替 B_n，即

$$C_n = B_n \left(\frac{\lambda}{2\pi}\right)^2 \tag{4-18}$$

式中，λ 为载波相位的波长，进而得到

$$\sigma^2 = C_n \times 10^{\frac{C}{N_0}} \tag{4-19}$$

式（4-19）为根据信噪比确定的观测值的方差阵。需要注意的是，在良好的观测条件下，高度角和 SNR 均能一定程度地反映观测值的质量，但在多路径和遮挡较为严重的情况下，SNR 值比卫星高度角更能体现出观测值的精度水平。

4.2.2　参数估计

伪距单点定位待估参数包括接收机三维坐标和接收机钟差，接收机钟差采用白噪声估计，在伪距动态定位中，接收机三维位置采用白噪声或者随机游走过程估计；静态定位时采用常数估计策略。

伪距单点定位一般采用最小二乘法进行参数估计。未知参数 X 的最小二乘

估值 $\tilde{X}$ 需满足如下的平差准则：

$$V^{\mathrm{T}} \cdot D^{-1} \cdot V = \min \qquad (4-20)$$

式(4-20)即为残差二范数极小准则，D 为观测值方差，按数学上求函数自由极值的方法，得

$$\frac{\partial V^{\mathrm{T}} \cdot D^{-1} \cdot V}{\partial \tilde{X}} = 0 \qquad (4-21)$$

导出相关的法方程为

$$B^{\mathrm{T}} D^{-1} B \cdot \tilde{X} - B^{\mathrm{T}} D^{-1} L = 0 \qquad (4-22)$$

由此，可得 $\tilde{X}$ 的最终形式为

$$\tilde{X} = (B^{\mathrm{T}} D^{-1} B)^{-1} \cdot B^{\mathrm{T}} D^{-1} L \qquad (4-23)$$

4.3　单点定位的典型应用

伪距单点定位速度快捷、灵活方便且无多值性问题，能很好地满足实时测量的要求，被广泛地用于车辆、舰船、飞机的导航，地质矿产的野外勘测以及海洋开发、智慧旅游等领域。

4.3.1　地质勘查

在小比例尺地质测量中，用 GNSS 单点定位技术测定地质点，减少了控制测量环节，降低了成本。单点定位技术在露天矿山地质勘测中的应用可以使野外调查过程简化，节省人力物力。现场测绘完关键要素并做好数据记录，手持 GNSS 机能自动处理数据，在屏幕上将各要素与地形地貌单元较准确的相对位置关系形象地得以显现，再结合地形图和现场实地分析地质要素，协助推断地质成因及机理。

同时，单点定位技术具有精度高、轻巧灵活、便携方便、定位迅速、快速准确求得实体几何要素等优点，在不断扩大的国家基础建设领域中必将有其更灵活、更广阔的用途。

4.3.2　精确导航

单点定位辅助精确导航主要是利用电子地图和基于单点定位的实时定位技术，组成单点定位与 GIS 相结合的电子导航系统，可用于交通、公安侦破、车船自动驾驶等诸多方面。目前广泛应用的有两种复杂程度不同，价格也不同的结合模式。

1. 单点定位＋栅格式电子地图

该系统可实时显示移动物（如车、船、飞机）所在的位置，从而进行辅助导航。优点是价格便宜，不需要实时通信；缺点是精度和自动化程度不高。

2.单点定位＋矢量电子地图

该系统可根据目标位置(工作时输入)和车船现在位置(由 GNSS 测定)自动计算和显示最佳路径,引导司机以最快的速度到达目的地,并可以用多媒体方式向驾驶员提示。但是,制作矢量地图数据库需要花费较大的成本。

为了防止在楼群遮挡时收不到足够的 GNSS 卫星信号,在车上除了要装 GNSS 接收机外,还要装有低价格的压电振荡陀螺。利用卡尔曼(Kalman)滤波算法同时处理 GNSS、里程计和陀螺仪的数据来进行运载体的实时定位。

4.3.3 智慧旅游

单点定位在智慧旅游的应用体现在多个方面,首先是电子解说。旅游景区和博物馆的自助电子解说通常借助专用的导游机完成。导游机以 GNSS 单点定位结果作为启动标志,当导游机的定位模块检测到游客进入某一景点时,自动搜寻对应的解说资料并播放。此外,还可以将智能计算与导航数据资料相结合来分析多项数据,比如车辆进山的识别、固定景点的进出游客数等,景区管理人员即可实时掌握景区情况。另外,可以对古树名木进行科学保护,比如可以实时对古树进行网格化分析,在大风、大雨、大雪等恶劣天气时,枝丫发生一定形变达到预警系数时,系统会自动报警,工作人员可以第一时间前往处理。

同时,与旅游相关联的吃、住、行、玩等业务通过精确导航变得更加融合、更加智能、更加便捷。

4.3.4 海洋开发

在海洋测量工作中,对定位精确度的要求也在不断提升,并且很多测量区域和大陆相距较远,在客观因素的制约下无法顺利建设基准站或组网开展观测活动,若采用过往的差分定位法,其在使用阶段暴露出了诸多问题,已经难以迎合当下海洋测量工作提出的多样需求,这是单点定位被用于海洋测量领域的主要驱动力之一。

海洋控制测量等同于将大地控制位点或地形测量图根点布置于沿岸和海岛礁上,而后开展的一项测量活动,是海洋测量工作中的重要构成部分。过往测量实践中主要是将 GNSS 设施安置于控制位点上,得到已知控制点和未知控制位点两者的关系,在此基础上构建 GNSS 控制网开展测量活动。

检测海洋重力场是海洋重力场学科研究领域的重要内容。过往多采用差分定位法开展这项测量工作,但因检测范围偏大、基线较长等原因,以致无法解除公共误差形成的影响,降低速度与加速度解算结果的精确度。而将单点定位用于该测量领域,省略了建设基准站的环节,资金投入量偏低,并且客观因素不会影响测站间的分布态势。

此外,单点定位可为海洋生态保护、船只导航、港口调度、海上渔业等相关业务提供精确便捷的导航定位服务。

第5章

伪距差分定位技术

随着 GNSS 建设的不断发展,其应用领域越来越广泛。依靠基本系统提供的导航定位服务不能满足某些高精度应用领域及用户应用需求,如航空领域的飞行导航与着陆、狭窄通道内航行的船舶导航以及军事动态载体的导航与制导等。为此,世界上一些国家建立了卫星导航增强系统[91,92],例如美国的 WAAS[93,94] 和 LAAS[95]、欧盟的 EGNOS[96]、日本的 MSAS、印度的 GAGAN[97] 以及我国的北斗导航增强系统等,并且部分导航增强系统还存在着联合操作[98],这些增强系统在实时导航定位的实际应用中起到了至关重要的作用。

本章将对差分定位的原理、分类,局域、广域差分定位技术及典型应用进行阐述。

5.1 差分定位的原理

GNSS 差分定位的工作过程是:GNSS 接收机安置在基准站上进行连续观测,根据基准站已知精密坐标,计算出基准站到卫星的距离改正数或者实测坐标与已知坐标之间的位置改正数,并由基准站通过数据链实时地将这一改正数播发给覆盖区域内的用户,用户接收机在进行 GNSS 观测的同时,也接收到基准站的改正数,并对其定位结果进行改正,从而提高定位精度。

设基准站 b 测得的 GNSS 卫星 s 的伪距为

$$\rho_b'^s = \rho_b^s + c \cdot (\delta t_b - \delta t^s) + \delta O_b^s + \delta I_b^s + \delta T_b^s + \delta V_b^s \qquad (5-1)$$

其中,ρ_b^s 表示基准站 b 到卫星 s 的真实距离;c 表示电磁波在真空中的传播速度;δt_b 和 δt^s 分别表示接收机时钟和卫星时钟相对于 GNSS 时间系统的偏差;δO_b^s 表示 GNSS 卫星星历误差所引起的距离偏差;δI_b^s 表示电离层延迟所引起的距离偏差;δT_b^s 表示对流层延迟所引起的距离偏差;δV_b^s 为 GNSS 测量噪声。

根据基准站已知精确坐标和 GNSS 卫星星历,真实距离 ρ_b^s 可以精确计算,而伪距 ρ'^s_b 是用基准站接收机测得,则伪距的改正值 $\Delta\rho_b^s$ 为

$$\Delta\rho_b^s = \rho_b^s - \rho'^s_b = -c \cdot (\delta t_b - \delta t^s) - \delta O_b^s - \delta I_b^s - \delta T_b^s - \delta V_b^s \qquad (5-2)$$

在基准站接收机进行伪距测量的同时,用户站 u 的接收机也对卫星 s 进行了伪距测量,用户接收机所测得的伪距为

$$\rho'^s_u = \rho_u^s + c \cdot (\delta t_u - \delta t^s) + \delta O_u^s + \delta I_u^s + \delta T_u^s + \delta V_u^s \qquad (5-3)$$

如果基准站将所得的伪距改正值 $\Delta\rho_b^s$ 适时地发送给用户,并改正用户接收机所测得的伪距,即

$$\rho'^s_u + \Delta\rho_b^s = \rho_u^s + c \cdot (\delta t_u - \delta t_b) + (\delta O_u^s - \delta O_b^s)$$
$$+ (\delta I_u^s - \delta I_b^s) + (\delta T_u^s - \delta T_b^s) + (\delta V_u^s - \delta V_b^s) \qquad (5-4)$$

当用户离基准站在 30 km 以内时,可以认为 $\delta O_u^s \approx \delta O_b^s$、$\delta I_u^s \approx \delta I_b^s$、$\delta T_u^s \approx \delta T_b^s$,因此上式变为

$$\rho'^s_u + \Delta\rho_b^s = \rho_u^s + c \cdot (\delta t_u - \delta t_b)$$
$$= \sqrt{(X^s - X_u)^2 + (Y^s - Y_u)^2 + (Z^s - Z_u)^2} + \Delta d_{bu} \qquad (5-5)$$

式中,$\Delta d_{bu} = c \cdot (\delta t_u - \delta t_b) + (\delta V_u^s - V\delta_b^s)$,表示用户站和基准站接收机的钟差之差以及测量噪声等所引起的距离误差;(X_u, Y_u, Z_u) 为用户站测站待求坐标。

如果基准站和用户站各观测了相同的 4 颗 GNSS 卫星,则按照式(5-5)列出 4 个方程,其中共有 X_u、Y_u、Z_u 和 Δd_{bu} 这 4 个未知数。通过解算这 4 个方程,就可以求得用户的坐标。由于削弱了星历误差、电离层和对流层延迟误差,所以差分 GNSS 可以有效提高定位的精度。

5.2　差分定位的分类

根据改正数类型可以将 GNSS 差分定位分为位置差分和伪距差分。它们的原理是相同的,都是基准站发送改正数,用户站接收并对其测量结果进行改正后获得精确的定位结果。不同的是,所发送改正数的具体内容不一样,其差分方式的技术难度、定位精度和作用范围也各不相同。

5.2.1　位置差分

假设基准站的精确坐标为 (X_b, Y_b, Z_b),在基准站上的 GNSS 接收机测出来的坐标为 (X, Y, Z),实测坐标包含了卫星轨道误差、钟差、大气延迟误差、多路径效应等误差,按照下式计算位置改正数:

$$\begin{cases} \Delta X = X_b - X \\ \Delta Y = Y_b - Y \\ \Delta Z = Z_b - Z \end{cases} \qquad (5-6)$$

基准站通过数据链将改正数发播给用户,用户接收到改正信息之后,对自身观测定位结果(X'_u、Y'_u、Z'_u)进行改正:

$$\begin{cases} X_u = X'_u + \Delta X \\ Y_u = Y'_u + \Delta Y \\ Z_u = Z'_u + \Delta Z \end{cases} \quad (5-7)$$

其中,(X_u,Y_u,Z_u)为改正后的用户坐标。

顾及用户接收机位置改正值的瞬时变化,上式可进一步表示为

$$\begin{cases} X_u = X'_u + \Delta X + \dfrac{\mathrm{d}(\Delta X)}{\mathrm{d}t}(t - t_0) \\[2mm] Y_u = Y'_u + \Delta Y + \dfrac{\mathrm{d}(\Delta Y)}{\mathrm{d}t}(t - t_0) \\[2mm] Z_u = Z'_u + \Delta Z + \dfrac{\mathrm{d}(\Delta Z)}{\mathrm{d}t}(t - t_0) \end{cases} \quad (5-8)$$

其中, t_0 表示改正值产生的时刻;t 为用户使用改正值的时刻。

位置差分定位有效地削弱了导航定位中的系统误差的影响,如卫星钟差、卫星星历误差、电离层和对流层延迟误差等。而影响削弱效果取决于两个因素:一是对于两个站的观测量,其系统误差是否等值,其差值越大,则效果越差;二是所测卫星相对于两个测站的几何分布是否相同,相差越大,则效果越差。

系统性误差等值或相近是本质性的,它限制了差分定位的作用范围,即用户站到基准站的距离。位置差分定位的另一个问题是要求用户站和基准站解算坐标时采用同一组卫星,这在近距离内是可以做到的,但是距离较长时就很难保证。

位置差分改正计算的数学模型简单,适用于各种型号的 GNSS 接收机,差分数据的数据传输量少,消除了用户站和基准站的公共误差,提高了定位精度。

5.2.2 伪距差分

伪距差分是目前用途最广的一种差分技术,几乎所有的商用差分 GNSS 接收机均采用这种技术。其基本原理是基准站的接收机测得它到卫星的距离,并将计算得到的真实距离与含有误差的测量值加以比较,求出其偏差,然后将所有可视卫星的测距误差发播给用户,用户利用该测距误差来改正相应的伪距观测量。最后,用户利用改正后的伪距求解自身的位置坐标,这就达到了消除公共误差、提高定位精度的目的。

基准站的 GNSS 接收机首先测量出所有可见卫星的伪距 ρ_b^s 和收集其星历文件。利用星历文件计算出某一时刻各颗卫星的地心坐标(X^s,Y^s,Z^s),再由基准站已知的精确坐标(X_b,Y_b,Z_b),按照下式求出每颗卫星每一时刻到基准站的真正距离 R_b^s :

$$R_b^s = \sqrt{(X^s - X_b)^2 + (Y^s - Y_b)^2 + (Z^s - Z_b)^2} \quad (5-9)$$

假设参考站上 GNSS 接收机测量卫星和测站之间的伪距观测值为 P_b^s ,那么伪距改正数及其变化率分别为

$$\Delta\rho^s = R_b^s - \rho^s \qquad (5-10)$$

$$d\Delta\rho^s = \frac{\Delta\rho^s}{\Delta t} \qquad (5-11)$$

基准站通过数据链将 $\Delta\rho^s$ 和 $d\Delta\rho^s$ 发送给用户接收机,用户接收机利用伪距观测值 ρ_u^s 再加上数据链接收到的伪距改正数及其变化率,便可以求出改正后的伪距:

$$\rho_{u(corr)}^s = \rho_u^s(t) + \Delta\rho^s(t) + d\Delta\rho^s(t-t_0) \qquad (5-12)$$

然后利用改正的伪距 $\rho_{u(corr)}^s$,只要观测 4 颗卫星就可以按照下式来计算用户坐标:

$$\begin{aligned}\rho_{u(corr)}^s &= \rho_u^s + c \cdot \delta t_{bu}\\ &= \sqrt{(X^s - X_u)^2 + (Y^s - Y_u)^2 + (Z^s - Z_u)^2} + c \cdot \delta t_{bu}\end{aligned} \qquad (5-13)$$

其中,c 表示真空中的光速;δt_{bu} 表示两站接收机钟差之差。

伪距差分可以将参考站和用户站公共误差抵消,基准站提供所有卫星的伪距改正数,用户站观测其中任意 4 颗卫星就可以实现定位。不过,伪距差分改正计算的数学模型较复杂,差分数据的数据量也较多,而且精度随基准站到用户站的距离增加而降低。

5.3　局域差分定位技术

局域差分技术则是一种标量化的误差改正技术,通常在较小范围内(如几十千米)布设少量参考站,主要使用伪距来计算可见卫星的伪距和卫星轨道的综合改正数,并实时传送给服务区内的用户,用户再利用经过差分改正后的伪距和卫星轨道进行导航定位数据处理。该技术的差分改正信息一般是通过 V/UHF 链路发播给用户,使用经过局域差分改正后的伪距可以获得亚米级的导航定位精度,按照参考站的个数,可以分为单基站局域差分定位和多基站局域差分定位。

5.3.1　单基站局域差分定位

单基站局域差分系统包括一个基准站、控制单元、数据链路单元及用户站。在工作时,控制单元收集来自监测站的距离和距离率改正信息,并通过数据链路发送给用户。由于数据通信的存在,通常局域差分信息会略有延迟,因此用户在改正时,通常需要外推当前时刻的改正值。用户利用接收的距离和距离率改正信息对用户接收的伪距观测值进行改正,基于改正后的伪距观测值解算当前位置信息,一般可以达到亚米级的定位精度。

单基站局域差分定位的优点是结构和模型简单,但差分范围小,精度随距离基准站距离的增加而下降,可靠性较低。

5.3.2　多基站局域差分定位

为了扩大局域差分系统的作用范围,提高定位精度,保持定位结果的一致性与可靠性,多基站局域差分系统得到广泛应用,事实上,一般所说的局域差分均指多基站局域差分系统。

该系统在局域布设多个基准站,利用多个基准站解算伪距误差改正信息,这一解算的改正信息更加可靠,用户据此解算的位置信息可靠性更高,同时作用范围更广,多基站局域差分系统多用于海洋测绘、精密进近等可靠性要求较高的领域。

不同局域增强系统在硬件组成上基本类似,在改正数生成算法及所改正的观测值上存在差异。所有的局域差分系统都发送伪距改正数或者伪距观测值,这些伪距改正数通过基准站的真坐标计算得到,用户根据改正信息将伪距观测值中的共模误差扣除,此时用户定位解算和改正数计算时所用的各项改正模糊度、数据计算方法必须保持一致。

早期的局域差分系统通常采用 V/UHF 链路播发伪距改正信息,目前有的系统也采用网络进行数据传输。局域差分系统广泛应用于海洋测绘和航空安全领域,其中航空行进中所用的地基增强系统(Ground-Based Augmentation System, GBAS)即为局域差分系统的一种,不过 GBAS 一般会有其他增强信息,对完好性要求较高。

5.4　广域差分定位技术

广域差分技术是一种矢量化误差改正技术,通常在方圆几千千米范围内布设30~40 个参考站,一般是基于伪距(辅以载波)来确定可见卫星的精密钟差、轨道和电离层延迟信息,并将相对应的导航电文的卫星钟差、轨道和电离层格网改正数信息实时传送给用户,用户再使用接收到的轨道、钟差和电离层延迟改正数信息以及伪距观测值和导航电文进行差分,从而获得高精度的导航定位结果。广域差分改正数一般是通过 GEO 卫星在服务区被集中式实时广播。

传统的单点定位主要依靠相关数学模型消除误差,然而这种处理方式并不能十分有效地消除相关误差,为了弥补单点定位只利用模型修正误差的不足,广域增强系统通过多个参考站实时收集 GNSS 数据并进行相关分析,接着将数据汇总到主控站并计算出更加准确的误差改正数,然后通过 GEO 卫星播发给广大 GNSS 用户,这种方式不但提高了定位精度,并且具有实时性高、覆盖范围广、成本低等优点。

广域增强系统以星基增强系统为代表,星基增强系统主要由参考站、增强信息处理单元及 GEO 卫星三个要素构成。参考站采集实时 GNSS 数据,并将数据回传

到数据处理中心;数据处理中心将实时 GNSS 数据进行处理,生成增强信息,包括
卫星轨道、卫星钟差改正信息及大气延迟;主控站将增强信息注入上行链路,通过
GEO 卫星播发给用户。

目前的星基增强系统包括政府主导和商业运营两类,以政府为主导的星基增
强系统主要有美国的 WAAS、欧洲的 EGNOS、印度的 GAGAN、俄罗斯的 SDCM,
日本的 MSAS[99,100],此外中国也在建设自己的北斗星基增强系统(BeiDou Satel-
lite-Based Augmentation System,BDSBAS)[101],韩国也计划建立韩国的星基增强
系统[102]。成熟的商业运营系统包括 StarFire[103]、OmniStar[104]、Veripos[104]、
Trimble 的 RTX、中国精度等。

5.5   差分定位典型应用

5.5.1   海上导航定位

海洋实时导航定位是 GNSS 应用的重要场景之一,随着经济、军事应用的不断
发展,海洋目标定位的精度需求也不断提高,差分 GNSS 因其定位精度高、可靠性
高被应用于海洋导航定位中。由于远海一般没有通信网络,一般采用静地卫星播
发改正信息,同时静地卫星也可以提供冗余观测。

除了符合国际民航组合定义的星基增强系统外,也有许多商业化运行的星基
增强系统服务于海洋目标的实时导航定位,如 OmniSTAR、StarFire 等。Omni-
STAR 是最大的星基增强服务提供商,超过 30 种接收机支持 OmniSTAR 增强信息解
码及应用,其主要服务包括广域差分增强和全球 PPP。其中,广域差分为伪距差分,
定位精度优于 1 m(95%)。StarFire 是由迪尔公司为服务精密农业而建设的广域差
分系统,并于 1999 年开始提供商业服务,其改正信息基于实时 GIPSY(Real-Time
GIPSY,RTG)软件解算。在为用户提供服务时,分为陆地和全球服务两种授权,
在土地测量、海洋导航定位、精密农业、摄影测量和机器控制等领域有广泛的应用。
海洋油气勘探和邮轮的实时导航定位均采用上述广域差分系统。

此外,港口作为全球运输网络中的一个重要环节,是对外贸易进出口货物的集
散中心,是国际物流供应链的重要环节和物流通道的枢纽,但是随着港口继续向大
型化、专业化的发展,自动化设备不多、物流设备标准化程度不高、港口运输车辆精
确定位迫切等问题制约着港口物流的发展。

伪距差分定位在港口的管理调度中的应用包括港口车辆监管、集装箱码头生
成过程控制调度、散货码头管理等。无论是哪一方面,其系统硬件构成主要包括
GNSS 车载接收机、GNSS 基准站、服务器、用户查看设备。这些硬件设备主要用
于数据采集和完成定位,作为港口管理,最重要的是为决策者提供数据服务,因此

一般会与 GIS 结合,形成一个业务管理系统,并进行各类数据的实时展示。

5.5.2　陆地应用

陆地是人类生存的主要场所,包括导航定位技术主要应用场景,如行人导航、智能交通、疾病控制等方面。伪距差分定位在陆地中的应用主要集中在定位精度要求不是特别高、低成本设备等方面。

对于行人导航,目前的低成本智能设备由于采用贴片天线,难以获取高精度的伪距观测值,利用伪距差分能够有效削弱电离层、对流层等误差,从而提高定位的精度;对于不支持原始 GNSS 观测值输出的智能设备,还可以采用位置域差分的定位技术提高定位精度。

随着我国城市建设规模的不断扩大和城市车辆的日益增加,尤其是车辆的交通管理、交通服务和交通安全越来越显得重要。因此,车载 GNSS 系统得到了越来越广泛的应用,差分定位与单点定位相比,在定位性能上有显著的提升,是智能交通系统(Interligent Transport System,ITS)的重要组成部分。智能交通系统与无线电通信系统结合在一起,车辆和指挥中心之间就可以通过双工通信,以形成定位导航和交通管理系统,它不仅使车辆具有定位导航的能力,而且能对车辆进行调度、管理以及多种服务。它主要完成车辆的识别和定位、自动导航、交通监视、通信和信息处理技术。ITS 的系统结构主要包括三大部分:车载导航系统、通信系统和地面监控中心管理系统。

车载导航系统主要包括车载定位系统、定位信息的发送和接收、显示和车载计算机等,主要完成车辆的定位、车辆与指挥中心的信息交互等。通信系统通过双向通信单元为机动车辆和地面监控中心控制管理系统实现将车辆的位置、状态、请求服务等信息送到中心管理系统或接收来自控制中心的情报、命令等信息。地面监控中心管理系统由中心控制管理站、计算机、调度管理系统、数据库、通信路由管理系统和大屏幕显示器等组成。计算机存有数字地图,先进的 AVLN 系统并配有地址匹配、地图匹配、最佳路径计算和行驶指导等。

5.5.3　航空应用

伪距差分最典型的应用当属地基增强系统(Ground-Based Augmentation System,GBAS)和星基增强系统(Satellite-Based Augmentation System,SBAS)在航空中的应用。GBAS 与 SBAS 类似,由地面参考站网、增强信息处理中心及数据传输部分构成;不同之处在于 GBAS 地面参考站由区域基准站构成,数据传输通过互联网或者电台完成;而 SBAS 则是通过 GEO 卫星播发改正信息,并且 GEO 卫星同时提供测距信息。

国际民航组织定义的 GBAS 通常由三个以上 GNSS 参考站、一个中心处理系统、一个甚高频数据广播(Very high frequency Data Broadcast,VDB)设备。地面

GNSS 接收机收集 GNSS 观测值并发送到数据处理中心,数据处理中心计算相应的改正信息,包括不正确的字段改正、完好性参数、最后一次着陆信息,然后通过 VDB 播发,凡是在基站覆盖范围内的飞行设备均能使用该增强信息进行改正,提高自身定位精度和可靠性。传统的仪表着陆系统(Instrument Landing System, ILS)需要为每条跑道专门定位,设备安装和维护费用每年需数百万美元。GBAS 则可同时为多个跑道提供精密着陆服务,增加了着陆的灵活性,能够有效提高机场效率,并且成本相对较低。

国际民航组织定义的 SBAS 完好性较高,精度优于 1 m,SBAS 定位系统结合航空数据通信技术,采用协同监视系统,可以实现飞机与地面、飞机与飞机的相互监视,使飞机由被动指挥,逐步向自选最优航线过渡,从而彻底改变现有空中交通管理方法,SBAS 为民航的可持续发展提供关键的技术支持。

5.5.4　资源勘查

资源勘查最重要的一项任务就是确定矿产资源中各个要素的位置信息,它贯穿资源勘查的整个历程,包括车辆设备监控调度、钻孔定位、矿山环境监测、矿区范围划定、水文地质调查和地质测绘等。

在这些过程中,定位精度要求不高,但单点定位又无法满足其定位要求,传统测量方法费时费力,工作效率较低,利用伪距差分定位及其增强技术,既可以满足定位精度要求,又能提高工作效率。此外,特别是手持定位设备与成图软件的配合,不仅可以方便地从接收机中下载野外采集的数据,而且还可以将 GIS 数据导入到接收机中,便于野外工作。

第 6 章

实时动态定位技术

实时动态差分（Real-Time Kinematic，RTK）技术又称为载波相位差分技术。RTK 技术起源于 20 世纪 90 年代初，由美国天宝（Trimble）公司开发提出，它是一种常用的实时卫星定位测量方法。以前的静态、快速静态、动态测量都需要事后进行解算才能获得厘米级的精度，而 RTK 技术则可以实时获得厘米级的定位精度。RTK 技术采用载波相位动态实时差分方法，是 GNSS 应用的重大里程碑，它的出现为工程放样、地形测图、各种控制测量等高精度用户带来了新的测量原理和方法，极大地提高了作业效率，并在多种行业进行了推广应用。

本章主要介绍了经典 RTK 技术以及几种改进的 RTK 技术，包括双差电离层对流层约束的 RTK 技术，适用不同长度基线的 RTK 技术，统一参考模糊度的组合 RTK 技术，顾及不同系统观测值定位偏差的 RTK 技术，顾及不同频率观测值定位偏差的 RTK 技术，顾及差分系统间偏差和差分频率间偏差的 RTK 技术，以及 RTK 技术的典型应用。

6.1　经典 RTK 技术

6.1.1　观测模型

差分观测模型可以有效消除或者削弱大部分相同或具有强空间相关性的观测误差的影响，从而来简化定位模型。但是数据利用率低，同时在观测值间引入了相关性，增加了处理的难度。在 GNSS 相对定位中，通常采用双差观测值来进行精密定位解算。本节将对 GNSS 差分观测值，包括非差（Un-Differerce，UD）、站间单差（Single-Difference，SD）以及站星双差（Double-Difference，DD）观测方程进行推导，并且介绍了常用的一些组合观测值。

6.1.1.1　GNSS 非差观测方程

GNSS 非差伪距和相位观测方程分别表示为[30,83,105-107]

$$P_{r,f_i^s}^s = \rho_r^s - c(\delta t_r - \delta t^s - \delta\tau^{sys}) + d_r^s - d^s + I_{r,f_i^s}^s$$
$$+ T_r^s + O_r^s + R_r^s + S_r^s + M_r^s + \varepsilon_{r,f_i^s}^s \qquad (6-1)$$

$$\lambda_{f_i}^{sys}\varphi_{r,f_i}^s = \rho_r^s - c(\delta t_r - \delta t^s - \delta\tau^{sys}) + \lambda_{f_i}^{sys}[(\varphi_{r,f_i}^{sys} - \varphi_{f_i}^{sys})$$
$$+ (\delta_{r,f_i}^{sys} - \delta_{f_i}^{sys}) + N_{r,f_i}^{sys}] - I_{r,f_i}^s$$
$$+ T_r^s + O_r^s + R_r^s + S_r^s + m_r^s + \xi_{r,f_i}^s \qquad (6-2)$$

式中，

P 表示伪距观测值（单位：m）；

φ 表示相位观测值（单位：周）；

r 和 s 分别表示接收机和卫星；

i 表示不同频带，以 GPS 为例，$i = $ L1,L2,L5；

sys 表示卫星导航系统，可以表示 GPS、BDS、GLONASS、Galileo 等；

ρ_r^s 表示接收机 r 与卫星 s 之间几何距离；

c 表示光在真空中传播的速度；

δt_r 表示接收机钟差；

δt^s 表示卫星钟差；

$\delta\tau^{sys}$ 表示卫星系统时与接收机参考时间系统之间的差异；

λ 表示载波波长；

N 表示整周相位模糊度；

f 表示卫星观测值频率；

I 表示电离层延迟；

T 表示对流层延迟；

d_r^s、d^s 分别表示接收机伪距硬件延迟和卫星伪距硬件延迟；

δ_r、δ^s 分别表示接收机载波硬件延迟和卫星载波硬件延迟；

φ_r、φ^s 分别表示接收机端和卫星端的初始相位；

O 表示卫星轨道误差；

R 表示相对论效应；

S 表示地球自转效应；

M、m 分别表示伪距观测值和载波相位观测值的多路径效应；

ε、ξ 分别表示伪距观测值和载波相位观测值的测量噪声以及未模型化的误差项。

观测方程中的所有误差项都必须仔细处理，特别是对于载波相位高精度定位。一般来说，某些项在相对定位中可以通过观测值作差来消除或削弱，比如：双差观测模型消除了卫星钟差和接收机钟差，大大削弱了卫星轨道误差、与空间相关的电离层延迟误差和对流层延迟误差;某些项可以用物理模型进行修正,比如:相对论效应和地球自转效应等误差可通过相应的模型进行精确改正,卫星天线相位中心偏差(PCO)及其变化(PCV)、接收机天线相位中心偏差(PCO)及其变化(PCV)、潮汐改正、相位缠绕等误差项虽然没有在观测方程中列出,但是同样可以通过相应的模型进行精确改正;而某些项必须作为未知参数进行估计。值得注意的是,对流层延迟的干分量可以通过模型进行改正,而对流层延迟的湿分量需要进行参数估计。为了简单起见,卫星轨道误差、相对论效应、地球自转效应、多路径效应在后续的观测方程中不再列出来。

6.1.1.2 GNSS 站间单差观测方程

GNSS 站间单差伪距和载波相位观测方程分别表示为

$$\Delta P_{br,f_i^{sys}}^s = \Delta\rho_{br}^s - c\delta t_{br} + \Delta d_{br}^s + \Delta I_{br,f_i^{sys}}^s + \Delta T_{br}^s + \Delta\varepsilon_{br,f_i^{sys}}^s \tag{6-3}$$

$$\lambda_{f_i}^{sys}\Delta\varphi_{br,f_i^{sys}}^s = \Delta\rho_{br}^s - c\delta t_{br} + \lambda_{f_i}^{sys}(\Delta\varphi_{br,f_i^{sys}} + \Delta\delta_{br,f_i^{sys}} + \Delta N_{br,f_i^{sys}}^s)$$
$$- \Delta I_{br,f_i^{sys}}^s + \Delta T_{br}^s + \Delta\xi_{br,f_i^{sys}}^s \tag{6-4}$$

式中,Δ 表示站间单差算子;b 和 r 表示不同的接收机。

站间单差模型中完全消除了与卫星有关的误差,如卫星钟差、卫星端的初始相位与硬件延迟误差以及系统间时间偏差 $\delta\tau^{sys}$。卫星端的伪距和相位硬件延迟以及初始相位可以视为常数,在站间单差能够得到消除。站间单差伪距硬件延迟 Δd_{br}^s 不仅包括接收机码偏差,如果两台接收机采用不同的码类型和跟踪模型的话,还包括卫星差分码偏差。对于相同频率的卫星 s,站间单差载波相位硬件延迟 $\Delta\delta_{br}^s$ 只包括接收机间的差分延迟,因为消除了卫星端的硬件延迟。

6.1.1.3 GNSS 星间单差观测方程

GNSS 星间单差伪距和相位观测方程分别表示为

$$\nabla P_{r,f_i^{sys}}^{sk} = \nabla\rho_r^{sk} + c\delta\nabla t^{sk} - \nabla d^{sk} + \nabla I_{r,f_i^{sys}}^{sk} + \nabla T_r^{sk} + \nabla\varepsilon_{r,f_i^{sys}}^{sk} \tag{6-5}$$

$$\lambda_{f_i^{sys}}^k\varphi_{r,f_i^{sys}}^k - \lambda_{f_i^{sys}}^s\varphi_{r,f_i^{sys}}^s$$
$$= \nabla\rho_r^{sk} + c\delta t^{sk} + \lambda_{f_i^{sys}}^k[(\varphi_{r,f_i^{sys}} - \varphi_{f_i^{sys}}^k) + (\delta_{r,f_i^{sys}} - \delta_{f_i^{sys}}^k) + N_{r,f_i^{sys}}^k]$$
$$- \lambda_{f_i^{sys}}^s[(\varphi_{r,f_i^{sys}} - \varphi_{f_i^{sys}}^s) + (\delta_{r,f_i^{sys}} - \delta_{f_i^{sys}}^s) + N_{r,f_i^{sys}}^s] - \nabla I_{r,f_i^{sys}}^{sk}$$
$$+ \nabla T_r^{sk} + \nabla\xi_{r,f_i^{sys}}^{sk} \tag{6-6}$$

式中,∇ 表示星间单差算子;s 和 k 表示不同的卫星。

星间单差模型中,完全消除了与接收机有关的误差,如接收机钟差、接收机端初始相位与硬件延迟误差以及系统间时间偏差,但不能消除卫星钟差。如果这两颗卫星使用相同的频率,即 $\lambda_{f_i^{sys}}^k = \lambda_{f_i^{sys}}^s$,两个星间单差模糊度可以合并为一个站星双差模糊度。

6.1.1.4 GNSS 站星双差观测方程

GNSS 站星双差伪距和相位观测方程分别表示为

$$\nabla \Delta P^{*}_{br,f^{sys}_{i}} = \nabla \Delta \rho^{*}_{br} + \nabla \Delta d^{*}_{br,f^{sys}_{i}} + \nabla \Delta I^{*}_{br,f^{sys}_{i}} + \nabla \Delta T^{*}_{br} + \nabla \Delta \varepsilon^{*}_{br,f^{sys}_{i}} \qquad (6-7)$$

$$\lambda^{k}_{f^{sys}_{i}} \Delta \varphi^{k}_{br,f^{sys}_{i}} - \lambda^{s}_{f^{sys}_{i}} \Delta \varphi^{s}_{br,f^{sys}_{i}}$$

$$= \nabla \Delta \rho^{*}_{br} + \lambda^{k}_{f^{sys}_{i}} (\Delta \varphi_{br,f^{sys}_{i}} + \Delta \delta^{k}_{br,f^{sys}_{i}} + \Delta N^{k}_{br,f^{sys}_{i}}) - \lambda^{s}_{f^{sys}_{i}} (\Delta \varphi_{br,f^{sys}_{i}} + \Delta \delta^{s}_{br,f^{sys}_{i}}$$

$$+ \Delta N^{s}_{br,f^{sys}_{i}}) - \nabla \Delta I^{*}_{br,f^{sys}_{i}} + \nabla \Delta T^{*}_{br} + \nabla \Delta \xi^{*}_{br,f^{sys}_{i}} \qquad (6-8)$$

式中，$\nabla \Delta$ 表示站星双差算子。

　　站星双差观测方程消除了接收机钟差和卫星钟差、卫星端初始相位与伪距硬件延迟误差以及系统间时间偏差。双差模型可以由相同系统或不同系统、相同频率或不同频率的观测值构成。如果这两个观测值频率相同，即 $\lambda^{s}_{f^{sys}_{i}} = \lambda^{k}_{f^{sys}_{i}}$，站间单差模糊度 $\Delta N^{s}_{br,f^{sys}_{i}}$、$\Delta N^{k}_{br,f^{sys}_{i}}$ 可以合并起来形成站星双差模糊度 $\nabla \Delta N^{*}_{br,f^{sys}_{i}}$。

　　对于采用 CDMA 技术的 GNSS 系统内双差模型，卫星和接收机的硬件延迟以及初始相位偏差均被消除，在进行数据处理过程中不需要考虑不同观测环境以及不同类型或品牌接收机对上述因素的影响[108]。

　　对于采用 FDMA 技术的 GLONASS 系统内双差模型，卫星硬件延迟和初始相位偏差已被消除，而接收机硬件延迟和初始相位偏差至少对于不同接收机类型来说不能被消除[109]。

　　对于采用 CDMA 技术的 GNSS 系统间双差模型、采用 CDMA 技术的 GNSS 与采用 FDMA 技术的 GNSS 之间的双差模型是构建多 GNSS 统一双差观测模型的重难点。

6.1.1.5　GNSS 线性组合观测方程

　　利用不同频率的伪距、相位观测值线性组合形成某种新的观测值，该观测值具备某些特性，如具有较长的波长、有利于模糊度固定、能够消除或削弱某些因素的影响等[110]，将这些新的观测值应用到 GNSS 观测方程中，可以提高定位的精度。

　　1. 双频常用实数组合

　　对于双频观测情况，假设新的观测值频率由 f_1、f_2 进行如下线性变换得到

$$f_{(m,n)} = m \cdot f_1 + n \cdot f_2 \qquad (6-9)$$

其中，m、n 为组合系数。

　　该观测值对应的波长和模糊度分别为

$$\lambda_{(m,n)} = \frac{c}{f_{(m,n)}} = \frac{\lambda_1 \cdot \lambda_2}{n \cdot \lambda_1 + m \cdot \lambda_2} \qquad (6-10)$$

$$N_{(m,n)} = m \cdot N_1 + n \cdot N_2 \qquad (6-11)$$

其中，λ_1、λ_2 分别表示频率 f_1、f_2 对应的载波波长；N_1、N_2 分别表示载波相位 L_1、L_2 对应的整周模糊度。

　　新的伪距和相位线性组合观测值分别为

$$P_{(m,n)} = \frac{mf_1}{mf_1 + nf_2}P_1 + \frac{nf_2}{mf_1 + nf_2}P_2 \qquad (6-12)$$

$$\Phi_{(m,n)} = \frac{mf_1}{mf_1 + nf_2}\Phi_1 + \frac{nf_2}{mf_1 + nf_2}\Phi_2 \qquad (6-13)$$

其中，P_1、P_2 分别表示频率 f_1、f_2 对应的伪距观测值；Φ_1、Φ_2 分别表示频率 f_1、f_2 对应的以米为单位的相位观测值。

假设不同频率的伪距和相位观测值的方差分别相等，即 $\sigma_{P_1}^2 = \sigma_{P_2}^2 = \sigma_P^2$，$\sigma_{\Phi_1}^2 = \sigma_{\Phi_2}^2 = \sigma_\Phi^2$，根据误差传播定律，线性组合后的伪距和相位观测值的方差分别为

$$\sigma_{P_{(m,n)}}^2 = \left[\left(\frac{mf_1}{mf_1 + nf_2}\right)^2 + \left(\frac{nf_2}{mf_1 + nf_2}\right)^2\right]\sigma_P^2 \qquad (6-14)$$

$$\sigma_{\Phi_{(m,n)}}^2 = \left[\left(\frac{mf_1}{mf_1 + nf_2}\right)^2 + \left(\frac{nf_2}{mf_1 + nf_2}\right)^2\right]\sigma_\Phi^2 \qquad (6-15)$$

GNSS 双频数据处理过程中，常用的线性组合观测值主要包括以下几种。

(1)无电离层组合

$$P_{IF} = \frac{1}{f_1^2 - f_2^2}(f_1^2 P_1 - f_2^2 P_2) \qquad (6-16)$$

$$\Phi_{IF} = \frac{1}{f_1^2 - f_2^2}(f_1^2 \Phi_1 - f_2^2 \Phi_2) \qquad (6-17)$$

无电离层组合观测值的最大优点就是能够消去电离层延迟的一阶项。这样就有利于模糊度的固定以及高精度定位的实现，尤其是在电离层影响比较显著的情况下。无电离层组合观测值相比于原始观测值放大了测量噪声，假设 $\sigma_{\Phi_1} = \sigma_{\Phi_2} = \sigma_\Phi$，根据误差传播定律，可以得到无电离层组合观测值的测量噪声为

$$\sigma_{\Phi_{IF}} = \sqrt{\left(\frac{f_1^2}{f_1^2 - f_2^2}\right)^2 + \left(-\frac{f_2^2}{f_1^2 - f_2^2}\right)^2}\,\sigma_\Phi \qquad (6-18)$$

(2)无几何信息组合

$$P_{GF} = P_1 - P_2 \qquad (6-19)$$

$$\Phi_{GF} = \Phi_1 - \Phi_2 \qquad (6-20)$$

无几何信息组合观测值消除了卫星轨道、接收机钟差以及测站坐标等因素的影响，仅包含模糊度项、电离层延迟和测量噪声，因此可以用于评估电离层模型或周跳探测。

(3)宽巷组合

$$\Phi_{WL} = \frac{f_1}{f_1 - f_2}\Phi_1 - \frac{f_2}{f_1 - f_2}\Phi_2 \qquad (6-21)$$

相位宽巷组合观测值对应的宽巷模糊度为 $N_{WL} = N_1 - N_2$，宽巷模糊度保持了整数特性。由于宽巷模糊度对应的波长 $\lambda_{WL} = \frac{c}{f_1 - f_2}$ 较长(以 GPS 为例，$\lambda_{WL} \approx$ 86.19 cm)，因此宽巷组合观测值适用于整周模糊度的快速固定。但是由于观测噪

声较大,因此一般情况下,宽巷观测值不直接用于定位,而是作为中间过程来求解 N_1、N_2 的模糊度。此外,宽巷组合观测值还可用于周跳探测与修复[111]。

(4)窄巷组合

$$P_{NL} = \frac{f_1}{f_1 + f_2} P_1 + \frac{f_2}{f_1 + f_2} P_2 \tag{6-22}$$

$$\varPhi_{NL} = \frac{f_1}{f_1 + f_2} \varPhi_1 + \frac{f_2}{f_1 + f_2} \varPhi_2 \tag{6-23}$$

相位窄巷组合观测值对应的窄巷模糊度为 $N_{NL} = N_1 + N_2$,窄巷模糊度同样保持了整数特性。但是,窄巷模糊度对应的波长 $\lambda_{NL} = \frac{c}{f_1 + f_2}$ 较短(以 GPS 为例,$\lambda_{NL} \approx 10.70\ \mathrm{cm}$),容易受到大气延迟误差的影响,一般用在短基线解算中。

(5)MW 组合[112,113]

$$\mathrm{MW} = \frac{1}{f_1 - f_2} (f_1 \varPhi_1 - f_2 \varPhi_2) - \frac{1}{f_1 + f_2} (f_1 P_1 + f_2 P_2) \tag{6-24}$$

MW 组合观测值联合了宽巷相位与窄巷伪距观测值,通过观测值组合消除了电离层延迟误差、对流层延迟误差和各种几何误差,仅包含宽巷模糊度和测量噪声,因此可以用来解算宽巷模糊度。但是该组合由于引入了伪距观测值,从而导致较大的观测噪声和多路径误差,因此一般需要进行多个历元的平滑来削弱测量误差的影响。此外,MW 组合也常与无几何信息组合相结合使用,来探测无几何信息观测值不敏感的周跳。

2.三频整系数组合

随着 GPS 和 GLONASS 卫星系统现代化进程的不断发展,BDS 和 Galileo 系统的逐渐完善,多频观测值具有更多的组合方式,为多频数据处理中周跳探测和模糊度快速固定提供了更多有效可行的方法[114-117]。目前,BDS 是唯一全星座播发三频信号的卫星导航系统,因此,本章节以 BDS 为例,来介绍三频整系数组合观测值。

伪距和相位三频整系数组合观测值分别为

$$P_{(i,j,k)} = \frac{if_1 P_1 + jf_2 P_2 + kf_3 P_3}{if_1 + jf_2 + kf_3} \tag{6-25}$$

$$\varPhi_{(i,j,k)} = \frac{if_1 \varPhi_1 + jf_2 \varPhi_2 + kf_3 \varPhi_3}{if_1 + jf_2 + kf_3} \tag{6-26}$$

其中,i、j、k 为任意实数;P_m 和 $\varPhi_m$($m=1,2,3$)分别表示第 m 个频率上以米为单位的伪距和相位观测值;f_1、f_2、f_3 分别表示 B1、B2、B3 这三个载波频率。

三频整系数组合观测值的频率 $f_{(i,j,k)}$、波长 $\lambda_{(i,j,k)}$ 和模糊度 $N_{(i,j,k)}$ 分别为

$$f_{(i,j,k)} = i \cdot f_1 + j \cdot f_2 + k \cdot f_3 \tag{6-27}$$

$$\lambda_{(i,j,k)} = \frac{c}{f_{(i,j,k)}} \tag{6-28}$$

$$N_{(i,j,k)} = i \cdot N_1 + j \cdot N_2 + k \cdot N_3 \qquad (6-29)$$

假设各频率上的伪距和相位观测值噪声的方差分别相等，即 $\sigma_{P_1}^2 = \sigma_{P_2}^2 = \sigma_{P_3}^2 = \sigma_P^2$，$\sigma_{\Phi_1}^2 = \sigma_{\Phi_2}^2 = \sigma_{\Phi_3}^2 = \sigma_{\Phi}^2$，那么三频整系数组合观测值噪声的方差分别为

$$\sigma_{P_{(i,j,k)}}^2 = \frac{(i \cdot f_1)^2 + (j \cdot f_2)^2 + (k \cdot f_3)^2}{f_{(i,j,k)}^2} \sigma_P^2 \qquad (6-30)$$

$$\sigma_{\Phi_{(i,j,k)}}^2 = \frac{(i \cdot f_1)^2 + (j \cdot f_2)^2 + (k \cdot f_3)^2}{f_{(i,j,k)}^2} \sigma_{\Phi}^2 \qquad (6-31)$$

利用 BDS 三频整系数相位观测值，可以构建出一系列具有较长波长的宽巷或超宽巷组合观测值，在多频数据处理中，利用其组合观测值较长波长、低噪声的特性，来辅助其他线性组合模糊度解算[115]。

6.1.2 随机模型

GNSS 数据处理中的随机模型主要分为三类：观测值的随机模型、系统状态的随机模型和待估参数的随机模型。观测值的随机模型表征观测值之间的关系及各类观测值的观测精度；系统状态的随机模型描述 GNSS 接收机的运动状态及速度；待估参数的随机模型描述各参数的初始精度及其随时间的变化率。其中，GNSS 接收机的运动状态及其随时间的变化率通常都是未知的，在数据处理时通常都不予考虑。

随机模型的合理确定是获得正确平差结果的前提，不合理的随机模型可能导致平差结果存在系统性偏差以及各项精度评估指标不可靠。

6.1.2.1 观测值的随机模型

观测值的随机模型描述的是观测量的统计特性，可以通过一个先验的方差——协方差矩阵来表达。常用的随机模型有高度角方差模型[118-121]、信噪比模型[122,123]以及基于验后方差估计模型。目前应用较多的是依据高度角确定观测值方差的高度角模型，而描述观测值精度随高度角变化的模型有多种，常用的包括以下三种。

(1)正弦函数形式，GAMIT 软件采用该模型[119,121]，其表达式为

$$\sigma^2 = m^2 + \frac{n^2}{\sin^2(el)} \qquad (6-32)$$

(2)余弦函数形式，Bernese 软件采用该模型[120]，其表达式为

$$\sigma^2 = a^2 + b^2 \cos^2(el) \qquad (6-33)$$

(3)指数函数形式[118]，其表达式为

$$\sigma = a_0 + a_1 \exp(el/h_0) \qquad (6-34)$$

式中，m、n、a、b、a_0、a_1 以及 h_0 均为经验系数；el 表示以弧度为单位的高度角。

在本书的 GNSS 数据处理过程中，非差观测值的随机模型采用高度角确定观测值方差的高度角模型，具体形式为

$$\sigma^2(\theta) = \sigma_0^2 \left[1 + 10\exp\left(\frac{-\theta}{10}\right) \right]^2 \tag{6-35}$$

其中，$\sigma(\theta)$ 表示非差观测值的标准差；θ 表示卫星高度角；σ_0 表示天顶方向的非差观测值的标准差。双差观测值的方差可以根据非差观测值的方差采用误差传播定律进行计算[124]。对于同一 GNSS，通常将相位观测值和伪距观测值的标准差比值设置为 1：100[125]，各个频点天顶方向的伪距和相位观测值的标准差分别取 0.3 m 和 3 mm[126]。对于不同 GNSS 的同类观测值之间，其标准差并不一致，有的学者认为 GPS、BDS、Galileo 的观测值具有相同的测量精度，而 GLONASS 的观测值精度要低一些，因此将 GPS、BDS、Galileo 观测值的标准差与 GLONASS 观测值的标准差的比值设置为 1：1.5[127]。

设站间单差伪距和相位观测值方差——协方差矩阵 $\boldsymbol{R}$，进行星间差分的映射矩阵为 $\boldsymbol{D}$，则双差伪距和相位观测值的方差——协方差矩阵可以表示为[128]

$$\boldsymbol{Q} = \boldsymbol{DRD}^{\mathrm{T}} \tag{6-36}$$

对于系统内差分模型，双频观测值星间差分的映射矩阵 $\boldsymbol{D}$ 为

$$\boldsymbol{D} = \begin{bmatrix} \boldsymbol{I}_4 \otimes \boldsymbol{D}^A_{(m_A-1)\times m_A} & \boldsymbol{I}_4 \otimes \boldsymbol{0}_{(m_A-1)\times m_B} \\ \boldsymbol{I}_4 \otimes \boldsymbol{0}_{(m_B-1)\times m_A} & \boldsymbol{I}_4 \otimes \boldsymbol{D}^B_{(m_B-1)\times m_B} \end{bmatrix} \tag{6-37}$$

而对于系统间差分模型，映射矩阵 $\boldsymbol{D}$ 需要考虑两个系统间的星间差分，可表示为

$$\boldsymbol{D} = \begin{bmatrix} \boldsymbol{I}_4 \otimes \boldsymbol{D}^A_{(m_A-1)\times m_A} & \boldsymbol{I}_4 \otimes \boldsymbol{0}_{(m_A-1)\times m_B} \\ \boldsymbol{I}_4 \otimes \boldsymbol{D}^{AB}_{m_B\times m_A} & \boldsymbol{I}_4 \otimes \boldsymbol{I}_{m_B} \end{bmatrix} \tag{6-38}$$

式(6-37)和式(6-38)中，

$$\begin{aligned} \boldsymbol{D}^A_{(m_A-1)\times m_A} &= \left[-\boldsymbol{e}_{m_A-1}, \boldsymbol{I}_{m_A-1} \right] \\ \boldsymbol{D}^B_{(m_B-1)\times m_B} &= \left[-\boldsymbol{e}_{m_B-1}, \boldsymbol{I}_{m_B-1} \right] \\ \boldsymbol{D}^{AB}_{m_B\times m_A} &= \left[-\boldsymbol{e}_{m_B}, \boldsymbol{0}_{m_B\times(m_A-1)} \right] \end{aligned} \tag{6-39}$$

其中，$\otimes$ 表示克罗内克积算子；$\boldsymbol{e}_m$ 表示元素均为 1 的 m 维列向量；$\boldsymbol{I}_m$ 表示 $m\times m$ 的单位矩阵；$\boldsymbol{0}_{m\times n}$ 表示元素均为 0 的 $m\times n$ 维矩阵；m_A 和 m_B 分别表示系统 A 和系统 B 在某一历元所观测到的卫星数。

6.1.2.2　参数的随机模型

通过前面的观测模型可以知道，GNSS 相对定位的待估参数包括：三维坐标参数、电离层延迟残差参数、对流层延迟残差参数以及可能包含了接收机和卫星的硬件延迟以及初始相位偏差的模糊度参数。接收机的运动状态及其随时间的变化规律通常都是未知的，而电离层延迟可以通过无电离层组合观测值来消除，因此通常不予以考虑三维坐标参数和电离层延迟参数的随机模型。在 GNSS 相对定位数据处理的过程中，主要考虑对流层延迟残差参数和可能包含了接收机和卫星的硬件

延迟以及初始相位偏差的模糊度参数的随机模型。

1. 对流层延迟的随机模型

对流层天顶方向的湿分量可以用一个一阶高斯-马尔可夫过程描述[129]：

$$\frac{\mathrm{d}\rho(t)}{\mathrm{d}t} = -\frac{\rho(t)}{t_{GM}} + \omega(t) \tag{6-40}$$

式中，t_{GM} 表示随机过程的相关时间；$\omega(t)$ 是方差为 σ_ω^2 的零均值白噪声：

$$\begin{cases} E(\omega(t)) = 0 \\ E(\omega(t)\omega(t')) = \sigma_\omega^2 \delta(t - t') \end{cases} \tag{6-41}$$

其中，$E(\cdot)$ 表示期望。

对观测值进行分批处理，过程噪声作为分段参数进行模型化。一批结束后，过程噪声时间校正将噪声加到协方差矩阵中，这样引起随机参数随时间变化。第 j 批的过程噪声时间校正将随机参数估值和协方差矩阵映射到第 $(j+1)$ 批：

$$\boldsymbol{P}_{j+1} = \boldsymbol{M}\boldsymbol{P}_j + \boldsymbol{\omega}_j \tag{6-42}$$

式中，$\boldsymbol{P}_j$ 为一随机参数向量；$\boldsymbol{M}$ 为一对角过程噪声映射矩阵；$\boldsymbol{M}$ 对角线上的元素为

$$m_{ij} = \exp[-(t_{j+1} - t_j)/\tau_{ij}] \tag{6-43}$$

式中，t_{j+1} 和 t_j 分别为第 $(j+1)$ 批和第 j 批的开始时间；τ_{ij} 为第 j 批的第 i 个随机参数的时间常数。

ω_j 为随机误差，其矩阵为零。

$$E\{\omega_j \omega_k^{\mathrm{T}}\} = \boldsymbol{Q}\delta_{jk} \tag{6-44}$$

协方差矩阵 Q 对应的对角线上的元素为

$$q_{ik} = \exp(1 - m_{ij}^2)\sigma_{iss}^2 \tag{6-45}$$

其中，σ_{iss} 为第 i 个随机参数的稳态 σ，即当系统在比 τ 长得多的时间内不受扰动所达到的噪声水平。随机参数的离散时间变化方差为

$$\sigma_{P_{i+1}}^2 = m_i^2 \sigma_{P_i}^2 + q_i = m_i^2 \sigma_{P_i}^2 + (1 - m_i^2)\sigma_{ss}^2 \tag{6-46}$$

对于随机游走过程，$t \to \infty, m = 1, \boldsymbol{M}$ 为单位矩阵，过程没有稳态，σ_{ss} 无界，q_i 在极限意义上的定义为 $q_i = \lim\limits_{x \to \infty} \dfrac{\sigma_{ss}^2}{\tau}$。

实际应用表明，对于对流层随机游走模型，$\sqrt{q_i/\Delta t}$ 取 $(2 \sim 4) \times 10^{-7}\,\mathrm{km \cdot s^{-1/2}}$ 比较合适。

2. 模糊度参数的随机模型

在 GNSS 相对定位数据处理过程中，根据系统类型、基线长度和差分模式等对可能包含了接收机和卫星的硬件延迟以及初始相位偏差的模糊度参数的随机模型的设置有所差异。通过重参数化将可能包含接收机和卫星的硬件延迟以及初始相位偏差的模糊度分离为整周模糊度参数和偏差参数，模糊度参数在连续跟踪时段为某一常数，在发生周跳或卫星失锁的情况下需要重新初始化模糊度参数，而偏差

参数(如差分系统间偏差、差分频率间偏差)通常采用分段常数来描述其随机过程,处理简单并且有效。

6.1.3　误差模型

GNSS RTK 中,通过采用双差观测模型,消除了卫星钟差和接收机钟差,大大削弱了卫星轨道误差、地球自转效应误差和相对论效应误差,因此需要重点考虑的误差是电离层延迟误差和对流层延迟误差。

6.1.3.1　电离层延迟误差

电离层是指地球上空 60～1000 km 的大气层,在紫外线、X 射线、γ 射线和高能粒子的作用下,电离层中的中性气体分子部分被电离,产生了大量的电子和正离子,从而形成了一个电离层区域。在 GNSS 卫星信号穿过电离层时,传播速度会发生变化,同时传播路径会发生弯曲,从而使得伪距和相位观测值较真值产生了一个系统性偏差,这就是电离层延迟误差。

非差电离层延迟误差在天顶方向可达几十米,是 GNSS 数据处理中最大的误差源。由于受地磁场和太阳活动的复杂影响,电离层模型的建立非常困难。对于单频用户来说,只能通过模型改正电离层延迟,比较常用的模型有:Klobuchar 模型[130]及其改进模型[131-133]、NeQuick 模型[134-136]、NTCM 模型[137,138]及其修正模型 MNTCM-BC[139]、BDS 广播模型及其改进模型[140-142]。但是,电离层预报模型的精度较低,与电离层预报模型相比,由国际 GNSS 服务(International GNSS Service, IGS)的联合分析中心(IAAC)提供的最终全球电离层格网模型(Global Ionosphere Maps,GIM)具有 2～8 TECU(Total Electron Content Unit,总电子含量单位)的更高精度,提升超过了 50%[143]。但是,这种最终 GIM 产品不能用于实时定位,因为其延迟时间为 1～14 天[144,145]。

在 GNSS 相对定位中,对于短基线(<20 km)而言,由于测站间电离层延迟具有强相关性,因此在组成双差观测值后,电离层延迟残差的影响可以忽略不计;当基线长度为 50 km 左右时,双差电离层延迟残差基本在 0.2 m 以内,最大值达到 0.7 m;随着基线长度逐渐增加,双差电离层延迟残差逐渐增大;当基线长度达到 200 km 时,双差电离层延迟残差最大达到 2.5 m[108]。因此,对于中长基线,电离层延迟残差不能忽略,对其处理方法分为以下三类。

(1)参数估计法。

在非组合双差观测模型中,将双差电离层延迟残差作为参数进行估计[146,147]。

(2)无电离层组合法。

无电离层组合法是中长基线 RTK 定位解算中最常用的方法[148,149],由于电离层延迟具有色散效应,因此可以采用无电离层组合来消除电离层延迟的一阶项,而对于具有三频信号的卫星系统,可以消除电离层延迟的二阶项。

(3)先验约束法。

Bock[150]提出了电离层加权法,使用非组合双差观测模型,将双差电离层延迟残差作为参数估计,此外,增加双差电离层延迟残差虚拟观测方程。先验约束法的本质就是利用电离层先验信息对电离层延迟残差进行约束。双差电离层延迟残差的先验值一般设置为零,合理地设置双差电离层延迟残差的先验方差,可以显著加快模糊度的固定[151,152]。

6.1.3.2 对流层延迟误差

对流层延迟误差泛指距离地面 40 km 的中性大气层(包括对流层和平流层)对GNSS 卫星信号的折射影响,由于 80% 的折射发生在对流层,因此通常叫作对流层延迟误差。对流层延迟误差分为干分量和湿分量。干分量由大气中的干燥气体引起,占对流层延迟的 90%,并且很容易模型化;湿分量是由海平面以上 11 km 的包含了大部分水汽的低层对流层引起,约占对流层延迟的 10%[153]。由于水汽密度随时间和空间而变化,因此湿分量难以模型化。

非差对流层延迟误差在天顶方向为 2～3 m,在高度角为 10°时可达 20 m。对于短基线(<20 km)而言,通过双差观测模型,可以消除对流层延迟误差的大部分;当基线长度达到 50 km 左右时,双差对流层延迟误差基本在 5 cm 以内;随着基线长度的增加,双差对流层延迟误差逐渐增大,当基线长度接近 200 km 时,双差对流层延迟误差的最大值接近 20 cm[108]。因此,对于中长基线来说,对流层延迟残差不能忽略。通常将天顶方向的对流层延迟模型化以后,用投影函数投影到信号传播方向。

常用的对流层延迟模型包括 Hopfield 模型[154]、Saastamoinen 模型[90]、UNB3模型[155,156]、全球气压温度(Global Pressure and Temperature,GPT)模型[157,158],而常用的投影函数模型包括 Marini[159]、Chao[160]、NMF[161]、VMF1[162,163]和 GMF模型[157,158]。

由于对流层延迟的湿分量不能用模型精确改正,因此可以将天顶对流层延迟投影到斜路径方向,将干延迟部分用模型来改正,将天顶湿延迟作为参数进行估计。天顶对流层延迟估计方法有分段线性函数法、分段常数法和随机游走法[164]。

6.1.4 参数估计

GNSS 定位参数估计本质上是一个非线性问题,一般采用测站的近似坐标(可由伪距单点定位获取)对伪距和相位观测方程进行一阶泰勒级数展开来实现线性化,相对厘米级的定位精度,线性化误差可以忽略不计。线性化的观测方程可以简化描述如下:

$$AX = L + \varepsilon \qquad (6-47)$$

其中,A 为系数矩阵;X 为待估参数矩阵;L 为观测值向量;ε 为测量噪声向量。

观测模型所对应的随机模型满足下列条件：

$$\begin{cases} E(\boldsymbol{\varepsilon}) = 0 \\ D(\boldsymbol{\varepsilon}) = \sigma_0^2 \boldsymbol{Q} \end{cases} \quad\quad (6-48)$$

其中，$E(\cdot)$、$D(\cdot)$ 分别表示数学期望和方差运算符；σ_0^2 表示单位权方差；$\boldsymbol{Q}$ 表示待估参数的方差——协方差矩阵。对于线性化后的观测模型，一般采用最小二乘平差和卡尔曼滤波进行参数估计。

1. 最小二乘平差

最小二乘平差估计方法不需要参数的任何先验信息，仅根据观测方程和观测值的方差——协方差信息即可确定参数的估值。采用最小二乘平差进行参数估计时要满足以下准则：

$$\boldsymbol{V}^\mathrm{T} \boldsymbol{P} \boldsymbol{V} = \min \quad\quad (6-49)$$

其中，$\boldsymbol{V} = \boldsymbol{A}\hat{\boldsymbol{X}} - \boldsymbol{L}$ 表示观测值残差向量；$\boldsymbol{P}$ 为观测值所对应的权矩阵，$\boldsymbol{P} = \boldsymbol{Q}^{-1}$；通过求取函数极值的方法可得最小二乘估值 $\hat{\boldsymbol{X}}$ 的最终形式及其方差——协方差矩阵：

$$\begin{cases} \hat{\boldsymbol{X}} = (\boldsymbol{A}^\mathrm{T} \boldsymbol{P} \boldsymbol{A})^{-1} \boldsymbol{A}^\mathrm{T} \boldsymbol{P} \boldsymbol{L} \\ D(\hat{\boldsymbol{X}}) = \sigma_0^2 (\boldsymbol{A}^\mathrm{T} \boldsymbol{P} \boldsymbol{A})^{-1} \end{cases} \quad\quad (6-50)$$

通过最小二乘平差得到的参数估值 $\hat{\boldsymbol{X}}$ 全局最优，即具有一致性、无偏性和有效性。在 GNSS 定位数据处理中，由于参数维数大、观测方程个数多，为了避免高阶矩阵求逆、乘法等导致的大量运算，此外，在连续跟踪观测的情况下，模糊度参数保持不变，对流层延迟分量变化缓慢，因此，通常采用递归最小二乘平差或序贯最小二乘平差的参数估计策略。

2. 卡尔曼滤波

卡尔曼滤波是最优估计理论中的一种最小方差估计，基于观测序列及系统动力学模型求解状态向量的估值[165]。通过引入状态空间的概念，使用状态转移矩阵和动态噪声矩阵将前一历元参数的先验信息（期望、方差和协方差）转移到当前历元，其计算过程是一个不断预测、修正的递推过程，在求解时不需要存储大量的观测数据，适合大规模的实时数据处理，因此具有计算效率高且易于程序实现的优点[166]。使用卡尔曼滤波进行参数估计需要建立滤波的动力学模型和观测模型，分别为下列的状态方程和观测方程：

$$\boldsymbol{X}_k = \boldsymbol{\Phi}_{k,k-1} \boldsymbol{X}_{k-1} + \boldsymbol{\omega}_k \quad\quad (6-51)$$

$$\boldsymbol{L}_k = \boldsymbol{A}_k \boldsymbol{X}_k + \boldsymbol{u}_k \quad\quad (6-52)$$

式中，k 表示 t_k 时刻历元；$\boldsymbol{X}_k$ 和 $\boldsymbol{X}_{k-1}$ 分别表示 t_k 时刻和 t_{k-1} 时刻的状态向量；$\boldsymbol{\Phi}_{k,k-1}$ 表示 t_{k-1} 时刻至 t_k 时刻系统状态的状态转移矩阵；$\boldsymbol{\omega}_k$ 表示系统动态噪声向量；$\boldsymbol{L}_k$ 表示 t_k 时刻的观测向量；$\boldsymbol{A}_k$ 表示观测方程的系数矩阵；$\boldsymbol{u}_k$ 表示观测噪声向量。在 GNSS 数据处理过程中，一般假设系统动态噪声 $\boldsymbol{\omega}_k$ 与观测噪声 $\boldsymbol{u}_k$ 互不相关，且具

有零均值和高斯白噪声特性,即

$$\begin{cases} \boldsymbol{\omega}_k \sim N(0, \boldsymbol{Q}_{\omega_k}) \\ \boldsymbol{u}_k \sim N(0, \boldsymbol{R}_k) \\ \mathrm{cov}(\boldsymbol{\omega}_k, \boldsymbol{v}_k) = 0 \end{cases} \quad (6-53)$$

式中,$\boldsymbol{Q}_{\omega_k}$ 和 $\boldsymbol{R}_k$ 分别为系统动态噪声的方差矩阵和测量噪声的方差矩阵。

卡尔曼滤波进行参数估计过程主要包括时间更新和观测值更新两部分,其具体的计算步骤为:

(1)状态预测。

利用前一时刻 t_{k-1} 的估值或滤波的初始值预测下一时刻 t_k 的状态向量:

$$\boldsymbol{X}_{k,k-1} = \boldsymbol{\Phi}_{k,k-1} \boldsymbol{X}_{k-1} \quad (6-54)$$

同时,根据误差传播定律,可得到 t_k 时刻预测向量的方差——协方差矩阵:

$$\boldsymbol{Q}_{k,k-1} = \boldsymbol{\Phi}_{k,k-1} \boldsymbol{Q}_{k-1,k-1} \boldsymbol{\Phi}_{k,k-1}^{\mathrm{T}} + \boldsymbol{Q}_{\omega_k} \quad (6-55)$$

(2)计算滤波增益。

根据预测向量的方差——协方差矩阵和当前历元的观测模型,计算滤波的增益矩阵:

$$\boldsymbol{K}_k = \boldsymbol{Q}_{k,k-1} \boldsymbol{A}_k (\boldsymbol{A}_k \boldsymbol{Q}_{k,k-1} \boldsymbol{A}_k^{\mathrm{T}} + \boldsymbol{R}_k)^{-1} \quad (6-56)$$

(3)估值更新。

利用滤波增益矩阵和当前时刻的观测向量,对滤波估值进行更新:

$$\boldsymbol{X}_{k,k} = \boldsymbol{X}_{k,k-1} + \boldsymbol{K}_k (\boldsymbol{L}_k - \boldsymbol{A}_k \boldsymbol{X}_{k,k-1}) \quad (6-57)$$

同时,对当前时刻的方差——协方差矩阵进行更新:

$$\boldsymbol{Q}_{k,k} = (\boldsymbol{I} - \boldsymbol{K}_k \boldsymbol{A}_k) \boldsymbol{Q}_{k,k-1} \quad (6-58)$$

在下一时刻,重复执行上述三个步骤。因此,卡尔曼滤波是一个不断预测与修复更新的过程[167]。当采用卡尔曼滤波进行 GNSS 数据处理时,需要对上述公式的相关参数进行合理的设置,才能得到稳定可靠的滤波结果。

与最小二乘平差相比,卡尔曼滤波能够充分顾及未知参数的随机特性,如可以引入随机游走过程来描述对流层延迟、电离层延迟等误差随时间的变化特性,因此更适合用于 GNSS 实时定位解算,而且易于程序的实现[168]。

6.2 双差电离层对流层约束的 RTK 技术

6.2.1 数学模型

数学模型描述了未知参数与观测值之间的关系,包括函数模型和随机模型。线性化的 DD 伪距和载波相位观测方程表示如下:

$$P_{1,ij}^{pq}(t) = \rho_{ij}^{pq}(t) + (l_j^q - l_j^p)dX_j(t) + (m_j^q - m_j^p)dY_j(t)$$

$$+ (n_j^q - n_j^p)dZ_j(t) + \delta I_{ij}^{pq}(t) + M_T \delta T_{ij}^{pq}(t) + \varepsilon_{P_1{}_{ij}^{pq}}(t) \qquad (6-59)$$

$$P_{P_2,ij}^{pq}(t) = \rho_{ij}^{pq}(t) + (l_j^q - l_j^p)dX_j(t) + (m_j^q - m_j^p)dY_j(t)$$

$$+ (n_j^q - n_j^p)dZ_j(t) + \frac{f_1^2}{f_2^2}\delta I_{ij}^{pq}(t) + M_T \delta T_{ij}^{pq}(t) + \varepsilon_{P_2{}_{ij}^{pq}}(t) \quad (6-60)$$

$$\Phi_{L_1,ij}^{pq}(t) = \rho_{ij}^{pq}(t) + (l_j^q - l_j^p)dX_j(t) + (m_j^q - m_j^p)dY_j(t)$$

$$+ (n_j^q - n_j^p)dZ_j(t) - \delta I_{ij}^{pq}(t) + M_T \delta T_{ij}^{pq}(t)$$

$$+ \lambda_1 Amb_{L_1,ij}^{pq}(t) + \varepsilon_{L_1{}_{ij}^{pq}}(t) \qquad (6-61)$$

$$\Phi_{L_2,ij}^{pq}(t) = \rho_{ij}^{pq}(t) + (l_j^q - l_j^p)dX_j(t) + (m_j^q - m_j^p)dY_j(t)$$

$$+ (n_j^q - n_j^p)dZ_j(t) - \frac{f_1^2}{f_2^2}\delta I_{ij}^{pq}(t) + M_T \delta T_{ij}^{pq}(t)$$

$$+ \lambda_2 Amb_{L_2,ij}^{pq}(t) + \varepsilon_{L_2{}_{ij}^{pq}}(t) \qquad (6-62)$$

式中,下标 i 和 j 分别表示基准站和移动站;上标 p 和 q 代表一对卫星,其中 p 为参考星;组合下标 ij 表示两个接收机之间作差,而组合的上标 pq 表示两个卫星之间作差;ρ 是卫星到接收机的几何距离,P,Φ 分别表示伪距和载波相位观测值,并且 λ 表示载波的波长;基线分量 dX,dY,dZ 是要求解的未知参数,符号 l,m 和 n 是从接收机到卫星视线上的单位矢量;Amb 是载波相位整周模糊度,δI 是在 f_1 频率下的电离层延迟,而 δT 是对流层延迟;t 是信号接收时刻;f_1 和 f_2 是载波频率;ε 是测量噪声。此外,一些 DD 格式定义如下:

$$\rho_{ij}^{pq} = (\rho_i^p - \rho_j^p) - (\rho_i^q - \rho_j^q) \qquad (6-63)$$

$$\delta I_{ij}^{pq} = (\delta I_i^p - \delta I_j^p) - (\delta I_i^q - \delta I_j^q) \qquad (6-64)$$

$$\delta T_{ij}^{pq} = (\delta T_i^p - \delta T_j^p) - (\delta T_i^q - \delta T_j^q) \qquad (6-65)$$

$$M_T = [M_{T-i}^p + M_{T-i}^q + M_{T-j}^p + M_{T-j}^q]/4.0 \qquad (6-66)$$

$$Amb_{L_1,ij}^{pq} = (Amb_{L_1,i}^p - Amb_{L_1,j}^p) - (Amb_{L_1,i}^q - Amb_{L_1,j}^q) \qquad (6-67)$$

$$Amb_{L_2,ij}^{pq} = (Amb_{L_2,i}^p - Amb_{L_2,j}^p) - (Amb_{L_2,i}^q - Amb_{L_2,j}^q) \qquad (6-68)$$

$$\varepsilon_{P_1{}_{ij}^{pq}} = (\varepsilon_{P_1{}_i^p} - \varepsilon_{P_1{}_j^p}) - (\varepsilon_{P_1{}_i^q} - \varepsilon_{P_1{}_j^q}), \varepsilon_{P_1} \sim N(0, \delta_{P_1}^2) \qquad (6-69)$$

$$\varepsilon_{P_2{}_{ij}^{pq}} = (\varepsilon_{P_2{}_i^p} - \varepsilon_{P_2{}_j^p}) - (\varepsilon_{P_2{}_i^q} - \varepsilon_{P_2{}_j^q}), \varepsilon_{P_2} \sim N(0, \delta_{P_2}^2) \qquad (6-70)$$

$$\varepsilon_{L_1{}_{ij}^{pq}} = (\varepsilon_{L_1{}_i^p} - \varepsilon_{L_1{}_j^p}) - (\varepsilon_{L_1{}_i^q} - \varepsilon_{L_1{}_j^q}), \varepsilon_{L_1} \sim N(0, \delta_{L_1}^2) \qquad (6-71)$$

$$\varepsilon_{L_2{}_{ij}^{pq}} = (\varepsilon_{L_2{}_i^p} - \varepsilon_{L_2{}_j^p}) - (\varepsilon_{L_2{}_i^q} - \varepsilon_{L_2{}_j^q}), \varepsilon_{L_2} \sim N(0, \delta_{L_2}^2) \qquad (6-72)$$

其中,δ 是标准偏差;$M_T(t)$ 是对流层延迟湿分量的映射函数。

6.2.2　电离层约束

通常,使用 DD 观测值可以消除较短基线的电离层延迟。相比之下,无电离层组合可用于长基线中削弱电离层延迟,但是会放大测量噪声。在本节中,DD 电离层延迟残差被视为未知参数,并在先验信息(即空间和时间特征)的约束下进行时空估计。

6.2.2.1 先验信息约束

对于先验信息约束,电离层模型例如 Klobuchar 模型[130]、Bent 模型[169,170] 和国际电离层模型(IRI)[171-173]。将国际 GNSS 监测评估系统(iGMAS)的实时电离层模型用于先验信息约束,其精度为几 TECU[174]。电离层模型的局限性主要是在不发达地区和海洋区域缺乏测站,因此使用的数学公式无法很好地描述小尺度的电离层变化。但是,其精度已经可以与伪距观测值的精度相提并论,因此,如果考虑的话,它可能有助于改善定位的精度。先验电离层模型的电离层延迟可以表示为

$$\delta I_{i\text{-}prior}^{p}(t) = M_{I_i}^{p}(t) * \left[-40.28/f_1^2 * VTEC_{i\text{-}prior}^{p}(t) \right] \qquad (6-73)$$

其中,$M_{I_i}^{p}$ 是电离层延迟的映射函数,可以通过单层模型来计算;$VTEC_i^{p}$ 表示使用现有电离层模型计算的垂直分量中的总电子含量。

然后,可以将根据先验电离层模型获得的 DD 电离层延迟残差的虚拟观测值写成

$$\delta I_{ij\text{-}prior}^{pq} = (\delta I_{i\text{-}prior}^{p} - \delta I_{j\text{-}prior}^{p}) - (\delta I_{i\text{-}prior}^{q} - \delta I_{j\text{-}prior}^{q})$$
$$+ \varepsilon_{prior}(t), \quad \varepsilon_{prior} \sim N(0, \delta_{prior}^2) \qquad (6-74)$$

其中,δ_{prior}^2 是 ε_{prior} 的方差,对于 DD 电离层延迟残差可以将其设置为 10～20 cm²。

6.2.2.2 空间约束

VTEC 的空间特征通常表示为经度和纬度的多项式函数,如下所示:

$$\delta I_{i\text{-}space}^{p}(t) = M_{I_i}^{p}(t) * \left[-40.28/f_1^2 * \left(\sum_{i=0}^{n} \sum_{j=0}^{m} E_{ij} (\varphi - \varphi_0)^i (\lambda - \lambda_0)^j \right) \right]$$
$$(6-75)$$

其中,m, n 是多项式的阶数,在大多数情况下,由于单个站点的 VTEC 的 IPP 分布非常接近,可以将其设置为 2。φ, λ 是 IPP 的纬度和经度;φ_0, λ_0 是站点的经度和纬度;E_{ij} 是多项式系数。对于 BDS 系统,当可见卫星的数量大于 4 个时,可以使用式(6-76)在每个历元求解系数。如果数量少于四个,则使用最后一个历元的系数[175]。

$$\sum_{i=0}^{n} \sum_{j=0}^{m} E_{ij} (\varphi - \varphi_0)^i (\lambda - \lambda_0)^j = VTEC_{i,prior}^{p} \qquad (6-76)$$

然后,通过应用空间约束对 DD 电离层延迟残差的虚拟观测方程可以写为

$$\delta I_{ij\text{-}space}^{pq} = (\delta I_{i\text{-}space}^{p} - \delta I_{j\text{-}space}^{p}) - (\delta I_{i\text{-}space}^{q} - \delta I_{j\text{-}space}^{q}) + \varepsilon_{space}(t)$$
$$\varepsilon_{space} \sim N(0, \delta_{space}^2) \qquad (6-77)$$

其中,δ_{space}^2 是 ε_{space} 的方差,一般设置为几平方厘米。

6.2.2.3 时间约束

根据电离层的特征,VTEC 随时间变化较慢,可以用随机过程表示。因此,时间约束的 DD 电离层延迟残差表示为

$$\delta I_{ij\text{-}temp}^{pq}(t) = \delta I_{ij}^{pq}(t-1) + \Delta \delta I_{ij}^{pq}(t) + \varepsilon_{temp}(t)$$

$$\varepsilon_{temp} \sim N(0, \delta_{temp}^2) \tag{6-78}$$

其中，δI_{ij}^{pq} 表示 DD 电离层延迟残差的历元变化，可以采用随机游走过程来估计。δ_{temp}^2 是 ε_{temp} 的方差，一般设置为 $1 \sim 2 \ cm^2$。

6.2.3　数据处理策略

采用最小二乘平差进行数据处理。假设在每个历元一对测站观测到 N 颗公共卫星，将有 $7 * (N-1)$ 个观测值，并且需要估计 $3 * (N-1) + 4$ 个参数。这些参数分为三组，如表 6-1 所示。

表 6-1　未知参数分类

系统	参数类型 1	参数类型 2	参数类型 3	个数
BDS	$dX, dY, dZ, \delta T$	$Amb_{L_1}(N-1)$ $Amb_{L_2}(N-1)$	$\delta I(N-1)$	$3 * (N-1) + 4$

在参数估计过程中，对流层和电离层残差被视为随机游走过程。相位模糊度在每个连续历元中估计为常数，当发生周跳时重新初始化。伪距和相位观测的权重取决于噪声水平和卫星高度角。电离层虚拟观测值的权重由噪声水平、卫星高度角和当地时间确定。数据处理流程如图 6-1 所示。首先，进行数据预处理并构建 DD 观测方程；其次，通过附加先验信息，即空间和时间电离层约束，构造虚拟电离层约束方程；再次，进行最小二乘求解，模糊度固定和质量控制；最后，输出 RTK 定位结果和相应的精度信息。

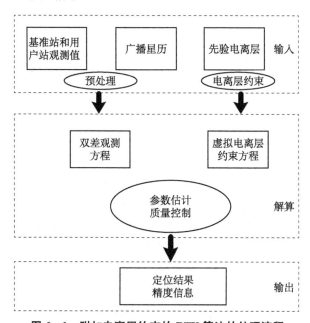

图 6-1　附加电离层约束的 RTK 算法的处理流程

6.3 适应不同长度基线的 RTK 技术

RTK 的有效作用范围一般为几千米以内,随着距离的增加,空间相关性逐渐减弱,简单通过双差组合的方法是很难准确固定载波相位整周模糊度,因而定位性能变差。RTK 常规数据处理方式有:①单频伪距和载波相位组合(缩写:P1L1);②伪距和载波相位无电离层组合(缩写:PCLC)。P1L1 非组合方法模型简单,而且不会放大测量噪声,但是单个频点的观测数据没办法消除了电离层误差项的影响。在短基线情况下双差模型可以较好地削弱电离层误差项的影响,使用 P1L1 方法能够得到厘米级的定位结果。但是,随着基线距离的增加,与空间相关的误差项必须加以考虑,特别是电离层延迟误差,是限制 P1L1 方法定位性能的重要因素。而PCLC 方法采用无电离层组合观测值较好地消除了电离层延迟的影响,但是伪距观测值测量精度较低,而且无电离层组合观测测量噪声,需要较长时间的初始化才能准确分离模糊度参数,进而才能得到厘米级的定位结果。这两种数据处理方式各有特点,但也有明显的局限性。

国内外相关学者对此做了很多研究,也取得了丰富的成果。Odolinski 等[176]研究了单频或双频 GPS-Galileo 组合 RTK,针对不同长度的基线采用不同的数据处理模型,短基线时采用电离层固定模型,中基线时采用电离层加权模型,而长基线时采用电离层浮点模型,此外短、中基线条件下采用单历元估计所有参数,而长基线条件下采用卡尔曼滤波方法进行参数估计,结果表明组合系统在 25° 截止高度角条件下模糊度浮点解都可以较快收敛,使得精确的模糊度固定解快速可用,从而得到快速高精度定位结果。涂锐等[152]提出了附加电离层约束的 BDS 非组合RTK 算法来精确修正双差电离层残差,双频电离层约束条件下的定位偏差与无电离层组合相比更加稳定,100 km 长的基线 BDS RTK 定位精度都可以达到 $1\sim2$ cm。

虽然上述方法改善了 RTK 的定位性能,但是寻找一种适用于不同长度基线的RTK 定位方法,并获得良好的定位结果,是一项值得努力的工作。因此,本节将主要阐述提出的一种适用于不同长度基线 RTK 定位方法。该方法首先利用伪距观测值和相位宽巷组合观测值进行双差宽巷模糊度的计算并固定,而双差宽巷整周模糊度已知的相位宽巷组合观测值可以视为测距精度较高的伪距观测值,然后利用该相位宽巷组合观测值(视为伪距观测值)和相位无电离层组合观测值进行双差载波相位整周模糊度的固定,进而实现 RTK 定位[177]。

6.3.1 函数模型

RTK 定位常采用双差观测模型,它不仅消除了卫星钟差、接收机钟差,而且大大削弱了电离层延迟误差、对流层延迟误差以及卫星轨道误差等误差的影响[178-180]。本章节中,参数解算时均忽略了电离层、对流层残差的影响,只估计坐标和模糊度参数。

6.3.1.1　单频伪距和载波相位组合(P1L1)

双差伪距和载波相位 L1 观测方程分别表示为

$$\nabla\Delta P^{ij}_{1,AB} = \nabla\Delta\rho^{ij}_{AB} + \nabla\Delta I^{ij}_{AB} + \nabla\overline{M}^{ij}_{W,AB}\overline{T}_{W,AB} + \nabla\Delta e^{ij}_{1,AB} \qquad (6-79)$$

$$\lambda_1 \nabla\Delta\varphi^{ij}_{1,AB} = \nabla\Delta\rho^{ij}_{AB} + \lambda_1 \nabla\Delta N^{ij}_{1,AB} - \nabla\Delta I^{ij}_{AB} + \nabla\overline{M}^{ij}_{W,AB}\overline{T}_{W,AB} + \nabla\Delta\varepsilon^{ij}_{1,AB}$$
$$(6-80)$$

式中,$\nabla\Delta(\cdot)$ 为双差运算符;P、φ 分别为伪距和载波相位观测值;上标 i、j 表示不同的卫星;下标 1 表示频率;下标 A、B 表示不同的测站;ρ 为测站到卫星之间的距离;I 为电离层延迟误差;$\nabla\overline{M}^{ij}_{W,AB}$ 为两测站星间单差对流层湿延迟投影系数的平均数;$\overline{T}_{W,AB}$ 为两测站平均天顶对流层湿延迟;λ_1 为窄巷波长;N 为模糊度;e、ε 分别为伪距和载波相位观测值的测量噪声。

6.3.1.2　伪距和载波相位无电离层组合(PCLC)

双差伪距和载波相位无电离层组合观测方程分别表示为

$$\nabla\Delta P^{ij}_{IF,AB} = \nabla\Delta\rho^{ij}_{AB} + \nabla\overline{M}^{ij}_{W,AB}\overline{T}_{W,AB} + \nabla\Delta e^{ij}_{IF,AB} \qquad (6-81)$$

$$\lambda_{IF} \nabla\Delta\varphi^{ij}_{IF,AB} = \nabla\Delta\rho^{ij}_{AB} + \lambda_{IF} \nabla\Delta N^{ij}_{IF,AB} + \nabla\overline{M}^{ij}_{W,AB}\overline{T}_{W,AB} + \nabla\Delta\varepsilon^{ij}_{IF,AB}$$
$$= \nabla\Delta\rho^{ij}_{AB} + \lambda_{IF}\left(\nabla\Delta N^{ij}_{1,AB} + \frac{f_2}{f_1 - f_2} \nabla\Delta N^{ij}_{W,AB}\right)$$
$$+ \nabla\overline{M}^{ij}_{W,AB}\overline{T}_{W,AB} + \nabla\Delta\varepsilon^{ij}_{IF,AB} \qquad (6-82)$$

式中,下标 IF 表示无电离层组合;$\nabla\Delta N_{IF}$ 为双差无电离层模糊度,可以拆分为双差 L1 模糊度和宽巷模糊度的表达式,在整周宽巷模糊度准确固定的情况下,再进行载波相位 L1 浮点模糊度解算,采用 LAMBDA 算法搜索 L1 模糊度,并采用 RATIO 值进行检验[181,182],然后进行定位结果的解算。

6.3.1.3　宽巷相位和载波相位无电离层组合(LWLC)

双差宽巷组合观测方程表示为式(6-83),联合双差伪距观测方程(6-79)通过序贯最小二乘平差方法得到宽巷模糊度的浮点解,然后采用 LAMBDA 算法搜索并固定宽巷模糊度。

$$\lambda_W \nabla\Delta\varphi^{ij}_{W,AB} = \nabla\Delta\rho^{ij}_{AB} + \lambda_W \nabla\Delta N^{ij}_{W,AB} + \frac{f_1}{f_2} \nabla\Delta I^{ij}_{AB}$$
$$+ \nabla\overline{M}^{ij}_{W,AB}\overline{T}_{W,AB} + \nabla\Delta\varepsilon^{ij}_{W,AB} \qquad (6-83)$$

双差宽巷整周模糊度固定之后的双差宽巷组合观测方程与式(6-83)相同,此时双差宽巷整周模糊度作为已知值直接代入方程,再联合相位无电离层组合观测方程(6-82),求解 L1 双差模糊度并进行定位解算。

LWLC 方法具体流程图如图 6-2 所示,可以分为三个部分。第一部分为数据输入,实时获取参考站和移动站的观测数据以及广播星历文件,并进行预处理得到干净的数据集。第二部分为 RTK 解算,采用不同的观测值组合模型来构成双差观测方程,双差整周宽巷模糊度可以采用双差伪距观测方程和相位宽巷组合观测方程通过序贯最小二乘平差方法得到其浮点解,然后采用 LAMBDA 算法搜索宽巷模糊度,并采用 RATIO 值进行检验[181,182],得到整周宽巷模糊度(Integer WL Ambiguity)。双差宽巷模糊度固定之后,双差宽巷组合观测方程相当于精度较高的双差伪距观测方程,其观测值残差比伪距无电离层组合要小一个量级;然后联合载波相位无电离层组合观测方程求解 L1 浮点模糊度,同样采用 LAMBDA 算法搜索并采用 RATIO 值进行检验[181,182]。第三部分为文件输出,实时输出 RTK 定位结果以及精度信息。

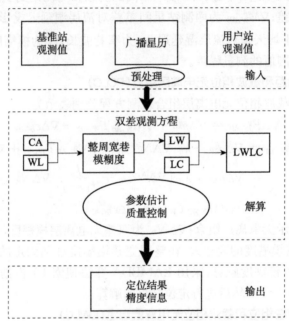

图 6-2 LWLC 方法数据处理流程图(CA 表示双差伪距观测方程,WL 表示双差宽巷组合观测方程,LW 表示双差宽巷模糊度固定的宽巷组合观测方程,LC 表示相位无电离层组合观测方程)

6.3.2 随机模型

测量噪声不同可以通过观测值权重大小来衡量,同时观测值权阵的合理性和可靠性直接关系到模糊度初始化时间、模糊度搜索的可靠性以及成功率。文中不同卫星的双差观测值权阵采用高度角定权法确定,选用高度角来构造协因数矩阵。对于某一历元 i 有

$$D_i = \begin{bmatrix} 1+\dfrac{\sin E_1}{\sin E_r} & 1 & \cdots & 1 \\ 1 & 1+\dfrac{\sin E_2}{\sin E_r} & \cdots & 1 \\ \vdots & \vdots & \ddots & \vdots \\ 1 & 1 & \cdots & 1+\dfrac{\sin E_{n-1}}{\sin E_r} \end{bmatrix} \qquad (6-84)$$

式中,E_r 是两测站参考卫星高度角的平均值;$E_1,\cdots,E_{n-1}$ 为两测站其他 $n-1$ 颗共视卫星高度角的平均值。

在 LWLC、PCLC 和 P1L1 三种方法中,不同类型观测值的权比根据观测值的噪声特性以及观测值组合关系来设置,如表 6-2 所示。

表 6-2 不同方法中观测值的权比

方法	LWLC		PCLC		P1L1	
观测值	LW	LC	PC	LC	P1	L1
权比	100 * c	10000 * c	1 * c	10000 * c	1 * c	10000 * c

注:c 表示由高度角确定的权矩阵。

6.3.3 验证与分析

试验数据源来自 IGS 提供的观测数据,采样间隔 30 s,采用广播星历,测站的准确坐标采用周解坐标,基线信息如表 6-3 所示。

表 6-3 基线及接收机类型

编号	基线	基线长	日期	接收机天线 1	接收机天线 2
1	STR1-TID1	9.7 km	DOY 125, 2017	SEPT POLARX5	SEPT POLARX5
2	HKSL-HKWS	42.5 km	DOY 074, 2018	LEICA GR50	LEICA GR50
3	NNOR-PERT	88.5 km	DOY 077, 2018	SEPT POLARX4	TRIMBLE NETR9

图 6-3 至图 6-5 分别为基线 STR1-TID1、HKSL-HKWS 和 NNOR-PERT 所对应的 GPS 卫星数以及 PDOP 值,平均卫星数分别为 7.8、7.7 和 7.2,平均 PDOP 值分别为 1.9、3.3 和 3.6。

图 6-6 分别为基线 STR1-TID1、HKSL-HKWS、NNOR-PERT 三种不同方法中伪距观测值的双差残差序列图,表 6-4 为不同基线在不同方法下双差伪距观测值残差 STD 统计表。从图 6-6 和表 6-4 中可以看出,在不同长度的基线中,LWLC 方法中用宽巷组合观测值代替伪距观测值的残差均最小,而 PCLC 方

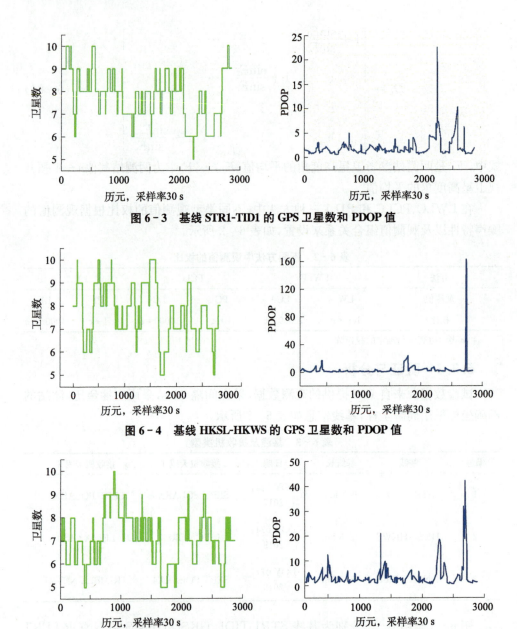

图 6 - 3   基线 STR1-TID1 的 GPS 卫星数和 PDOP 值

图 6 - 4   基线 HKSL-HKWS 的 GPS 卫星数和 PDOP 值

图 6 - 5   基线 NNOR-PERT 的 GPS 卫星数和 PDOP 值

法放大了伪距测量值噪声,其伪距测量值噪声是 P1L1 方法伪距测量值噪声的 3 倍。因此,用宽巷组合观测值代替伪距观测值解算载波相位模糊度参数有一定的优越性。

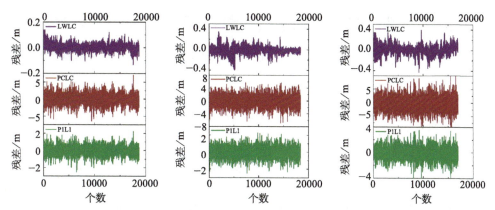

图 6-6　三种不同方法的伪距观测值残差序列(左 STR1-TID1,中 HKSL-HKWS,右 NNOR-PERT)

表 6-4　不同基线在不同方法下双差伪距观测值残差 STD 统计

基线	伪距观测值残差 STD/m		
	LWLC	PCLC	P1L1
STR1-TID1	0.02444	0.98773	0.34607
HKSL-HKWS	0.07175	1.52854	0.55828
NNOR-PERT	0.08728	1.83409	0.66750

图 6-7 分别为基线 STR1-TID1、HKSL-HKWS、NNOR-PERT 三种不同方法中载波相位观测值的双差残差序列图,表 6-5 为不同基线在不同方法下载波相位观测值残差 STD 统计表。从图 6-7 和表 6-5 中可以看出,STR1-TID1 中,P1L1 方法的载波相位观测值残差最小,而 LWLC 和 PCLC 方法的载波相位观测值残差相当,原因是组合观测值都放大了测量噪声,基线长度较短的情况下,电离层、对流层延迟等残差相对较小,模糊度固定比较容易;而在 HKSL-HKWS、NNOR-PERT 中,P1L1 方法中电离层残差比较大,其载波相位观测值的测量噪声大于 LWLC 和 PCLC。

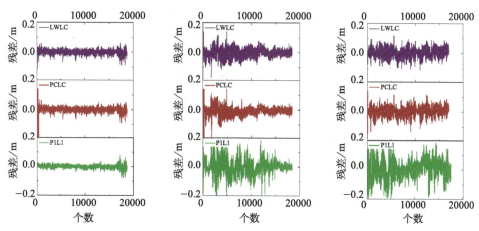

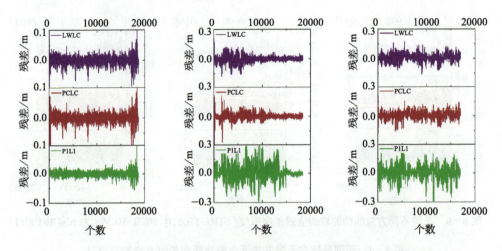

图 6-7　三种不同方法的载波相位观测值残差序列(左 STR1-TID1,中 HKSL-HK-WS,右 NNOR-PERT,上面三个子图表示静态解算,下面三个子图表示模拟动态解算,模拟动态解算是指加了 5 cm 的测量噪声)

表 6-5　不同基线在不同方法下载波相位观测值残差 STD 统计

定位模式	基线	相位观测值残差 STD/cm		
		LWLC	PCLC	P1L1
静态	STR1-TID1	0.832	0.833	0.665
	HKSL-HKWS	1.223	1.241	3.289
	NNOR-PERT	2.654	2.572	3.227
模拟动态	STR1-TID1	1.036	3.321	0.778
	HKSL-HKWS	2.977	3.681	7.048
	NNOR-PERT	3.292	3.283	6.297

图 6-8 至图 6-10 分别为基线 STR1-TID1、HKSL-HKWS 和 NNOR-PERT 中三种不同方法下的静态解算以及模拟动态解算所对应的定位偏差。图 6-8 中三种不同方法的定位偏差水平相当,但是 PCLC 方法在初始化阶段偏差略大,而 LWLC 和 P1L1 方法在初始化阶段的定位偏差就很小。图 6-9、图 6-10 中三种不同方法的定位偏差水平差异稍大,特别是在初始化阶段,LWLC 方法最优。表 6-6 给出了不同基线在不同方法下的定位精度统计。由表 6-6 可知,在短基线情况下,电离层、对流层延迟误差的残差可以忽略不计,LWLC 方法和 P1L1 方法在 N、E、U 方向上定位精度相当,N 和 E 方向上优于 1 cm,U 方向上优于 2 cm,而 PCLC 方法定位结果相对较差;在中长基线情况下,LWLC 方法的定位精度比 PCLC、P1L1 方法定位精度都要高;LWLC 方法无论是在短基线、中基线,还是在长基线情况下,都可以保证高精度 RTK 定位,而且定位结果的偏差更加稳定。

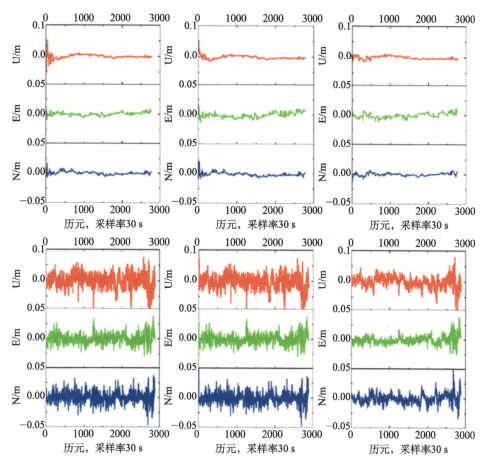

图 6 - 8　基线 STR1-TID1 三种不同方法的定位偏差（左 LWLC，中 PCLC，右 P1L1，上面三个子图表示静态解算，下面三个子图表示模拟动态解算）

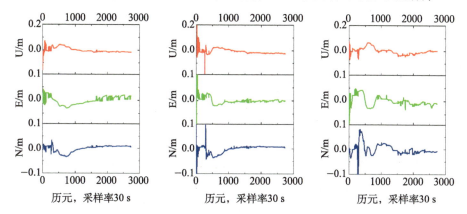

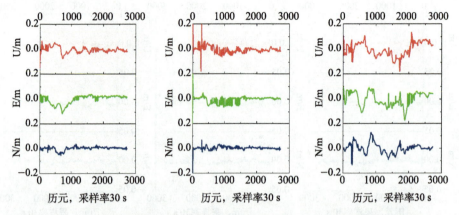

图 6-9　基线 HKSL-HKWS 三种不同方法的定位偏差(左 LWLC,中 PCLC,右 P1L1,上面三个子图表示静态解算,下面三个子图表示模拟动态解算)

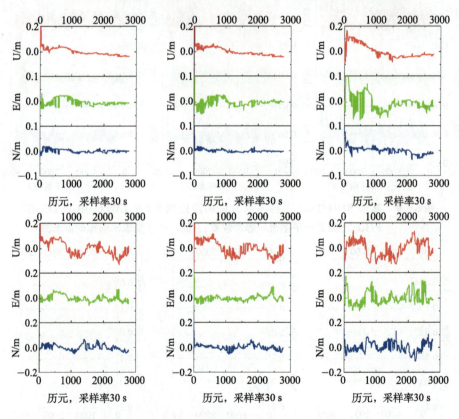

图 6-10　基线 NNOR-PERT 三种不同方法的定位偏差(左 LWLC,中 PCLC,右 P1L1,上面三个子图表示静态解算,下面三个子图表示模拟动态解算)

表 6-6　不同基线在不同方法下的定位精度

定位模式	基线	定位偏差的 STD/cm								
		LWLC			PCLC			P1L1		
		N	E	U	N	E	U	N	E	U
静态	STR1-TID1	0.253	0.275	0.519	1.128	1.159	1.890	0.248	0.391	0.471
	HKSL-HKWS	1.368	1.566	1.975	2.503	2.841	3.698	2.266	1.988	2.531
	NNOR-PERT	0.634	1.247	2.877	2.144	2.177	3.507	1.555	4.117	5.391
模拟动态	STR1-TID1	0.815	0.764	1.894	2.117	2.877	3.596	0.760	0.655	1.697
	HKSL-HKWS	1.403	3.448	2.335	2.184	3.102	4.007	4.023	5.488	5.378
	NNOR-PERT	2.210	2.669	5.328	2.757	2.646	5.848	4.020	5.195	6.335

6.4　统一参考模糊度的组合 RTK 技术

6.4.1　传统组合 RTK 模型

对于 GPS 和 BDS 组合的 RTK,线性化的 DD 伪距和载波相位观测方程表示如下:

$$
\left\{
\begin{aligned}
P_{br}^{k(G_1),j(G_1)} &= l_r^{k(G_1),j(G_1)}\Delta X_r + m_r^{k(G_1),j(G_1)}\Delta Y_r + n_r^{k(G_1),j(G_1)}\Delta Z_r + \delta I_{br}^{k(G_1),j(G_1)} \\
&\quad + \delta T_{br}^{k(G_1),j(G_1)} + \rho_{br}^{k(G_1),j(G_1)} + \varepsilon_{P1}^{G_1} \\
P_{br}^{k(G_2),j(G_2)} &= l_r^{k(G_2),j(G_2)}\Delta X_r + m_r^{k(G_2),j(G_2)}\Delta Y_r + n_r^{k(G_2),j(G_2)}\Delta Z_r + \delta I_{br}^{k(G_2),j(G_2)} \\
&\quad + \delta T_{br}^{k(G_2),j(G_2)} + \rho_{br}^{k(G_2),j(G_2)} + \varepsilon_{P2}^{G_2} \\
P_{br}^{k(C_1),j(C_1)} &= l_r^{k(C_1),j(C_1)}\Delta X_r + m_r^{k(C_1),j(C_1)}\Delta Y_r + n_r^{k(C_1),j(C_1)}\Delta Z_r + \delta I_{br}^{k(C_1),j(C_1)} \\
&\quad + \delta T_{br}^{k(C_1),j(C_1)} + \rho_{br}^{k(C_1),j(C_1)} + \varepsilon_{P1}^{C_1} \\
P_{br}^{k(C_2),j(C_2)} &= l_r^{k(C_2),j(C_2)}\Delta X_r + m_r^{k(C_2),j(C_2)}\Delta Y_r + n_r^{k(C_2),j(C_2)}\Delta Z_r + \delta I_{br}^{k(C_2),j(C_2)} \\
&\quad + \delta T_{br}^{k(C_2),j(C_2)} + \rho_{br}^{k(C_2),j(C_2)} + \varepsilon_{P2}^{C_2} \\
\lambda^{G_1}\varphi_{br}^{k(G_1),j(G_1)} &= l_r^{k(G_1),j(G_1)}\Delta X_r + m_r^{k(G_1),j(G_1)}\Delta Y_r + n_r^{k(G_1),j(G_1)}\Delta Z_r - \delta I_{br}^{k(G_1),j(G_1)} \\
&\quad + \delta T_{br}^{k(G_1),j(G_1)} + \rho_{br}^{k(G_1),j(G_1)} - \lambda^{G_1}N_{br}^{k(G_1),j(G_1)} + \varepsilon_{\varphi}^{G_1} \\
\lambda^{G_2}\varphi_{br}^{k(G_2),j(G_2)} &= l_r^{k(G_2),j(G_2)}\Delta X_r + m_r^{k(G_2),j(G_2)}\Delta Y_r + n_r^{k(G_2),j(G_2)}\Delta Z_r - \delta I_{br}^{k(G_2),j(G_2)} \\
&\quad + \delta T_{br}^{k(G_2),j(G_2)} + \rho_{br}^{k(G_2),j(G_2)} - \lambda^{G_2}N_{br}^{k(G_2),j(G_2)} + \varepsilon_{\varphi}^{G_2} \\
\lambda^{C_1}\varphi_{br}^{k(C_1),j(C_1)} &= l_r^{k(C_1),j(C_1)}\Delta X_r + m_r^{k(C_1),j(C_1)}\Delta Y_r + n_r^{k(C_1),j(C_1)}\Delta Z_r - \delta I_{br}^{k(C_1),j(C_1)} \\
&\quad + \delta T_{br}^{k(C_1),j(C_1)} + \rho_{br}^{k(C_1),j(C_1)} - \lambda^{C_1}N_{br}^{k(C_1),j(C_1)} + \varepsilon_{\varphi}^{C_1} \\
\lambda^{C_2}\varphi_{br}^{k(C_2),j(C_2)} &= l_r^{k(C_2),j(C_2)}\Delta X_r + m_r^{k(C_2),j(C_2)}\Delta Y_r + n_r^{k(C_2),j(C_2)}\Delta Z_r - \delta I_{br}^{k(C_2),j(C_2)} \\
&\quad + \delta T_{br}^{k(C_2),j(C_2)} + \rho_{br}^{k(C_2),j(C_2)} - \lambda^{C_2}N_{br}^{k(C_2),j(C_2)} + \varepsilon_{\varphi}^{C_2}
\end{aligned}
\right.
$$

$$(6-85)$$

其中,P 和 φ 分别表示伪距和载波相位观测值;λ 表示载波波长;下标 b 和 r 分别代表基准站和流动站;上标 k 和 j 代表一对卫星,其中 k 为参考卫星。组合下标 br 表示两个接收机之间作差;组合上标 kj 是两个卫星之间作差。上标 G 和 C 分别代表 GPS 和 BDS。基线分量 $\Delta X,\Delta Y,\Delta Z$ 需要求解;符号 l,m 和 n 是从接收机到卫星的视线上的单位矢量。N 是载波相位的整周模糊度;δI 和 δT 分别是电离层延迟和对流层延迟。下标 1 和 2 代表不同的频率。ε 是测量噪声;ρ 是从卫星到接收机的几何距离。

相应的误差方程可描述如下:

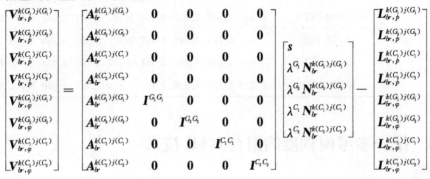

$$(6-86)$$

其中,V 表示残差向量;A 是设计的单位矩阵;I 是单位矩阵;s 是基线分量参数 $(\Delta X,\Delta Y,\Delta Z)$;$N$ 是 DD 模糊度参数;L 是常数项。假设同时观测到 M_G 颗 GPS 卫星和 M_C 颗 BDS 卫星,则可以构建 $4*(M_G-1)+4*(M_C-1)$ 个 DD 观测方程,而有 $2*(M_G-1)+2*(M_C-1)+3$ 个未知参数,如表 6-7 所示。

表 6-7　传统的 GPS 和 BDS 组合 RTK 模型的未知参数分类

坐标参数	模糊度参数	参数个数	观测值个数
$(\Delta X,\Delta Y,\Delta Z)$	$Amb_{L_1}(M_G-1)$	$2*(M_G-1)+$	$4*(M_G-1)+$
	$Amb_{L_2}(M_G-1)$	$2*(M_C-1)+3$	$4*(M_C-1)$
	$Amb_{L_1}(M_C-1)$		
	$Amb_{L_1}(M_C-1)$		

6.4.2　统一参考模糊度的组合 RTK 模型

在本节中,对于 GPS 和 BDS 组合的 RTK,使用统一的参考模糊度,而不是传统的独立参考模糊度。因此,观测方程可写为

$$
\begin{cases}
P_{br}^{k(G_1)j(G_1)} = l_r^{k(G_1)j(G_1)}\Delta X_r + m_r^{k(G_1)j(G_1)}\Delta Y_r + n_r^{k(G_1)j(G_1)}\Delta Z_r + \delta I_{br}^{k(G_1)j(G_1)} + \delta T_{br}^{k(G_1)j(G_1)} \\
\quad + \rho_{br}^{k(G_1)j(G_1)} + d_{br,p}^{k(G_1)j(G_1)} + \varepsilon_P^{G_1G_1} \\
P_{br}^{k(G_2)j(G_1)} = l_r^{k(G_2)j(G_1)}\Delta X_r + m_r^{k(G_2)j(G_1)}\Delta Y_r + n_r^{k(G_2)j(G_1)}\Delta Z_r + \delta I_{br}^{k(G_2)j(G_1)} + \delta T_{br}^{k(G_2)j(G_1)} \\
\quad + \rho_{br}^{k(G_2)j(G_1)} + d_{br,p}^{k(G_2)j(G_1)} + \varepsilon_P^{G_2G_1} \\
P_{br}^{k(C_1)j(G_1)} = l_r^{k(C_1)j(G_1)}\Delta X_r + m_r^{k(C_1)j(G_1)}\Delta Y_r + n_r^{k(C_1)j(G_1)}\Delta Z_r + \delta I_{br}^{k(C_1)j(G_1)} + \delta T_{br}^{k(C_1)j(G_1)} \\
\quad + \rho_{br}^{k(C_1)j(G_1)} + d_{br,p}^{k(C_1)j(G_1)} + \varepsilon_P^{C_1G_1}
\end{cases}
$$

$$\begin{cases} P_{br}^{k(C_2)j(G_1)} = l_r^{k(C_2)j(G_1)} \Delta X_r + m_r^{k(C_2)j(G_1)} \Delta Y_r + n_r^{k(C_2)j(G_1)} \Delta Z_r + \delta I_{br}^{k(C_2)j(G_1)} + \delta T_{br}^{k(C_2)j(G_1)} \\ \quad + \rho_{br}^{k(C_2)j(G_1)} + d_{br,p}^{k(C_2)j(G_1)} + \varepsilon_P^{C_2G_1} \\ \lambda^{G_1} \varphi_{br}^{k(G_1)j(G_1)} = l_r^{k(G_1)j(G_1)} \Delta X_r + m_r^{k(G_1)j(G_1)} \Delta Y_r + n_r^{k(G_1)j(G_1)} \Delta Z_r - \delta I_{br}^{k(G_1)j(G_1)} + \delta T_{br}^{k(G_1)j(G_1)} \\ \quad + \rho_{br}^{k(G_1)j(G_1)} - \lambda^{G_1} N_{br}^{k(G_1)j(G_1)} + \varepsilon_\varphi^{G_1G_1} \\ \lambda^{G_2} \varphi_{br}^{k(G_2)} - \lambda^{G_1} \varphi_{br}^{j(G_1)} = l_r^{k(G_2)j(G_1)} \Delta X_r + m_r^{k(G_2)j(G_1)} \Delta Y_r + n_r^{k(G_2)j(G_1)} \Delta Z_r - \delta I_{br}^{k(G_2)j(G_1)} \\ \quad + \delta T_{br}^{k(G_2)j(G_1)} + \rho_{br}^{k(G_2)j(G_1)} - Amb_{br}^{k(G_2)j(G_1)} + \varepsilon_\varphi^{G_2G_1} \\ \lambda^{C_1} \varphi_{br}^{k(C_1)} - \lambda^{G_1} \varphi_{br}^{j(G_1)} = l_r^{k(C_1)j(G_1)} \Delta X_r + m_r^{k(C_1)j(G_1)} \Delta Y_r + n_r^{k(C_1)j(G_1)} \Delta Z_r - \delta I_{br}^{k(C_1)j(G_1)} \\ \quad + \delta T_{br}^{k(C_1)j(G_1)} + \rho_{br}^{k(C_1)j(G_1)} - Amb_{br}^{k(C_1)j(G_1)} + \varepsilon_\varphi^{C_1G_1} \\ \lambda^{C_2} \varphi_{br}^{k(C_2)} - \lambda^{G_1} \varphi_{br}^{j(G_1)} = l_r^{k(C_2)j(G_1)} \Delta X_r + m_r^{k(C_2)j(G_1)} \Delta Y_r + n_r^{k(C_2)j(G_1)} \Delta Z_r - \delta I_{br}^{k(C_2)j(G_1)} \\ \quad + \delta T_{br}^{k(C_2)j(G_1)} + \rho_{br}^{k(C_2)j(G_1)} - Amb_{br}^{k(C_2)j(G_1)} + \varepsilon_\varphi^{C_2G_1} \end{cases}$$

$$(6-87)$$

此处，Amb 表示新形成的 DD 模糊度，可以将其重写为传统的 DD 模糊度以及与频率和参考卫星相关的其他偏差，如下所示：

$$\begin{aligned} Amb_{br}^{k(G_2)j(G_1)} &= \lambda^{G_2} N_{br}^{k(G_2)} - \lambda^{G_1} N_{br}^{j(G_1)} \\ &= \lambda^{G_2} (N_{br}^{k(G_2)} - N_{br}^{j(G_2)}) + (\lambda^{G_2} N_{br}^{j(G_2)} - \lambda^{G_1} N_{br}^{j(G_1)}) \\ &= \lambda^{G_2} N_{br}^{k(G_2)j(G_2)} + d_{br,\varphi}^{j(G_2)j(G_1)} \end{aligned}$$

$$(6-88)$$

$$\begin{aligned} Amb_{br}^{k(C_1)j(G_1)} &= \lambda^{C_1} N_{br}^{k(C_1)} - \lambda^{G_1} N_{br}^{j(G_1)} \\ &= \lambda^{C_1} (N_{br}^{k(C_1)} - N_{br}^{j(C_1)}) + \lambda^{C_1} N_{br}^{j(C_1)} - \lambda^{G_1} N_{br}^{j(G_1)} \\ &= \lambda^{C_1} N_{br}^{k(C_1)j(C_1)} + d_{br,\varphi}^{j(C_1)j(G_1)} \end{aligned}$$

$$(6-89)$$

$$\begin{aligned} Amb_{br}^{k(C_2)j(G_1)} &= \lambda^{C_2} N_{br}^{k(C_2)} - \lambda^{G_1} N_{br}^{j(G_1)} \\ &= \lambda^{C_2} (N_{br}^{k(C_2)} - N_{br}^{j(C_2)}) + (\lambda^{C_2} N_{br}^{j(C_2)} - \lambda^{G_1} N_{br}^{j(G_1)}) \\ &= \lambda^{C_2} N_{br}^{k(C_2)j(C_2)} + d_{br,\varphi}^{j(C_2)j(G_1)} \end{aligned}$$

$$(6-90)$$

因此，误差方程可以写成

$$
\begin{bmatrix} V_{br,p}^{k(G_2)j(G_1)} \\ V_{br,p}^{k(C_2)j(G_1)} \\ V_{br,p}^{k(C_1)j(G_1)} \\ V_{br,p}^{k(C_2)j(G_1)} \\ V_{br,\varphi}^{k(G_1)j(G_1)} \\ V_{br,\varphi}^{k(G_2)j(G_1)} \\ V_{br,\varphi}^{k(C_1)j(G_1)} \\ V_{br,\varphi}^{k(C_2)j(G_1)} \end{bmatrix} =
\begin{bmatrix}
A_{br}^{k(G_2)j(G_1)} & 0 & 0 & 0 & 0 & 0 & 0 & 0 & 0 & 0 \\
A_{br}^{k(G_2)j(G_1)} & I & 0 & 0 & 0 & 0 & 0 & 0 & 0 & 0 \\
A_{br}^{k(C_1)j(G_1)} & 0 & I & 0 & 0 & 0 & 0 & 0 & 0 & 0 \\
A_{br}^{k(C_2)j(G_1)} & 0 & 0 & I & 0 & 0 & 0 & 0 & 0 & 0 \\
A_{br}^{k(G_1)j(G_1)} & 0 & 0 & 0 & 0 & 0 & I^{G_1G_1} & 0 & 0 & 0 \\
A_{br}^{k(G_2)j(G_1)} & 0 & 0 & I & 0 & 0 & 0 & I^{G_2G_1} & 0 & 0 \\
A_{br}^{k(C_1)j(G_1)} & 0 & 0 & 0 & I & 0 & 0 & 0 & I^{C_1G_1} & 0 \\
A_{br}^{k(C_2)j(G_1)} & 0 & 0 & 0 & 0 & I & 0 & 0 & 0 & I^{C_2G_1}
\end{bmatrix}
\begin{bmatrix} s \\ d_{br,p}^{k(G_2)j(G_1)} \\ d_{br,p}^{k(C_1)j(G_1)} \\ d_{br,p}^{k(C_2)j(G_1)} \\ d_{br,\varphi}^{k(G_2)j(G_1)} \\ d_{br,\varphi}^{k(C_1)j(G_1)} \\ d_{br,\varphi}^{k(C_2)j(G_1)} \\ \lambda^{G_1} N_{br}^{k(G_1)j(G_1)} \\ \lambda^{G_1} N_{br}^{k(G_2)j(G_1)} \\ \lambda^{C_1} N_{br}^{k(C_1)j(G_1)} \\ \lambda^{C_2} N_{br}^{k(C_2)j(G_1)} \end{bmatrix} -
\begin{bmatrix} L_{br,p}^{k(G_2)j(G_1)} \\ L_{br,p}^{k(C_2)j(G_1)} \\ L_{br,p}^{k(C_1)j(G_1)} \\ L_{br,p}^{k(C_2)j(G_1)} \\ L_{br,\varphi}^{k(G_1)j(G_1)} \\ L_{br,\varphi}^{k(G_2)j(G_1)} \\ L_{br,\varphi}^{k(C_1)j(G_1)} \\ L_{br,\varphi}^{k(C_2)j(G_1)} \end{bmatrix}
$$

$$(6-91)$$

其中，$d_{br,p}^{k(G_2)j(G_1)}$，$d_{br,p}^{k(C_1)j(G_1)}$，$d_{br,p}^{k(C_2)j(G_1)}$，$d_{br,\varphi}^{k(G_2)j(G_1)}$，$d_{br,\varphi}^{k(C_1)j(G_1)}$ 和 $d_{br,\varphi}^{k(C_2)j(G_1)}$ 是与参考卫星和不同频率有关的系统偏差。假设同时观测到 M_G 颗 GPS 卫星和 M_C 颗 BDS 卫星，则可以构建 $4*M_G-1+4*M_C$ 个 DD 观测方程，而未知参数有 $2*M_G-1+2*M_C+3+6$ 个，如表 6-8 所示。

表 6-8　新的 GPS 和 BDS 组合 RTK 模型中未知参数分类

坐标参数	模糊度参数	偏差参数	参数个数	观测值个数
$(\Delta X, \Delta Y, \Delta Z)$	$Amb_{L_1}(M_G-1)$	$d_{br,p}^{k(G_2)j(G_1)}$，$d_{br,p}^{k(C_1)j(G_1)}$，	$2*M_G-1+$	$4*M_G-1+$
	$Amb_{L_2}(M_G)$	$d_{br,p}^{k(C_2)j(G_1)}$，$d_{br,\varphi}^{k(G_2)j(G_1)}$，	$2*M_C+3$	$4*M_C$
	$Amb_{L_1}(M_C)$	$d_{br,\varphi}^{k(C_1)j(G_1)}$，$d_{br,\varphi}^{k(C_2)j(G_1)}$	$+6$	
	$Amb_{L_1}(M_C)$			

观测值权重的确定方法与使用测量噪声的传统方法相同。基于式(6-91)和权重矩阵，可以采用最小二乘估计进行参数解算。未知参数是基线分量、DD 模糊度和其他偏差。由于 DD 模糊度也保留了整数特征，因此可以采用模糊度固定来获得新方法的最终固定解。由于新方法中存在其他偏差，参数估计与传统方法略有不同，具体描述如下。

6.4.2.1　基准卫星的变更方法

对于不同的系统和不同的频率，新方法仅使用一种统一的模糊度，例如 GPSL1，因此参数估计方法是不同的。它可以分为以下两种情况。

情况一：GPS 参考卫星不变

在这种情况下，系统偏差估计为常数，而 DD 模糊度也估计为连续历元的常数。发生周跳时，应重新初始化。

情况二：GPS 参考卫星改变

在这种情况下，将重新初始化所有系统偏差，并在新的历元将其估计为常数。DD 模糊度 $N_{br}^{k(G_1)j(G_1)}$ 也被重新初始化，其他 DD 模糊度 $N_{br}^{k(G_2)j(G_1)}$，$N_{br}^{k(C_1)j(G_1)}$ 和 $N_{br}^{k(C_2)j(G_1)}$ 也被估计为常数。

6.4.2.2　数据处理

数据处理过程如图 6-11 所示。它可以分为三个部分。第一部分是输入。需要先实时接收参考站和流动站观测信息以及广播星历信息，并完成预处理（剔除粗差并获得周跳信息）以获得干净的数据集。第二部分是组合的 RTK 解决方案。使用选定的统一参考模糊度，它不仅可以在相同频率之间，而且还可以在不同频率之间形成 DD 观测方程。因此，最小二乘可用于参数估计和质量控制（删除不良数据或减小不良数据的权重），以获得组合解决方案。第三部分是输出，包括实时组合 RTK 结果和精度信息。

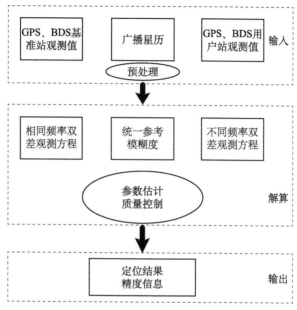

图 6-11　统一参考模糊度的组合 RTK 模型的处理流程

6.5　顾及不同系统观测值定位偏差的 RTK 技术

系统间偏差(Inter-System Biases,ISB)主要由硬件延迟组成,由 GNSS 设备中的不同信号路径产生[183-185]。ISB 对非差定位的影响不容忽视。Torre 等[186]分析了不同类型接收机的 GPS,BDS,GLONASS,Galileo 和 QZSS 的 ISB。此外,ISB 与接收机类型密切相关。GPS 和 BDS 接收机的 ISB 相差超过 100 ns,但由于天线延迟或热效应,相同类型接收机的 ISB 可能略有所不同[187]。目前,在 GNSS PPP 中,ISB 常被估计为常数或 30 min 的分段常数。此外,一些方法试图通过建模来预测 ISB。Zhang 等[188]提出了一种用于 BDS/GPS 短期 ISB 建模和预测的卡尔曼滤波方法,Jiang 等[47]提出了一种与 GPS 和 BDS 相关的短期 ISB 模型。

针对多系统组合后的系统内差分相对定位中不同系统观测值的定位偏差,其数量级相对较小,但确实存在。首先,介绍了不同系统观测值定位偏差的改正模型,接着通过传统双差组合定位方法引出附加 ISB 参数估计的双差组合定位方法,然后通过实测数据对不同系统观测值定位偏差的特性进行了分析,对不同系统观测值定位偏差的模型校正与参数估计方法及其一致性进行了验证,最后给出结论[189]。

6.5.1　不同系统观测值定位偏差的改正模型

单系统线性化双差伪距和载波相位观测方程表示如下：

$$
\begin{cases}
P_{br}^{kj,*_1} = l_r^{kj,*_1}\Delta X_r + m_r^{kj,*_1}\Delta Y_r + n_r^{kj,*_1}\Delta Z_r + \delta I_{br}^{kj,*_1} \\
\qquad + \delta T_{br}^{kj,*_1} + \rho_{br}^{kj,*_1} + \varepsilon_P^{*_1} \\
P_{br}^{kj,*_2} = l_r^{kj,*_2}\Delta X_r + m_r^{kj,*_2}\Delta Y_r + n_r^{kj,*_2}\Delta Z_r + \delta I_{br}^{kj,*_2} \\
\qquad + \delta T_{br}^{kj,*_2} + \rho_{br}^{kj,*_2} + \varepsilon_P^{*_2} \\
\lambda^{*_1}\varphi_{br}^{kj,*_1} = l_r^{kj,*_1}\Delta X_r + m_r^{kj,*_1}\Delta Y_r + n_r^{kj,*_1}\Delta Z_r - \delta I_{br}^{kj,*_1} \\
\qquad + \delta T_{br}^{kj,*_1} + \rho_{br}^{kj,*_1} - \lambda^{*_1} N_{br}^{kj,*_1} + \varepsilon_\varphi^{*_1} \\
\lambda^{*_2}\varphi_{br}^{kj,*_2} = l_r^{kj,*_2}\Delta X_r + m_r^{kj,*_2}\Delta Y_r + n_r^{kj,*_2}\Delta Z_r - \delta I_{br}^{kj,*_2} \\
\qquad + \delta T_{br}^{kj,*_2} + \rho_{br}^{kj,*_2} - \lambda^{*_2} N_{br}^{kj,*_2} + \varepsilon_\varphi^{*_2}
\end{cases}
\tag{6-92}
$$

其中，P 和 φ 分别是伪距和载波相位观测值；λ 表示载波波长。下标 b 和 r 分别代表基准站和用户站；上标 k 和 j 代表一对卫星，其中 k 是参考卫星。组合下标 br 表示站间单差；组合上标 kj 表示星间单差。上标 $*$ 可以表示 G(GPS) 和 C(BDS)。基线分量 ΔX_r、ΔY_r、ΔZ_r 为待求量；符号 l、m 和 n 是接收机到卫星视线上的单位矢量。N 是载波相位的整数模糊度；δI 和 δT 分别是电离层延迟和对流层延迟。下标 1 和 2 表示不同的频率。ε 是测量噪声。ρ 是从卫星到接收机的几何距离。

不同的 GNSS 单独定位解算，得到各自的解算结果，然后将不同系统得到的结果直接作差，就可以得到两个不同系统观测值的定位偏差，以 GPS 和 BDS 为例，如式 (6-92) 所示。分析该不同系统观测值定位偏差的时间序列，得到该时段内不同系统观测值定位偏差在不同方向上的中位数。在单系统定位结果中引入不同系统观测值的定位偏差就可以得到统一的定位结果。

$$
ENU_{ISB\_GC} = ENU_G - ENU_C
\tag{6-93}
$$

式中，下标 ISB_GC 表示 GPS 和 BDS 之间不同系统观测值的定位偏差。

6.5.2　不同系统观测值定位偏差的参数估计模型

6.5.2.1　传统双差组合定位方法

对于 GPS 和 BDS 组合相对定位，线性化双差伪距和载波相位观测方程表示如下：

$$
\begin{cases}
P_{br}^{kj,G_1} = l_r^{kj,G_1}\Delta X_r + m_r^{kj,G_1}\Delta Y_r + n_r^{kj,G_1}\Delta Z_r + \delta I_{br}^{kj,G_1} + \delta T_{br}^{kj,G_1} + \rho_{br}^{kj,G_1} + \varepsilon_P^{G_1} \\
P_{br}^{kj,G_2} = l_r^{kj,G_2}\Delta X_r + m_r^{kj,G_2}\Delta Y_r + n_r^{kj,G_2}\Delta Z_r + \delta I_{br}^{kj,G_2} + \delta T_{br}^{kj,G_2} + \rho_{br}^{kj,G_2} + \varepsilon_P^{G_2} \\
\lambda^{G_1}\varphi_{br}^{kj,G_1} = l_r^{kj,G_1}\Delta X_r + m_r^{kj,G_1}\Delta Y_r + n_r^{kj,G_1}\Delta Z_r - \delta I_{br}^{kj,G_1} + \delta T_{br}^{kj,G_1} + \rho_{br}^{kj,G_1} \\
\qquad - \lambda^{G_1} N_{br}^{kj,G_1} + \varepsilon_\varphi^{G_1} \\
\lambda^{G_2}\varphi_{br}^{kj,G_2} = l_r^{kj,G_2}\Delta X_r + m_r^{kj,G_2}\Delta Y_r + n_r^{kj,G_2}\Delta Z_r - \delta I_{br}^{kj,G_2} + \delta T_{br}^{kj,G_2} + \rho_{br}^{kj,G_2} \\
\qquad - \lambda^{G_2} N_{br}^{kj,G_2} + \varepsilon_\varphi^{G_2}
\end{cases}
$$

$$\begin{cases} P_{br}^{kj,C_1} = l_r^{kj,C_1}\Delta X_r + m_r^{kj,C_1}\Delta Y_r + n_r^{kj,C_1}\Delta Z_r + \delta I_{br}^{kj,C_1} + \delta T_{br}^{kj,C_1} + \rho_{br}^{kj,C_1} + \varepsilon_P^C \\ P_{br}^{kj,C_2} = l_r^{kj,C_2}\Delta X_r + m_r^{kj,C_2}\Delta Y_r + n_r^{kj,C_2}\Delta Z_r + \delta I_{br}^{kj,C_2} + \delta T_{br}^{kj,C_2} + \rho_{br}^{kj,C_2} + \varepsilon_P^C \\ \lambda^{C_1}\varphi_{br}^{kj,C_1} = l_r^{kj,C_1}\Delta X_r + m_r^{kj,C_1}\Delta Y_r + n_r^{kj,C_1}\Delta Z_r - \delta I_{br}^{kj,C_1} + \delta T_{br}^{kj,C_1} + \rho_{br}^{kj,C_1} \\ \qquad\quad - \lambda^{C_1}N_{br}^{kj,C_1} + \varepsilon_\varphi^{C_1} \\ \lambda^{C_2}\varphi_{br}^{kj,C_2} = l_r^{kj,C_2}\Delta X_r + m_r^{kj,C_2}\Delta Y_r + n_r^{kj,C_2}\Delta Z_r - \delta I_{br}^{kj,C_2} + \delta T_{br}^{kj,C_2} + \rho_{br}^{kj,C_2} \\ \qquad\quad - \lambda^{C_2}N_{br}^{kj,C_2} + \varepsilon_\varphi^{C_2} \end{cases} \tag{6-94}$$

其中,上标 G 和 C 分别代表 GPS 和 BDS。

对应的误差方程为

$$\begin{bmatrix} V_{br,P}^{kj,G_1} \\ V_{br,P}^{kj,G_2} \\ V_{br,\varphi}^{kj,G_1} \\ V_{br,\varphi}^{kj,G_2} \\ V_{br,P}^{kj,C_1} \\ V_{br,P}^{kj,C_2} \\ V_{br,\varphi}^{kj,C_1} \\ V_{br,\varphi}^{kj,C_2} \end{bmatrix} = \begin{bmatrix} A_{br}^{kj,G} & 0 & 0 & 0 & 0 \\ A_{br}^{kj,G} & 0 & 0 & 0 & 0 \\ A_{br}^{kj,G} & -\lambda^{G_1}I & 0 & 0 & 0 \\ A_{br}^{kj,G} & -\lambda^{G_2}I & \lambda^{G_2}I & 0 & 0 \\ A_{br}^{kj,C} & 0 & 0 & 0 & 0 \\ A_{br}^{kj,C} & 0 & 0 & 0 & 0 \\ A_{br}^{kj,C} & 0 & 0 & -\lambda^{C_1}I & 0 \\ A_{br}^{kj,C} & 0 & 0 & -\lambda^{C_2}I & \lambda^{C_2}I \end{bmatrix} \begin{bmatrix} X \\ N_{br}^{kj,G_1} \\ N_{br}^{kj,G_1} - N_{br}^{kj,G_2} \\ N_{br}^{kj,C_1} \\ N_{br}^{kj,C_1} - N_{br}^{kj,C_2} \end{bmatrix} - \begin{bmatrix} L_{br,P}^{kj,G_1} \\ L_{br,P}^{kj,G_2} \\ L_{br,\varphi}^{kj,G_1} \\ L_{br,\varphi}^{kj,G_2} \\ L_{br,P}^{kj,C_1} \\ L_{br,P}^{kj,C_2} \\ L_{br,\varphi}^{kj,C_1} \\ L_{br,\varphi}^{kj,C_2} \end{bmatrix}$$

$$\tag{6-95}$$

其中,V 代表残差向量;A 是设计矩阵;I 是单位矩阵;X 是基线分量参数(ΔX_r,ΔY_r,ΔZ_r);N 是双差模糊度参数;L 是常数项。

观测值的权阵可以使用测量噪声来确定。在该研究中,伪距和载波相观测值的权比确定为 $1:100$,并且 GPS 和 BDS 之间的权比设定为 $1:1$[180]。基于式(6-95)和权矩阵,采用最小二乘法进行参数估计以获得浮点解。未知参数是基线分量和双差模糊度。利用这些浮点解和相应的协方差矩阵,可以采用 LAMBDA 方法来获得组合系统的最终固定解[181,182]。

6.5.2.2 附加 ISB 参数估计的双差组合定位方法

对于 GPS 和 BDS 双差组合定位,附加 ISB 参数估计而不是忽略组合定位中的系统间偏差,因此,线性化双差伪距和载波相位观测方程可以表示如下:

$$\begin{cases} P_{br}^{kj,G_1} = l_r^{kj,G_1}\Delta X_r + m_r^{kj,G_1}\Delta Y_r + n_r^{kj,G_1}\Delta Z_r + \delta I_{br}^{kj,G_1} + \delta T_{br}^{kj,G_1} + \rho_{br}^{kj,G_1} + \varepsilon_P^G \\ P_{br}^{kj,G_2} = l_r^{kj,G_2}\Delta X_r + m_r^{kj,G_2}\Delta Y_r + n_r^{kj,G_2}\Delta Z_r + \delta I_{br}^{kj,G_2} + \delta T_{br}^{kj,G_2} + \rho_{br}^{kj,G_2} + \varepsilon_P^G \\ \lambda^{G_1}\varphi_{br}^{kj,G_1} = l_r^{kj,G_1}\Delta X_r + m_r^{kj,G_1}\Delta Y_r + n_r^{kj,G_1}\Delta Z_r - \delta I_{br}^{kj,G_1} + \delta T_{br}^{kj,G_1} + \rho_{br}^{kj,G_1} - \lambda^{G_1}N_{br}^{kj,G_1} + \varepsilon_\varphi^G \\ \lambda^{G_2}\varphi_{br}^{kj,G_2} = l_r^{kj,G_2}\Delta X_r + m_r^{kj,G_2}\Delta Y_r + n_r^{kj,G_2}\Delta Z_r - \delta I_{br}^{kj,G_2} + \delta T_{br}^{kj,G_2} + \rho_{br}^{kj,G_2} - \lambda^{G_2}N_{br}^{kj,G_2} + \varepsilon_\varphi^G \\ P_{br}^{kj,C_1} = l_r^{kj,C_1}(\Delta X_r + ISB_X) + m_r^{kj,C_1}(\Delta Y_r + ISB_Y) + n_r^{kj,C_1}(\Delta Z_r + ISB_Z) \\ \qquad\quad + \delta I_{br}^{kj,C_1} + \delta T_{br}^{kj,C_1} + \rho_{br}^{kj,C_1} + \varepsilon_P^C \end{cases}$$

$$\begin{cases} P_{br}^{kj,G_2} = l_r^{kj,G_2}(\Delta X_r + ISB_X) + m_r^{kj,G_2}(\Delta Y_r + ISB_Y) + n_r^{kj,G_2}(\Delta Z_r + ISB_Z) \\ \quad + \delta I_{br}^{kj,G_2} + \delta T_{br}^{kj,G_2} + \rho_{br}^{kj,G_2} + \varepsilon_P^{G_2} \\ \lambda^{G_1}\varphi_{br}^{kj,G_1} = l_r^{kj,G_1}(\Delta X_r + ISB_X) + m_r^{kj,G_1}(\Delta Y_r + ISB_Y) + n_r^{kj,G_1}(\Delta Z_r + ISB_Z) \\ \quad - \delta I_{br}^{kj,G_1} + \delta T_{br}^{kj,G_1} + \rho_{br}^{kj,G_1} - \lambda^{G_1} N_{br}^{kj,G_1} + \varepsilon_\varphi^{G_1} \\ \lambda^{G_2}\varphi_{br}^{kj,G_2} = l_r^{kj,G_2}(\Delta X_r + ISB_X) + m_r^{kj,G_2}(\Delta Y_r + ISB_Y) + n_r^{kj,G_2}(\Delta Z_r + ISB_Z) \\ \quad - \delta I_{br}^{kj,G_2} + \delta T_{br}^{kj,G_2} + \rho_{br}^{kj,G_2} - \lambda^{G_2} N_{br}^{kj,G_2} + \varepsilon_\varphi^{G_2} \end{cases} \quad (6-96)$$

其中，ISB_X,ISB_Y,ISB_Z 分别为 X,Y,Z 方向上 GPS 与 BDS 的系统间偏差待估参数，其余符号同上。

对应的误差方程为

$$\begin{bmatrix} V_{br,P}^{kj,G_1} \\ V_{br,P}^{kj,G_2} \\ V_{br,\varphi}^{kj,G_1} \\ V_{br,\varphi}^{kj,G_2} \\ V_{br,P}^{kj,C_1} \\ V_{br,P}^{kj,C_2} \\ V_{br,\varphi}^{kj,C_1} \\ V_{br,\varphi}^{kj,C_2} \end{bmatrix} = \begin{bmatrix} A_{br}^{kj,G} & 0 & 0 & 0 & 0 & 0 \\ A_{br}^{kj,G} & 0 & 0 & 0 & 0 & 0 \\ A_{br}^{kj,G} & 0 & -\lambda^{G_1}I & 0 & 0 & 0 \\ A_{br}^{kj,G} & 0 & -\lambda^{G_2}I & \lambda^{G_2}I & 0 & 0 \\ A_{br}^{kj,C} & A_{br}^{kj,C} & 0 & 0 & 0 & 0 \\ A_{br}^{kj,C} & A_{br}^{kj,C} & 0 & 0 & 0 & 0 \\ A_{br}^{kj,C} & A_{br}^{kj,C} & 0 & 0 & -\lambda^{C_1}I & 0 \\ A_{br}^{kj,C} & A_{br}^{kj,C} & 0 & 0 & -\lambda^{C_2}I & \lambda^{C_2}I \end{bmatrix} \begin{bmatrix} X \\ ISB \\ N_{br}^{kj,G_1} \\ N_{br}^{kj,G_1} - N_{br}^{kj,G_2} \\ N_{br}^{kj,C_1} \\ N_{br}^{kj,C_1} - N_{br}^{kj,C_2} \end{bmatrix} - \begin{bmatrix} L_{br,P}^{kj,G_1} \\ L_{br,P}^{kj,G_2} \\ L_{br,\varphi}^{kj,G_1} \\ L_{br,\varphi}^{kj,G_2} \\ L_{br,P}^{kj,C_1} \\ L_{br,P}^{kj,C_2} \\ L_{br,\varphi}^{kj,C_1} \\ L_{br,\varphi}^{kj,C_2} \end{bmatrix}$$

$$(6-97)$$

其中，**ISB** 是系统间偏差参数（ISB_X,ISB_Y,ISB_Z ），其余符号同上。

观测值的权阵同传统组合定位方法一样由测量噪声来确定；利用等式（6-97）和权矩阵，采用最小二乘法进行参数估计以获得浮点解。未知参数是基线分量、系统间偏差和双差模糊度。

6.5.3 验证与分析

实测 GNSS 数据信息如下，其中 S2ld-TaiY、NT01-NT03、NT01-NT04、ZY02-ZY04 和 NT03-NT04 为自架接收机所测，而 CUT0-CUT1、CUT0-CUT2 和 YAR3-YARR 的数据由 MGEX 提供。具体数据信息见表 6-9。

表6-9 基线数据信息

编号	基线	基线长/m	采样率/s	日期
1	S2ld-TaiY	325.96	1	DOY 146,2015
2	NT01-NT03	30.85	1	DOY 279,2016
3	NT01-NT04	28.89	1	DOY 279,2016
4	ZY02-ZY04	317.21	1	DOY 080,2016
5	CUT0-CUT1	0	30	DOY 300,2018
6	CUT0-CUT2	0	30	DOY 300,2018
7	YAR3-YARR	20.21	30	DOY 300-316,2018
8	NT03-NT04	24.85	1	DOY 008-021,2017

6.5.3.1 不同测站的 ISB 结果分析

不同测站的 ISB 结果见图 6-12 到图 6-17 以及表 6-10。

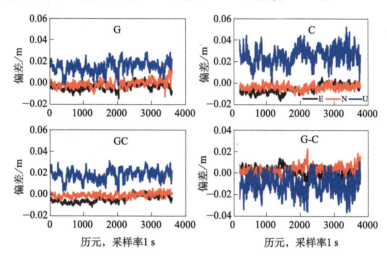

图 6-12 S2ld-TaiY GPS、BDS、GPS＋BDS 双频数据动态解算下 ENU 方向的偏差及 GPS 与 BDS 的系统间偏差(G 表示 GPS-only,C 表示 BDS-only,GC 表示 GPS＋BDS 组合,而 G-C 表示 GPS 与 BDS 直接作差得到的系统间偏差,下同)

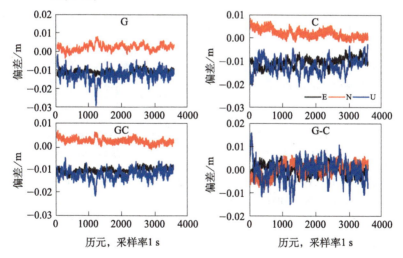

图 6-13 NT01-NT03 GPS、BDS、GPS＋BDS 双频数据动态解算下 ENU 方向的偏差及 GPS 与 BDS 的系统间偏差

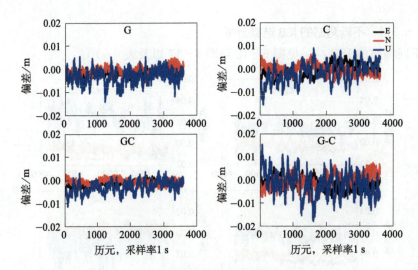

图 6－14 NT01-NT04 GPS、BDS、GPS＋BDS 双频数据动态解算下 ENU 方向的偏差及 GPS 与 BDS 的系统间偏差

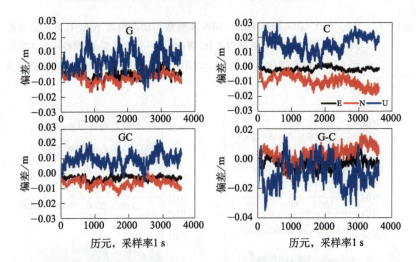

图 6－15 ZY02-ZY04 GPS、BDS、GPS＋BDS 双频数据动态解算下 ENU 方向的偏差及 GPS 与 BDS 的系统间偏差

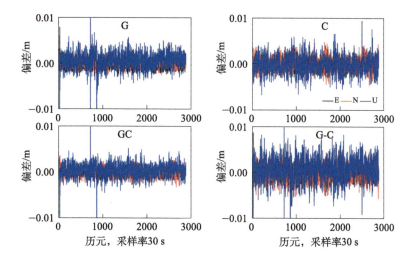

图 6-16　CUT0-CUT1 GPS、BDS、GPS＋BDS 双频数据动态解算下 ENU 方向的偏差及 GPS 与 BDS 的系统间偏差

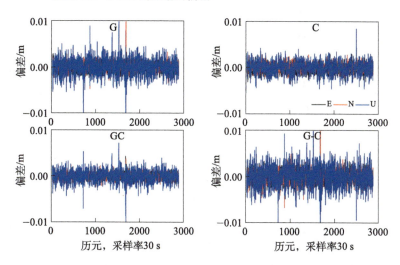

图 6-17　CUT0-CUT2 GPS、BDS、GPS＋BDS 双频数据动态解算下 ENU 方向的偏差及 GPS 与 BDS 的系统间偏差

表 6-10　不同基线不同处理模式下 ENU 方向的中位数　　（单位：m）

基线	系统	E	N	U
S2ld-TaiY	G	−0.00354	−0.00025	0.01567
	C	−0.00552	−0.00325	0.02610
	GC	−0.00450	−0.00030	0.01850
	G-C	0.00143	0.00310	−0.01075

基线	系统	E	N	U
NT01-NT03	G	−0.01073	0.00237	−0.01235
	C	−0.01044	0.00206	−0.01196
	GC	−0.01040	0.00235	−0.01210
	G-C	−0.00015	0.00054	−0.00155
NT01-NT04	G	−0.00197	−0.00092	−0.00300
	C	−0.00059	−0.00079	−0.00149
	GC	−0.00116	−0.00051	−0.00255
	G-C	−0.00151	−0.00018	−0.00140
ZY02-ZY04	G	−0.00492	−0.00640	0.00473
	C	−0.00169	−0.00969	0.01542
	GC	−0.00276	−0.00617	0.00924
	G-C	−0.00349	0.00342	−0.01036
CUT0-CUT1	G	−0.00047	0.00010	0.00080
	C	−0.00020	0.00005	−0.00019
	GC	−0.00006	0.00008	0.00046
	G-C	−0.00024	0.00002	0.00098
CUT0-CUT2	G	−0.00032	0.00007	0.00005
	C	−0.00029	0.00009	−0.00003
	GC	−0.00001	−0.00001	0.00001
	G-C	0.00002	−0.00002	0.00006

从图 6-12 到图 6-17 以及表 6-10 中可以看出,不同测站 GPS 与 BDS 之间的 ISB 在 ENU 方向上各不相同,且中位数也有较大差异。对于零基线 CUT0-CUT1 和 CUT0-CUT2,ISB 在 ENU 方向上的中位数几乎为零;S2ld-TaiY 和 ZY02-ZY04 的 ISB 中位数在 U 方向上达到了 1 cm,水平方向上小于 4 mm;NT01-NT03 和 NT01-NT04 的 ISB 中位数在 ENU 方向上均小于 2 mm。

6.5.3.2 相同测站不同天的 ISB 结果分析

相同测站不同天的 ISB 结果见图 6-18 和表 6-11。

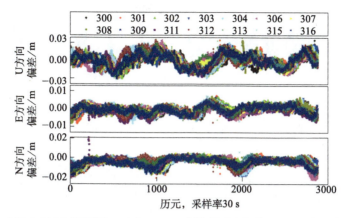

图 6-18　YAR3-YARR 不同天 GPS 与 BDS 双频数据动态解算下 ENU 方向的系统间偏差

表 6-11　YAR3-YARR 不同天 GPS 与 BDS 双频数据动态解算下
ENU 方向的系统间偏差的中位数　　　　　（单位:m）

年积日	E	N	U
2018-300	-0.00024	-0.00416	-0.00238
2018-301	-0.00007	-0.00325	0.000875
2018-302	0.00032	-0.00329	0.00149
2018-303	-0.000455	-0.00319	0.00041
2018-304	-0.000225	-0.00298	0.00223
2018-306	-0.00058	-0.00417	-0.000285
2018-307	-0.00026	-0.00381	-0.00001
2018-308	-0.0001	-0.00300	0.00141
2018-309	-0.00004	-0.00363	0.00212
2018-311	-0.00112	-0.00247	0.00091
2018-312	-0.0002	-0.00258	0.000855
2018-313	-0.00011	-0.00343	0.00192
2018-315	-0.00001	-0.00332	0.00138
2018-316	-0.00009	-0.00369	0.00077
STD	3.31E-4	5.11E-4	1.19E-3

从图 6-18 中可以看出,同一测站不同天 GPS 与 BDS 的系统间偏差存在着一致性和周期性,这可能与两者的轨道相关,而且不同方向上周期还存在着差异。从表 6-11 中亦可以得到 E、N 方向上 ISB 中位数的一致性较好,而 U 方向上相对较差。

6.5.3.3　ISB 模型改正及改正后的一致性

ISB 模型改正及改正后的一致性见图 6-19。

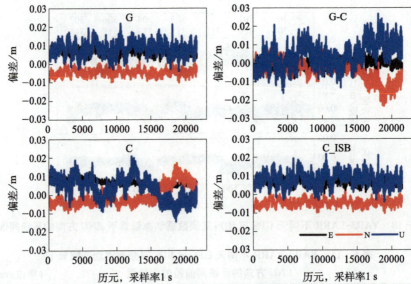

图 6‑19　NT03‑NT04(2017008 11:00—17:00)不同模式的定位偏差序列以及 ISB
　　　　序列(G‑C 表示 GPS‑only 和 BDS‑only 直接作差所得到的 ISB,C_ISB 表
　　　　示 BDS‑only 中扣除 ISB)

从图 6‑19 中可以看出,在 GPS‑only 中扣除双差 ISB 可以得到 BDS‑only 相一致
的定位结果,在 BDS‑only 中扣除双差 ISB 亦可以得到 GPS‑only 相一致的定位结果。

6.5.3.4　ISB 参数估计及估计后的一致性

ISB 参数估计及估计后的一致性见图 6‑20、表 6‑12 和表 6‑13。

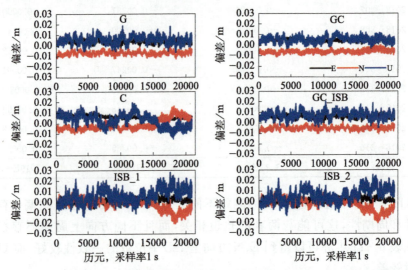

图 6‑20　NT03‑NT04(2017008 11:00—17:00)不同模式的定位偏差序列以及 ISB
　　　　序列(GC_ISB 表示 GPS+BDS 组合附加 ISB 参数估计,ISB_1 表示直接
　　　　作差得到的 ISB,ISB_2 表示参数估计得到的 ISB)

表 6-12 NT03-NT04(11:00—17:00)不同模式下定位偏差的中位数（单位:m）

年积日	系统	E	N	U
2017—008	G	0.00670	−0.00452	0.00847
	GC_ISB	0.00700	−0.00442	0.00846
2017—009	G	0.00667	−0.00452	0.00847
	GC_ISB	0.00697	−0.00441	0.00847
2017—010	G	0.00648	−0.00464	0.00799
	GC_ISB	0.00677	−0.00453	0.00798
2017—011	G	0.00672	−0.00445	0.00848
	GC_ISB	0.00700	−0.00436	0.00847
2017—012	G	0.00678	−0.00439	0.00839
	GC_ISB	0.00715	−0.00435	0.00895
2017—013	G	0.00678	−0.00440	0.00835
	GC_ISB	0.00707	−0.00429	0.00833
2017—014	G	0.00662	−0.00435	0.00826
	GC_ISB	0.00691	−0.00423	0.00826
2017—015	G	0.00645	−0.00437	0.00835
	GC_ISB	0.00674	−0.00426	0.00835
2017—016	G	0.00644	−0.00440	0.00826
	GC_ISB	0.00673	−0.00430	0.00826
2017—017	G	0.00633	−0.00443	0.00824
	GC_ISB	0.00661	−0.00432	0.00822
2017—018	G	0.00637	−0.00445	0.00822
	GC_ISB	0.00666	−0.00433	0.00821
2017—019	G	0.00655	−0.00436	0.00826
	GC_ISB	0.00693	−0.00425	0.00824
2017—020	G	0.00645	−0.00440	0.00818
	GC_ISB	0.00674	−0.00429	0.00816
2017—021	G	0.00652	−0.00436	0.00812
	GC_ISB	0.00680	−0.00425	0.00811

表 6 – 13　NT03-NT04(11:00−17:00)直接作差与参数估计得到的 ISB 的中位数

（单位：m）

年积日	ISB_1			ISB_2		
	E	N	U	E	N	U
2017−008	0.00044	0.00265	−0.00433	0.00043	0.00262	−0.00432
2017−009	0.00151	0.00146	0.00198	−0.00151	0.00145	0.00196
2017−010	0.00017	−0.00052	−0.00133	0.00016	−0.00057	−0.00132
2017−011	0.00036	0.00288	−0.00456	0.00035	0.00287	−0.00456
2017−012	0.00017	0.00321	−0.00579	0.00017	0.00320	−0.00583
2017−013	−0.00046	0.00416	−0.00655	−0.00047	0.00414	−0.00657
2017−014	−0.00017	0.00367	−0.00659	−0.00018	0.00367	−0.00659
2017−015	0.00001	0.00316	−0.00531	0.00001	0.00314	−0.00531
2017−016	0.000025	0.00167	−0.00163	0.00002	0.00166	−0.00164
2017−017	0.00013	0.00197	−0.00213	0.00014	0.00197	−0.00212
2017−018	0.00043	0.00329	−0.00585	0.00042	0.00329	−0.00583
2017−019	0.00019	0.00347	−0.00541	0.00018	0.00345	−0.00539
2017−020	0.00015	0.00372	−0.00568	0.00015	0.00371	−0.00572
2017−021	0.00023	0.00356	−0.00575	0.00022	0.00358	−0.00579
STD	4.97E−4	1.23E−3	2.50E−3	4.96E−4	1.24E−3	2.50E−3

从图 6 – 20 中可以看出，GPS 和 BDS 组合中附加 ISB 参数估计可以得到与单 GPS 一致的定位误差序列，从表 6 – 12 中亦可以看出，两者定位偏差的中位数也一致。从表 6 – 13 中可以看出，直接作差与参数估计所得到的 ISB 的中位数以及其 STD 基本一致。以 2017−008 11:00−17:00 为例，图 6 – 21 给出了直接作差与参数估计所得到的 ISB 偏差序列，E、N、U 方向的 STD 分别为 2.13E−4 m，2.99E−4 m，5.88E−4 m；图 6 – 22 给出了 GPS 和 BDS 组合定位解算中忽略 ISB 参数与附加 ISB 参数估计的偏差序列，E、N、U 方向的 STD 分别为 1.12E−3 m，1.84E−3 m，2.26E−3 m，由此可见，ISB 参数不容忽视，在组合系统定位中应当予以考虑并进行参数估计。

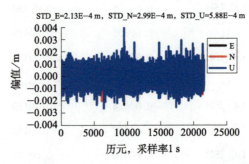

图 6 – 21　NT03-NT04(2017—008 11:00−17:00)直接作差与参数估计所得到的 ISB 偏差序列

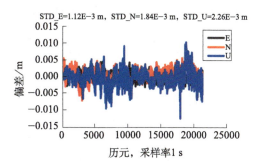

图 6-22　NT03-NT04(2017—008 11:00—17:00)GPS 和 BDS 组合定位解算中忽略 ISB 参数与附加 ISB 参数估计的偏差序列

从图 6-23 中可以看出,连续两周相同时间段内所估计的 ISB 参数在 E、N、U 方向上基本保持一致,图中用黄色方框标出了异常点,而且这几个异常点间隔一周,先将异常点剔除,然后进行统计分析,ISB 参数在 E、N、U 方向上的 STD 分别为 $2.79E-4$ m,$4.40E-4$ m,$7.39E-4$ m,稳定性较好。

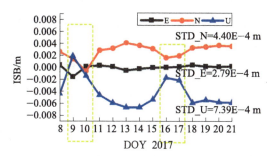

图 6-23　NT03-NT04(11:00—17:00)连续两周 ISB 参数估计的中位数序列

在双差组合相对定位中,同样存在着双差 ISB,对精密相对定位的影响不容忽视。针对多系统组合后的系统内差分相对定位中的双差 ISB,通过大量数据分析其特性,可以得到以下结论:

(1)不同基线所求得的双差 ISB 存在差异;

(2)相同基线不同天所求得的双差 ISB 表现出一致性和周期性;

(3)双差 ISB 模型改正和参数估计都可以得到单系统一致的定位结果;

(4)直接作差和参数估计得到的双差 ISB 一致,而且连续多天相同时间段内所求得的双差 ISB 比较稳定。

根据双差 ISB 的这些性质,可以对双差 ISB 进行建模和预报,将模型化的参数应用于多系统组合相对定位来提高定位精度。

6.6　顾及不同频率观测值定位偏差的 RTK 技术

近年来,全球导航卫星系统(GNSS)算法以及技术发展和新应用领域已经取得了重大进展。当前,借助旨在降低误差和辅助传感器集成的尖端处理算法支持的多星座和多频率信号,能够获得具有高可靠性、准确性和连续性的位置。此外,这些进展使得 GNSS 在地球科学和工程学新领域的应用数量显著增长。

先前的研究已经解决了多星座和多频率 RTK 定位问题。首先,将来自不同卫星星座的观测值相结合会显著增加可用卫星的数量,以及可实现的准确性、可靠性和可用性,尤其是在困难的环境中[190]。其次,多频观测值组合可用于消除或削弱单个误差源,例如电离层、对流层、轨道和多径误差[191],以提高模糊度解决方案的可靠性[192,193],以及改善周跳检测和修复的方法[194-197]。使用不同频率的观测值进行 RTK 定位的结果存在差异,这是当前多频数据处理无法忽略的问题。将这种差异定义为不同频率观测值的定位偏差(Positioning Bias of Different Frequency Observations,PBDFO),这是一个综合偏差,不区分天线的相位中心变化、信号传输的不同延迟以及局部多径效应。本章节将分析 CDMA 信号系统中基于不同频率非组合观测值 RTK 定位中的双差 PBDFO[189]。

6.6.1　不同频率观测值定位偏差的改正模型

对于 GPS、BDS、Galileo 等码分多址信号系统,单系统单频率双差观测方程可以表示为

$$\begin{cases} P_{br}^{kj,f} = l_r^{kj}\Delta X_r + m_r^{kj}\Delta Y_r + n_r^{kj}\Delta Z_r + I_{br}^{kj,f} + T_{br}^{kj} + \rho_{br}^{kj} + \varepsilon_P^f \\ \lambda^f \varphi_{br}^{kj,f} = l_r^{kj}\Delta X_r + m_r^{kj}\Delta Y_r + n_r^{kj}\Delta Z_r - I_{br}^{kj,f} + T_{br}^{kj} + \rho_{br}^{kj} - \lambda^f N_{br}^{kj,f} + \varepsilon_\varphi^f \end{cases}$$

$$(6-98)$$

其中, P 和 φ 分别是伪距和载波相位观测值;λ 表示载波波长。下标 b 和 r 分别代表基准站和用户站;上标 k 和 j 代表一对卫星,其中 k 是参考卫星。组合下标 br 表示站间单差;组合上标 kj 表示星间单差。基线分量 ΔX_r、ΔY_r、ΔZ_r 为待求量;符号 l、m 和 n 是接收机到卫星视线上的单位矢量。N 是载波相位的整数模糊度;I 和 T 分别是电离层延迟和对流层延迟。上标 f 表示不同的频率。ε 是测量噪声;ρ 是从卫星到接收机的几何距离。

单系统不同的频率单独定位解算,得到各自的解算结果,然后将不同频率得到的结果直接作差,就可以得到单系统内不同频率的 IFB,以 GPS 系统 L1 和 L2 为例,如式(6-99)所示:

$$ENU_{IFB_{L1-L2}^G} = ENU_{G_{L1}} - ENU_{G_{L2}}$$

$$(6-99)$$

式中,下标 IFB_{L1-L2}^G 表示 GPS 系统 L1 与 L2 频率之间的 IFB。

6.6.2　不同频率观测值定位偏差的参数估计模型

附加 IFB 参数估计的单系统双频（以 L1 与 L2 为例）双差观测方程可以表示为

$$
\begin{cases}
P_{br}^{kj,f_1} = l_r^{kj}\Delta X_r + m_r^{kj}\Delta Y_r + n_r^{kj}\Delta Z_r + \delta I_{br}^{kj,f_1} + \delta T_{br}^{kj} + \rho_{br}^{kj} + \varepsilon_P^{f_1} \\
\lambda^{f_1}\varphi_{br}^{kj,f_1} = l_r^{kj}\Delta X_r + m_r^{kj}\Delta Y_r + n_r^{kj}\Delta Z_r - \delta I_{br}^{kj,f_1} + \delta T_{br}^{kj} + \rho_{br}^{kj} \\
\qquad\qquad - \lambda^{f_1}N_{br}^{kj,f_1} + \varepsilon_\varphi^{f_1} \\
P_{br}^{kj,f_2} = l_r^{kj}(\Delta X_r + PBDFO_X) + m_r^{kj}(\Delta Y_r + PBDFO_Y) \\
\qquad\qquad + n_r^{kj}(\Delta Z_r + PBDFO_Z) + \delta I_{br}^{kj,f_2} + \delta T_{br}^{kj} + \rho_{br}^{kj} + \varepsilon_P^{f_2} \\
\lambda^{f_2}\varphi_{br}^{kj,f_2} = l_r^{kj}(\Delta X_r + PBDFO_X) + m_r^{kj}(\Delta Y_r + PBDFO_Y) \\
\qquad\qquad + n_r^{kj}(\Delta Z_r + PBDFO_Z) - \delta I_{br}^{kj,f_2} + \delta T_{br}^{kj} + \rho_{br}^{kj} - \lambda^{f_2}N_{br}^{kj,f_2} + \varepsilon_\varphi^{f_2}
\end{cases}
\tag{6-100}
$$

其中，$PBDFO_X$，$PBDFO_Y$ 和 $PBDFO_Z$ 分别为 X,Y,Z 方向上 L1 与 L2 的待估参数 PBDFO，其余符号同上。

对于短基线来说，大气延迟残差可以忽略不计，所以对应的误差方程为

$$
\begin{bmatrix}
V_{br,P}^{kj,f_1} \\ V_{br,\varphi}^{kj,f_1} \\ V_{br,P}^{kj,f_2} \\ V_{br,\varphi}^{kj,f_2}
\end{bmatrix}
=
\begin{bmatrix}
A_{br}^{kj} & 0 & 0 & 0 \\
A_{br}^{kj} & 0 & -\lambda^{f_1}I & 0 \\
A_{br}^{kj} & A_{br}^{kj} & 0 & 0 \\
A_{br}^{kj} & A_{br}^{kj} & -\lambda^{f_1}I & \lambda^{f_1}I
\end{bmatrix}
\begin{bmatrix}
X \\ PBDFO \\ N_{br}^{kj,f_1} \\ N_{br}^{kj,f_1}-N_{br}^{kj,f_2}
\end{bmatrix}
-
\begin{bmatrix}
L_{br,P}^{kj,f_1} \\ L_{br,\varphi}^{kj,f_1} \\ L_{br,P}^{kj,f_2} \\ L_{br,\varphi}^{kj,f_2}
\end{bmatrix}
\tag{6-101}
$$

其中，V 代表残差向量；A 是设计矩阵；I 是单位矩阵；X 是基线分量参数（ΔX_r，ΔY_r，ΔZ_r）；$PBDFO$ 是频间偏差参数（$PBDFO_X$，$PBDFO_Y$，$PBDFO_Z$）；N 是双差模糊度参数；L 是常数项；其余符号同上。

$$
L_{br,P}^{kj,f_i} = P_{br}^{kj,f_i} - \rho_{br}^{kj} \tag{6-102}
$$

$$
L_{br,P}^{kj,f_i} = \lambda^{f_1}\varphi_{br}^{kj,f_i} - \rho_{br}^{kj} \tag{6-103}
$$

观测值的权阵可以使用测量噪声来确定；伪距和载波相观测值的权比确定为 $1:100$。基于误差方程和权矩阵，采用最小二乘法进行参数估计以获得浮点解。未知参数是基线分量、频间偏差参数以及双差模糊度。利用这些浮点解和相应的协方差矩阵，可以采用 LAMBDA 方法来获得最终固定解[181,182]。

6.6.3　验证与分析

为了测试和验证双差 PBDFO 的存在以及校准方法的有效性，收集了一组超短基线 GNSS 观测数据。NT03 和 NT04 测站位于陕西省西安市。使用 PPP 静态解计算站点的位置[175]。天线类型为 HG-GOYH7151，接收机类型为 SR380，它可以同时接收 GPS L1-L2 和 BDS B1-B2 双频信号。应该指出的是，GPS 的 L1 和 L2 频率上使用的观测代码分别为 C1C/L1C 和 C2W/L2W，BDS 的 B1 和 B2 频率上使用的观测代码分别为 C2I/L2I 和 C7I/L7I。对于北斗，仅使用 BDS-2 的信号。

从 2017 年 DOY 012 到 DOY 021,连续 10 天观察时间从 UTC 11:00到17:00,连续时间为 1 s。基线长度为 24.85 m。

6.6.3.1 PBDFO 改正模型分析

图 6-24 描绘了 2017 年 DOY 015 的 UTC 11:00—17:00,NT03-NT04 中 GPS 不同频率观测数据的定位误差和 PBDFO 的时间序列。值得注意的是,PB-DFO 通过 GPS L1 和 L2 的定位结果直接作差得到。从图 6-24 中可以看出,GPS L1 和 L2 的定位结果存在毫米到厘米级水平的差异,E、N 和 U 分量的平均偏差和 STD 分别为($-5.95\mathrm{E}-4$ m,$1.35\mathrm{E}-3$ m,$-1.33\mathrm{E}-4$ m)和($3.11\mathrm{E}-3$ m,$3.32\mathrm{E}-3$ m,$6.44\mathrm{E}-3$ m),GPS L2 的定位结果经过双差 PBDFO 校正后与 L1 的定位结果相一致。

图 6-25 描绘了 2017 年 DOY 015 的 UTC 11:00—17:00,NT03-NT04 中 BDS 不同频率观测数据的定位误差和 PBDFO 的时间序列。同样地,PBDFO 通过 BDS B1 和 B2 的定位结果直接作差得到。从图 6-25 中可以看出,BDS B1 和 B2 的定位结果存在毫米到厘米级水平的差异,E、N 和 U 分量的平均偏差和 STD 分别为($2.16\mathrm{E}-3$ m,$-4.24\mathrm{E}-3$ m,$9.48\mathrm{E}-3$ m)和($3.35\mathrm{E}-3$ m,$4.85\mathrm{E}-3$ m,$7.41\mathrm{E}-3$ m),BDS B2 的定位结果经过双差 PBDFO 校正后与 B1 的定位结果相一致。

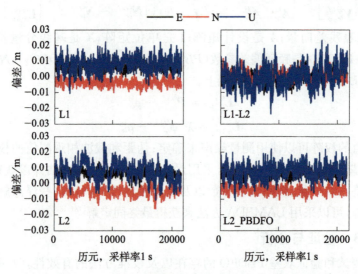

图 6-24 NT03-NT04 中 GPS 不同频率观测数据的定位误差和 PBDFO 的时间序列(L1:仅 GPS L1;L2:仅 GPS L2;L1-L2:GPS L1 和 L2 的定位结果直接作差得到的 PBDFO;L2_PBDFO:仅 GPS L2,消除 PBDFO)

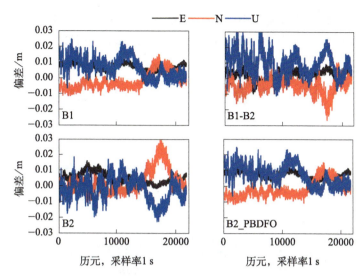

图 6－25　NT03-NT04 中 BDS 不同频率观测数据的定位误差和 PBDFO 的时间序列(B1:仅 BDS B1;B2:仅 BDS B2;B1-B2:BDS B1 和 B2 的定位结果直接作差得到的 PBDFO;B2_PBDFO:仅 BDS B2,消除 PBDFO)

6.6.3.2　PBDFO 参数估计模型分析

以 NT03-NT04 的基线为例(2017 年 DOY 015 的 11:00—17:00),图 6－26 和图 6－27 分别描绘了 GPS 和 BDS 不同频率观测数据的定位偏差和双差 PBDFO 的时间序列。图 6－26 中 GPS L1＋L2 双频相对定位中对 PBDFO 进行参数估计后的定位结果与 GPS L1 一致,并且将两个不同频率观测值的定位结果直接作差得到的 PBDFO 的时间序列与对 PBDFO 进行参数估计得到的结果相一致。对于 BDS 系统可以得出相同的结论(图 6－27)。图 6－28 描绘了 GPS 和 BDS 系统直接作差与参数估计得到的 PBDFO 之间的偏差序列,这两种不同方法所得到的 PBDFO 差异的标准偏差(STD),GPS 和 BDS E,N 和 U 方向上非分量分别为(2.29E－4 m,2.61E－4 m,6.10E－4 m)和(2.12E－4 m,3.62E－4 m,5.82E－4 m)。

表 6－14 和表 6－15 分别列出了 2017 年 DOY 012—021 的 UTC 11:00—17:00 时段内,NT03-NT04 中 GPS 和 BDS PBDFO_1 和 PBDFO_2 的中位数(PBDFO_1 表示不同观测值的定位结果直接作差得到的 PBDFO;PBDFO_2 表示通过参数估计得到的 PBDFO)。从表 6－14 和表 6－15 中可以得出结论:GPS 和 BDS 系统中,PBDFO_1 和 PBDFO_2 在连续几天的同一时间段内都是一致的,并且 PBDFO N 和 E 方向的一致性优于 U 方向。GPS PBDFO_2 E,N 和 U 方向的 STD 分别为 1.62E－4 m,1.69E－4 m 和 2.76E－4 m;BDS PBDFO_2 在 2017－016 和 2017－017 中有异常值,E 和 U 分量的值大于其他几天的平均偏差,分别达到 3 mm 和 5 mm。图 6－29 描述了 NT03-NT04 连续 10 天(2017 年 DOY 012—021)11:00—17:00 PBDFO_2 的时间序列,GPS 系统 PBDFO_2 的稳定性比

BDS 系统要好,而且数量级较小。黄色矩形表示 BDS 的异常值。PBDFO_2 E,N 和 U 方向的 STD 分别为13.74E−4 m,1.13E−3 m和2.47E−3 m。

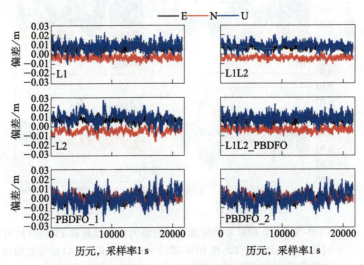

图 6-26 **NT03-NT04 中 GPS 不同频率观测数据的定位偏差和双差 PBDFO 的时间序列(L1L2 表示 GPS L1+L2 双频观测值的定位结果;L1L2_PBDFO 表示 L1+L2 双频观测值附加 PBDFO 参数估计的定位结果;PBDFO_1 表示 GPS L1 和 L2 观测值的定位结果直接作差得到的 PBDFO, PBDFO_2表示参数估计得到的 PBDFO)**

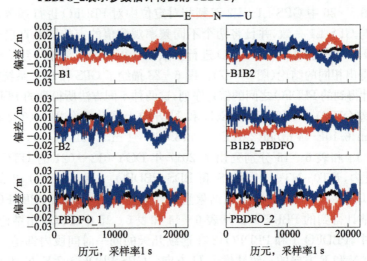

图 6-27 **NT03-NT04 中 BDS 不同频率观测数据的定位偏差和双差 PBDFO 的时间序列(B1B2 表示 BDS B1+B2 双频观测值的定位结果;B1B2_PBDFO 表示 B1+B2 双频观测值附加 PBDFO 参数估计的定位结果;PBDFO_1 表示 BDS B1 和 B2 观测值的定位结果直接作差得到的 PBDFO, PBDFO_2表示参数估计得到的 PBDFO)**

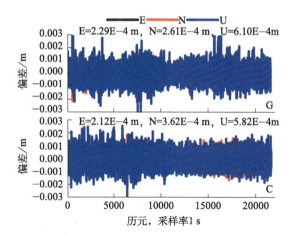

图 6 - 28　2017 年 DOY 015 天 UTC 11:00—17:00 时段内，NT03-NT04 中直接作差和参数估计得到的 PBDFO 之间的差异(G:GPS;C:BDS)

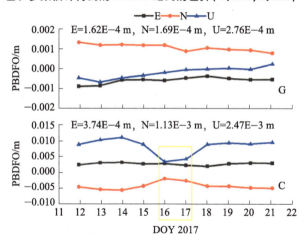

图 6 - 29　NT03-NT04 连续 10 天（2017 年 DOY 012－021）11:00－17:00 PBDFO_2 的时间序列。黄色框标记异常值

表 6 - 14　2017 年 DOY 012－021 的 UTC 11:00—17:00 时段内，NT03-NT04 中 GPS PBDFO_1 和 PBDFO_2 的中位数　　　　　　（单位:m）

年积日	PBDFO_1			PBDFO_2		
	E	N	U	E	N	U
2017－012	－9.0E－4	1.27E－3	－4.5E－4	－9.1E－4	1.28E－3	－4.8E－4
2017－013	－8.6E－4	1.16E－3	－7.0E－4	－8.7E－4	1.15E－3	－6.9E－4
2017－014	－5.9E－4	1.18E－3	－5.2E－4	－5.9E－4	1.17E－3	－4.8E－4
2017－015	－5.6E－4	1.15E－3	－3.7E－4	－5.65E－4	1.14E－3	－3.5E－4

续表

年积日	PBDFO_1			PBDFO_2		
	E	N	U	E	N	U
2017—016	−6.0E−4	1.15E−3	−2.6E−4	−6.1E−4	1.15E−3	−2.2E−4
2017—017	−4.6E−4	8.50E−4	−5.5E−5	−4.9E−4	8.50E−4	−7.0E−5
2017—018	−3.8E−4	1.0E−3	−7.0E−5	−3.9E−4	1.02E−3	−4.0E−5
2017—019	−5.1E−4	9.5E−4	2.0E−4	−5.1E−4	9.4E−4	1.0E−5
2017—020	−5.6E−4	8.9E−4	−4.0E−5	−5.7E−4	9.0E−4	−5.0E−5
2017—021	−5.5E−4	7.5E−4	2.2E−4	−5.6E−4	7.5E−4	2.05E−4
STD	1.63E−4	1.71E−4	2.84E−4	1.62E−4	1.69E−4	2.76E−4

表 6-15 2017 年 DOY 012−021 的 UTC 11：00−17：00 时段内，NT03-NT04 中 BDS PBDFO_1 和 PBDFO_2 的中位数　　　　　　　（单位：m）

年积日	PBDFO_1			PBDFO_2		
	E	N	U	E	N	U
2017—012	2.67E−3	−4.16E−3	9.04E−3	2.72E−3	−4.16E−3	9.06E−3
2017—013	3.35E−3	−4.92E−3	1.05E−2	3.37E−3	−4.90E−3	1.05E−2
2017—014	3.43E−3	−5.15E−3	1.13E−2	3.46E−3	−5.15E−3	1.13E−2
2017—015	2.98E−3	−3.86E−3	9.16E−3	3.01E−3	−3.85E−3	9.14E−3
2017—016	3.05E−3	−1.54E−3	3.69E−3	3.09E−3	−1.55E−3	3.68E−3
2017—017	2.55E−3	−2.16E−3	4.61E−3	2.56E−3	−2.17E−3	4.57E−3
2017—018	2.27E−3	−3.83E−3	9.13E−3	2.28E−3	−3.83E−3	9.13E−3
2017—019	3.01E−3	−3.86E−3	9.53E−3	3.03E−3	−3.88E−3	9.57E−3
2017—020	3.25E−3	−4.32E−3	9.24E−3	3.28E−3	−4.36E−3	9.24E−3
2017—021	3.18E−3	−4.46E−3	9.81E−3	3.20E−3	−4.46E−3	9.74E−3
STD	3.72E−4	1.14E−3	2.46E−3	3.74E−4	1.13E−3	2.47E−3

　　本节主要分析了 CDMA 信号系统 RTK 定位中不同频率的非组合观测值的定位结果中双差 PBDFO 的影响。在连续几天的同一时间段内，超短基线的 RTK 结果表明，不同频率的非差观测值进行 RTK 定位的结果存在显著差异。通过模型校正和参数估计验证，可以得出以下结论。

　　(1)RTK 中不同频率观测值的定位结果存在毫米到厘米级的差异。GPS L1 和 L2 定位结果 E、N 和 U 方向的平均偏差和 STD 分别为(−5.95E−4 m，1.35E−3 m，−1.33E−4 m)和(3.11E−3 m，3.32E−3 m，6.44E−3 m)；而 BDS

B1 和 B2 定位结果 E、N 和 U 方向的平均偏差和 STD 分别为(2.16E−3 m, −4.24E−3 m,9.48E−3 m)和(3.35E−3 m,4.85E−3 m,7.41E−3 m)。

(2)GPS L1 和 L2 之间 PBDFO 的数值比 BDS B1 和 B2 之间的 PBDFO 数值更小,并且更加稳定。GPS L1 和 L2 之间 PBDFO 在 E、N 和 U 方向的平均值和 STD 分别为(−6.06E−4 m,1.03E−3 m,−2.17E−4 m)和(1.62E−4 m,1.69E−4 m, 2.76E−4 m);而 BDS B1 和 LB2 之间 PBDFO 在 E、N 和 U 方向的平均值和 STD 分别为(3.00E−3 m,−3.83E−3 m,8.59E−3 m)和(3.75E−4 m,1.14E−3 m, 2.47E−3 m)。

(3)PBDFO 校正模型和参数估计方法都可以获得与单一频率相一致的定位结果。

(4)通过直接差分法和参数估计法获得的 DD PBDFO 在相同时间段内连续几天都保持一致且相对稳定。

可以基于 DD PBDFO 的属性进行建模和短期预测,并且可以将建模参数应用于多频数据融合的相对定位,以提高定位的准确性和一致性。

6.7 顾及差分系统间偏差和差分频率间偏差的 RTK 技术

使用双差(DD)观测值进行 RTK 相对定位时,主要可以使用两种模型。一种是经典的系统内差分模型,其中每个系统使用自己的参考卫星;另一种是系统间差分模型,其中选择一个基准系统的参考卫星作为公用的参考卫星[152,198]。但是,对不同 GNSS 的数据进行系统间差分时,必须考虑差分系统间偏差(Differential Inter-System Biases,DISB)的影响[128,184,186,198-200]。系统间偏差(ISB)主要由硬件延迟组成,由 GNSS 设备中的不同信号路径产生,这取决于接收机内部的相关性[183-185,201,202]。如果可以合理处理伪距和相位 DISB,那么使用系统间差分模型可以获得最大化冗余。这对于在严苛的观测环境中精密定位至关重要,例如城市地区的信号很容易被高层建筑或树木遮挡[198,203]。

目前,关于 DISB 的大多数研究都集中在重叠频率[183,184,199,202,204,205],但是最近的研究已经解决了非重叠频率或非重叠和重叠频率的混合处理[47,53,54,128,180,198,206-210]。根据定义,差分频间偏差(Differential Inter-Frequency Biases,DIFB)实际上是每个频率的信号在电子组件内部通过不同路径传递所经历的硬件延迟之间的偏差[211]。此外,涂锐等[152]提出了附加频间双差观测值的 RTK 方法,在可见卫星数较少的遮挡环境下,显著提高了定位性能的可靠性和稳定性,但是文中仅使用了单一基线 1 个小时的数据进行验证分析,对于不同测站连续多天的数据进行伪距和相位 DIFB 长期稳定性分析还有待进一步验证,而且其在分析 DIFB 稳定性时所采取的策略导致了在参考卫星变化时,相位 DIFB 会出现跳跃。这将不利于利用先验 DIFB 信息进行改正来提高定位模型的强度。

在本章节的研究内容中,首次将高旺等[198]提出的参考卫星虚拟单差模糊度策略引入频间差分模型中,有效地解决了在参考卫星变化时,相位 DIFB 的跳跃问题。主要研究内容是基于 DD 观测值的 DIFB 估计方法。特别分析了 GPS L1-L2 和 BDS B1-B2 的 DIFB 稳定性,并提出了 DIFB 校正和实时估计模型。采用多条基线连续多天的静态数据对 DISB 和 DIFB 的稳定性进行分析,然后利用 DISB 和 DIFB 在时域的稳定性,对系统间差分模型和频率间差分模型进行先验改正,有效提高了定位模型的强度[177]。

首先通过传统差分模型引出系统间差分模型和频率间差分模型,并给出了详细的推导过程;接着给出了 DISB 和 DIFB 事后估计模型来分析其稳定性;然后提出了改正 DISB 的系统间差分模型和改正 DIFB 的频率间差分模型,并分别与 DISB 和 DIFB 实时估计模型相比较,最后给出结论。

6.7.1 函数模型

对于短基线,假设差分大气延迟可以忽略不计。伪距和相位站间单差观测方程一般可以表示为

$$\begin{cases} \Delta P^{s_A}_{br,f_i^A} = \Delta \rho^{s_A}_{br} + c\Delta dt_{br} + \Delta d^{A}_{br,f_i^A} + \Delta \varepsilon^{s_A}_{br,f_i^A} \\ \Delta \Phi^{s_A}_{br,f_i^A} = \Delta \rho^{s_A}_{br} + c\Delta dt_{br} + \lambda_{f_i^A}(\Delta \varphi_{br,f_i^A} + \Delta \delta^{A}_{br,f_i^A} + \Delta N^{A}_{br,f_i^A}) + \Delta e^{s_A}_{br,f_i^A} \end{cases}$$

$$(6-104)$$

其中,Δ 是站间单差运算符;b 和 r 分别表示基准站和移动站;$\Delta(\cdot)_{br} = (\cdot)_r - (\cdot)_b$;$P$ 和 Φ 分别是以米为单位的伪距和相位测量值;s 表示卫星;A 是 GNSS(即 $A = G$ 代表 GPS 或 $A = C$ 代表 BDS);$f_i^A(i=1$ 或 $i=2)$ 表示 A 系统观测值的频率;ρ 是卫星和接收机天线之间的几何距离;c 是真空中的光速,dt 是接收机时钟偏差;d 和 δ 分别是伪距和相位中的接收机硬件延迟;λ 是波长;N 是以周为单位的整数模糊度;φ 是接收机中的初始相位偏差;ε 和 e 分别是伪距和相位中的测量噪声和多径误差之和。

伪距与相位站星双差观测方程可以表示为

$$\begin{cases} \Delta \nabla P^{s_A k_B}_{br,f_i^A f_j^B} = \Delta \nabla \rho^{s_A k_B}_{br} + \Delta \nabla d^{AB}_{br,f_i^A f_j^B} + \Delta \nabla \varepsilon^{s_A k_B}_{br,f_i^A f_j^B} \\ \Delta \nabla \Phi^{s_A k_B}_{br,f_i^A f_j^B} = \Delta \nabla \rho^{s_A k_B}_{br} + (\lambda_{f_j^B} \Delta \varphi_{br,f_j^B} - \lambda_{f_i^A} \Delta \varphi_{r,f_i^A}) + (\lambda_{f_j^B} \Delta \delta^{B}_{br,f_j^B} \\ \qquad - \lambda_{f_i^A} \Delta \delta^{A}_{br,f_i^A}) + (\lambda_{f_j^B} \Delta N^{k_B}_{br,f_j^B} - \lambda_{f_i^A} \Delta N^{s_A}_{br,f_i^A}) + \Delta \nabla e^{s_A k_B}_{br,f_i^A f_j^B} \end{cases}$$

$$(6-105)$$

其中,$\Delta \nabla$ 表示站星双差运算符,$\Delta \nabla(\cdot)^{s_A k_B}_{br} = [(\cdot)^{k_B}_r - (\cdot)^{k_B}_b] - [(\cdot)^{s_A}_r - (\cdot)^{s_A}_b]$;$k$ 表示卫星;B 是 GNSS(即对于 GPS,$B = G$,或对于 BDS,$B = C$);$f_j^B(j=1$ 或 $j=2)$ 表示 B 系统观测值的频率。该双差模型可以由相同系统或不同系统、相同频率或不同频率的观测值来构建。

当系统 A 和 B 表示相同 GNSS,GPS 或 BDS(即 $A = B =$ GPS 或 $A = B =$

BDS)，$f_i^A = f_j^B = f_i^*$，此时，接收机硬件延迟和初始相位偏差都可以消除。因此，伪距和相位观测值的系统内双差观测方程可以表示为

$$\begin{cases} \Delta\nabla P_{br,f_i}^{1,s_*} = \Delta\nabla\rho_{br}^{1,s_*} + \Delta\nabla\varepsilon_{br,f_i}^{1,s_*} \\ \Delta\nabla\Phi_{br,f_i}^{1,s_*} = \Delta\nabla\rho_{br}^{1,s_*} + \lambda_{f_i}\Delta\nabla N_{br,f_i}^{1,s_*} + \Delta\nabla e_{br,f_i}^{1,s_*} \end{cases} \tag{6-106}$$

其中，$*$ 可以表示 GPS 或 BDS；1_* 表示选取的参考卫星。

当双差观测模型由来自 GPS 和 BDS 的卫星来构造时（例如 $A=$GPS，$B=$BDS），$f_i^A \neq f_j^B$，此时接收机硬件延迟与初始相位偏差不能被消除，因此，伪距和相位观测值的系统间双差观测方程可以表示为[128,202,204]

$$\Delta\nabla\rho_{br,f_if_j}^{1_Gs_C} = \begin{cases} \Delta\nabla\rho_{br}^{1_Gs_C} + \Delta\nabla\overline{d}_{br,f_if_j}^{GC} + \Delta\nabla\varepsilon_{br,f_if_j}^{1_Gs_C} \\ \Delta\nabla\Phi_{br,f_if_j}^{1_Gs_C} = \Delta\nabla\rho_{br}^{1_Gs_C} + \lambda_{f_j}\Delta\hat{\delta}_{br,f_if_j}^{GC} + \lambda_{f_j}\Delta\nabla N_{br,f_j}^{1_Gs_C} + \Delta\nabla e_{br,f_if_j}^{1_Gs_C} \end{cases} \tag{6-107}$$

其中，$\Delta\nabla\overline{d}_{br,f_if_j}^{GC} = \Delta\nabla d_{br,f_if_j}^{GC} + IFCB$，$\Delta\nabla\overline{d}_{br,f_if_j}^{GC}$ 表示系统间伪距偏差，$IFCB$ 表示伪距频间偏差；1_G 表示选取的 GPS 参考卫星；$\nabla\Delta\hat{\delta}_{br,f_if_j}^{GC} = \nabla\Delta\overline{\delta}_{br,f_if_j}^{GC} + \Delta\nabla N_{br,f_if_j}^{1_G1_C} = \nabla\Delta\delta_{br,f_if_j}^{GC} + \Delta\nabla N_{br,f_if_j}^{1_G1_C} + \left(1 - \dfrac{\lambda_{f_i}^G}{\lambda_{f_j}}\right)\Delta N_{br,f_i}^{1_G}$，$\nabla\Delta\hat{\delta}_{br,f_if_j}^{GC}$ 表示系统间差分相位偏差（DISPB）；1_C 表示选取的 BDS 参考卫星。

以 GPS 为例，GPS 系统内频率间双差观测方程可以表示为

$$\begin{cases} \Delta\nabla P_{br,f_1^Gf_2^G}^{1_Gs_G} = \Delta\nabla\rho_{br}^{1_Gs_G} + \Delta\overline{d}_{br,f_1^Gf_2^G}^{G} + \Delta\nabla\varepsilon_{br,f_1^Gf_2^G}^{1_Gs_G} \\ \Delta\nabla\Phi_{br,f_1^Gf_2^G}^{1_Gs_G} = \Delta\nabla\rho_{br}^{1_Gs_G} + (\lambda_{f_2^G}\Delta\varphi_{br,f_2} - \lambda_{f_1^G}\Delta\varphi_{br,f_1}) + (\lambda_{f_2^G}\Delta\delta_{br,f_2}^{G} \\ \quad - \lambda_{f_1^G}\Delta\delta_{br,f_1}^{G}) - (\lambda_{f_2^G}\Delta\delta_{br,f_2}^{s_G} - \lambda_{f_1^G}\Delta\delta_{br,f_1}^{1_G}) + (\lambda_{f_2^G}\Delta N_{br,f_2}^{s_G} \\ \quad - \lambda_{f_1^G}\Delta N_{br,f_1}^{1_G}) + \Delta\nabla e_{br,f_1^Gf_2^G}^{1_Gs_G} \end{cases} \tag{6-108}$$

其中，$\Delta\overline{d}_{br,f_1f_2}^{G}$ 表示伪距差分频间偏差（Code Differential Inter-Frequency Bias，DIFCB），$\Delta\overline{d}_{br,f_1f_2}^{G} = (\Delta d_{br,f_2}^{G} - \Delta d_{br,f_1}^{G}) + \Delta\nabla DCB_{br,f_1f_2}^{1_Gs_G}$，$DCB$ 表示差分码偏差。

由于接收机硬件延迟和初始相位偏差无法分离，通过引入相位差分频间偏差（Phase Differential Inter-Frequency Biases，DIFPB）进行重参数化来吸收接收机初始相位偏差的影响

$$\Delta\nabla\delta_{br,f_1f_2}^{G} = ((\lambda_{f_2^G}\Delta\varphi_{br,f_2} - \lambda_{f_1^G}\Delta\varphi_{br,f_1}) + (\lambda_{f_2^G}\Delta\delta_{br,f_2}^{G} - \lambda_{f_1^G}\Delta\delta_{br,f_1}^{G}) \\ - (\lambda_{f_2^G}\Delta\delta_{br,f_2}^{s_G} - \lambda_{f_1^G}\Delta\delta_{br,f_1}^{1_G}))/\lambda_{f_2^G} \tag{6-109}$$

此外，两个站间单差模糊度参数也可以重新参数化，

$$\lambda_{f_2^G}\Delta N_{br,f_2}^{s_G} - \lambda_{f_1^G}\Delta N_{br,f_1}^{1_G} = (\lambda_{f_2^G}N_{r,f_2}^{s_G} - \lambda_{f_1^G}N_{b,f_1}^{s_G}) - \lambda_{f_1^G}\Delta N_{br,f_1}^{1_G} \\ = (\lambda_{f_2^G}N_{r,f_2}^{s_G} - \lambda_{f_1^G}N_{r,f_1}^{1_G}) - (\lambda_{f_2^G}N_{b,f_2}^{s_G} - \lambda_{f_2^G}N_{b,f_1}^{1_G}) \\ + (\lambda_{f_2^G}N_{r,f_2}^{1_G} - \lambda_{f_1^G}N_{b,f_1}^{1_G}) - \lambda_{f_1^G}\Delta N_{br,f_1}^{1_G}$$

$$= \lambda_{f_2^c} \Delta \nabla N_{br,f_2}^{1_c s_c} + (\lambda_{f_2^c} \Delta N_{br,f_2}^{1_c} - \lambda_{f_1^c} \Delta N_{br,f_1}^{1_c})$$

$$(6-110)$$

所以,式(6-108)可以表示为

$$\begin{cases} \Delta \nabla P_{br,f_1 f_2}^{1_c s_c} = \Delta \nabla \rho_{br}^{1_c s_c} + \Delta \bar{d}_{f_1^c f_2^c}^{G} + \Delta \nabla \varepsilon_{br,f_1 f_2}^{1_c s_c} \\ \Delta \nabla \Phi_{br,f_1 f_2}^{1_c s_c} = \Delta \nabla \rho_{br}^{1_c s_c} + \lambda_{f_2^c} \Delta \nabla \bar{\delta}_{br,f_1 f_2}^{G} + \lambda_{f_2^c} \Delta \nabla N_{br,f_2}^{1_c s_c} + \Delta \nabla e_{br,f_1 f_2}^{1_c s_c} \end{cases}$$

$$(6-111)$$

其中,$\Delta \nabla \bar{\delta}_{br,f_1 f_2}^{G} = \Delta \nabla \delta_{br,f_1 f_2}^{G} + \left(\Delta N_{br,f_2}^{1_c} - \dfrac{\lambda_{f_1^c}}{\lambda_{f_2^c}} \Delta N_{br,f_1}^{1_c} \right)$ 。

6.7.1.1 差分系统间偏差(DISB)事后估计模型

为了避免对流层、电离层等大气延迟误差对系统间偏差估计的影响,采用零基线或超短基线对 DISB 进行估计并分析其稳定性。

(1)分别根据单 GPS 以及单 BDS 双频码和相位双差观测方程,固定系统内整周双差模糊度 $\Delta \nabla N_{br,f_1}^{1_c s_c}$、$\Delta \nabla N_{br,f_2}^{1_c s_c}$、$\Delta \nabla N_{br,f_1}^{1_c s_c}$ 和 $\Delta \nabla N_{br,f_2}^{1_c s_c}$ 。利用已知基线分量进行约束,系统内整周双差模糊度的固定更加可靠。

(2)构建 GPS 和 BDS L1-B1、L2-B2 系统间双差码和相位观测方程,结合单 GPS L1 和 L2 系统内双差相位观测方程,利用(1)中固定的系统内双差模糊度,估计基线分量、码和相位 DISB。

通过式(6-111)得到的相位系统间偏差参数实质上同时吸收了两个系统参考星之间的双差模糊度以及基准系统参考星的站间单差模糊度。当参考星变化时,估计得出的相位系统间偏差也将发生变化。为了保证各历元中相位系统间偏差吸收相同的模糊度参数(主要是小数部分),高旺等[198,128]提出了设置一个虚拟单差模糊度的方式来消除其影响。

$$\begin{cases} \Delta \nabla P_{br,f_1 f_1}^{1_c s_c} = \Delta \nabla \rho_{br}^{1_c s_c} + \Delta \nabla \bar{d}_{br,f_1 f_1}^{GC} + \Delta \nabla \varepsilon_{br,f_1 f_1}^{1_c s_c} \\ \Delta \nabla P_{br,f_2 f_2}^{1_c s_c} = \Delta \nabla \rho_{br}^{1_c s_c} + \Delta \nabla \bar{d}_{br,f_2 f_2}^{GC} + \Delta \nabla \varepsilon_{br,f_2 f_2}^{1_c s_c} \\ \Delta \nabla \Phi_{br,f_1}^{1_c s_c} = \Delta \nabla \rho_{br}^{1_c s_c} + \lambda_{f_1^c} \Delta \nabla N_{br,f_1}^{1_c s_c} + \Delta \nabla e_{br,f_1}^{1_c s_c} \\ \Delta \nabla \Phi_{br,f_2}^{1_c s_c} = \Delta \nabla \rho_{br}^{1_c s_c} + \lambda_{f_2^c} \Delta \nabla N_{br,f_2}^{1_c s_c} + \Delta \nabla e_{br,f_2}^{1_c s_c} \\ \Delta \nabla \Phi_{br,f_1 f_1}^{1_c s_c} = \Delta \nabla \rho_{br}^{1_c s_c} + \lambda_{f_1^c} \Delta \nabla \hat{\delta}_{br,f_1 f_1}^{GC} + \lambda_{f_1^c} \Delta \nabla N_{br,f_1}^{1_c s_c} + \Delta \nabla e_{br,f_1 f_1}^{1_c s_c} \\ \Delta \nabla \Phi_{br,f_2 f_2}^{1_c s_c} = \Delta \nabla \rho_{br}^{1_c s_c} + \lambda_{f_2^c} \Delta \nabla \hat{\delta}_{br,f_2 f_2}^{GC} + \lambda_{f_2^c} \Delta \nabla N_{br,f_2}^{1_c s_c} + \Delta \nabla e_{br,f_2 f_2}^{1_c s_c} \end{cases}$$

$$(6-112)$$

对应的误差方程表示为

$$
\begin{bmatrix}
\boldsymbol{V}_{P,br,f_1^c f_1}^{1_G s_c} \\
\boldsymbol{V}_{P,br,f_2^c f_2}^{1_G s_c} \\
\boldsymbol{V}_{\Phi,br,f_1}^{1_G s_G} \\
\boldsymbol{V}_{\Phi,br,f_2}^{1_G s_G} \\
\boldsymbol{V}_{\Phi,br,f_1^c f_1}^{1_G s_c} \\
\boldsymbol{V}_{\Phi,br,f_2^c f_2}^{1_G s_c}
\end{bmatrix}
=
\begin{bmatrix}
\boldsymbol{A}_{br}^{1_G s_c} & \boldsymbol{I} & \boldsymbol{0} & \boldsymbol{0} & \boldsymbol{0} \\
\boldsymbol{A}_{br}^{1_G s_c} & \boldsymbol{0} & \boldsymbol{I} & \boldsymbol{0} & \boldsymbol{0} \\
\boldsymbol{A}_{br}^{1_G s_G} & \boldsymbol{0} & \boldsymbol{0} & \boldsymbol{0} & \boldsymbol{0} \\
\boldsymbol{A}_{br}^{1_G s_G} & \boldsymbol{0} & \boldsymbol{0} & \boldsymbol{0} & \boldsymbol{0} \\
\boldsymbol{A}_{br}^{1_G s_c} & \boldsymbol{0} & \boldsymbol{0} & \lambda_{f_1} \boldsymbol{I} & \boldsymbol{0} \\
\boldsymbol{A}_{br}^{1_G s_c} & \boldsymbol{0} & \boldsymbol{0} & \boldsymbol{0} & \lambda_{f_2} \boldsymbol{I}
\end{bmatrix}
\times
\begin{bmatrix}
\boldsymbol{X} \\
\Delta \nabla \overline{\boldsymbol{d}}_{br,f_1^c f_1}^{cc} \\
\Delta \nabla \overline{\boldsymbol{d}}_{br,f_2^c f_2}^{cc} \\
\Delta \nabla \hat{\boldsymbol{\delta}}_{br,f_1^c f_1}^{cc} \\
\Delta \nabla \hat{\boldsymbol{\delta}}_{br,f_2^c f_2}^{cc}
\end{bmatrix}
-
\begin{bmatrix}
\boldsymbol{L}_{P,br,f_1^c f_1}^{1_G s_c} \\
\boldsymbol{L}_{P,br,f_2^c f_2}^{1_G s_c} \\
\boldsymbol{L}_{\Phi,br,f_1}^{1_G s_G} - \lambda_{f_1} \Delta \nabla \boldsymbol{N}_{br,f_1}^{1_G s_G} \\
\boldsymbol{L}_{\Phi,br,f_2}^{1_G s_G} - \lambda_{f_2} \Delta \nabla \boldsymbol{N}_{br,f_2}^{1_G s_G} \\
\boldsymbol{L}_{\Phi,br,f_1^c f_1}^{1_G s_c} - \lambda_{f_1^c} \Delta \nabla \boldsymbol{N}_{br,f_1^c}^{1_G s_c} \\
\boldsymbol{L}_{\Phi,br,f_2^c f_2}^{1_G s_c} - \lambda_{f_2^c} \Delta \nabla \boldsymbol{N}_{br,f_2^c}^{1_G s_c}
\end{bmatrix}
$$

$$(6-113)$$

6.7.1.2 差分频率间偏差(DIFB)事后估计模型

以 GPS 为例,同样采用零基线或超短基线对 DIFB 进行估计并分析其稳定性。GPS 系统内整周双差模糊度 $\Delta \nabla N_{br,f_1}^{1_G s_G}$、$\Delta \nabla N_{br,f_2}^{1_G s_G}$,通过 GPS 双频码和相位双差观测方程解算并固定。

通过式(6-111)得到的相位频间偏差参数实质上同时吸收了参考星基准频率站间单差模糊度 $\Delta N_{br,f_1^c}^{1}$ 以及非基准频率的站间单差模糊度 $\Delta N_{br,f_2^c}^{1}$。当参考星变化时,估计得出的相位频间偏差也将发生变化。为了保证各历元估计得出的相位频间偏差吸收相同的单差模糊度项,同样地,可以采用设置一个虚拟单差模糊度的方式来消除其影响。

$$
\begin{cases}
\Delta \nabla P_{br,f_1^c f_1}^{1_G s_G} = \Delta \nabla \rho_{br}^{1_G s_G} + \Delta \overline{d}_{br,f_1^c f_2}^G + \Delta \nabla \varepsilon_{br,f_1^c f_2}^{1_G s_G} \\
\Delta \nabla \Phi_{br,f_1}^{1_G s_G} = \Delta \nabla \rho_{br}^{1_G s_G} + \lambda_{f_1^c} \Delta \nabla N_{br,f_1^c}^{1_G s_G} + \Delta \nabla e_{br,f_1}^{1_G s_G} \\
\Delta \nabla \Phi_{br,f_1^c f_2}^{1_G s_G} = \Delta \nabla \rho_{br}^{1_G s_G} + \lambda_{f_2^c} \Delta \nabla \overline{\delta}_{br,f_1^c f_2}^G + \lambda_{f_2^c} \Delta \nabla N_{br,f_2^c}^{1_G s_G} + \Delta \nabla e_{br,f_1^c f_2}^{1_G s_G}
\end{cases}
$$

$$(6-114)$$

对应的误差方程表示为

$$
\begin{bmatrix}
\boldsymbol{V}_{P,br,f_1^c f_2}^{1_G s_G} \\
\boldsymbol{V}_{\Phi,br,f_1}^{1_G s_G} \\
\boldsymbol{V}_{\Phi,br,f_1^c f_2}^{1_G s_G}
\end{bmatrix}
=
\begin{bmatrix}
\boldsymbol{A}_{br}^{1_G s_G} & \boldsymbol{I} & \boldsymbol{0} \\
\boldsymbol{A}_{br}^{1_G s_G} & \boldsymbol{0} & \boldsymbol{0} \\
\boldsymbol{A}_{br}^{1_G s_G} & \boldsymbol{0} & \lambda_{f_2^c} \boldsymbol{I}
\end{bmatrix}
\times
\begin{bmatrix}
\boldsymbol{X} \\
\Delta \overline{\boldsymbol{d}}_{br,f_1^c f_2}^G \\
\Delta \nabla \overline{\boldsymbol{\delta}}_{br,f_1^c f_2}^G
\end{bmatrix}
-
\begin{bmatrix}
\boldsymbol{L}_{P,br,f_1^c f_2}^{1_G s_G} \\
\boldsymbol{L}_{\Phi,br,f_1}^{1_G s_G} - \lambda_{f_1} \Delta \nabla \boldsymbol{N}_{br,f_1}^{1_G s_G} \\
\boldsymbol{L}_{\Phi,br,f_1^c f_2}^{1_G s_G} - \lambda_{f_2} \Delta \nabla \boldsymbol{N}_{br,f_2}^{1_G s_G}
\end{bmatrix}
$$

$$(6-115)$$

6.7.1.3 DISB 实时估计模型

在短基线的情况下,忽略电离层等大气延迟误差的影响,顾及 DISB 的时域稳定性,在连续观测的时段内采用常数模型对其进行多历元实时估计。DISB 实时估计模型可以表示为

$$\begin{cases} \Delta \nabla P_{br,f_1 f_1}^{1_G s_C} = \Delta \nabla \rho_{br}^{1_G s_C} + \Delta \nabla \overline{d}_{br,f_1 f_1}^{CC} + \Delta \nabla \varepsilon_{br,f_1 f_1}^{1_G s_C} \\ \Delta \nabla P_{br,f_2 f_2}^{1_G s_C} = \Delta \nabla \rho_{br}^{1_G s_C} + \Delta \nabla \overline{d}_{br,f_2 f_2}^{CC} + \Delta \nabla \varepsilon_{br,f_2 f_2}^{1_G s_C} \\ \Delta \nabla \Phi_{br,f_1}^{1_G s_G} = \Delta \nabla \rho_{br}^{1_G s_G} + \lambda_{f_1} \Delta \nabla N_{br,f_1}^{1_G s_G} + \Delta \nabla e_{br,f_1}^{1_G s_G} \\ \Delta \nabla \Phi_{br,f_2}^{1_G s_G} = \Delta \nabla \rho_{br}^{1_G s_G} + \lambda_{f_2} \Delta \nabla N_{br,f_2}^{1_G s_G} + \Delta \nabla e_{br,f_2}^{1_G s_G} \\ \Delta \nabla \Phi_{br,f_1 f_1}^{1_G s_C} = \Delta \nabla \rho_{br}^{1_G s_C} + \lambda_{f_1} \Delta \nabla \hat{\delta}_{br,f_1 f_1}^{CC} + \lambda_{f_1} \Delta \nabla N_{br,f_1}^{1_C s_C} + \Delta \nabla e_{br,f_1 f_1}^{1_G s_C} \\ \Delta \nabla \Phi_{br,f_2 f_2}^{1_G s_C} = \Delta \nabla \rho_{br}^{1_G s_C} + \lambda_{f_2} \Delta \nabla \hat{\delta}_{br,f_2 f_2}^{CC} + \lambda_{f_2} \Delta \nabla N_{br,f_2}^{1_C s_C} + \Delta \nabla e_{br,f_2 f_2}^{1_G s_C} \end{cases}$$

$$(6-116)$$

对应的误差方程可以表示为

$$\begin{bmatrix} \boldsymbol{V}_{P,br,f_1 f_1}^{1_G s_C} \\ \boldsymbol{V}_{P,br,f_2 f_2}^{1_G s_C} \\ \boldsymbol{V}_{\Phi,br,f_1}^{1_G s_G} \\ \boldsymbol{V}_{\Phi,br,f_2}^{1_G s_G} \\ \boldsymbol{V}_{\Phi,br,f_1 f_1}^{1_G s_C} \\ \boldsymbol{V}_{\Phi,br,f_2 f_2}^{1_G s_C} \end{bmatrix} = \begin{bmatrix} \boldsymbol{A}_{br}^{1_G s_C} & \boldsymbol{I} & 0 & 0 & 0 & 0 & 0 & 0 & 0 \\ \boldsymbol{A}_{br}^{1_G s_C} & 0 & \boldsymbol{I} & 0 & 0 & 0 & 0 & 0 & 0 \\ \boldsymbol{A}_{br}^{1_G s_G} & 0 & 0 & 0 & 0 & -\lambda_{f_1}\boldsymbol{I} & 0 & 0 & 0 \\ \boldsymbol{A}_{br}^{1_G s_G} & 0 & 0 & 0 & 0 & -\lambda_{f_2}\boldsymbol{I} & \lambda_{f_2}\boldsymbol{I} & 0 & 0 \\ \boldsymbol{A}_{br}^{1_G s_C} & 0 & 0 & \lambda_{f_1}\boldsymbol{I} & 0 & 0 & 0 & -\lambda_{f_1}\boldsymbol{I} & 0 \\ \boldsymbol{A}_{br}^{1_G s_C} & 0 & 0 & 0 & \lambda_{f_2}\boldsymbol{I} & 0 & 0 & \lambda_{f_2}\boldsymbol{I} & \lambda_{f_2}\boldsymbol{I} \end{bmatrix}$$

$$\times \begin{bmatrix} \boldsymbol{X} \\ \Delta \nabla \overline{\boldsymbol{d}}_{br,f_1 f_1}^{CC} \\ \Delta \nabla \overline{\boldsymbol{d}}_{br,f_2 f_2}^{CC} \\ \lambda_{f_1} \Delta \nabla \hat{\boldsymbol{\delta}}_{br,f_1 f_1}^{CC} \\ \lambda_{f_2} \Delta \nabla \hat{\boldsymbol{\delta}}_{br,f_2 f_2}^{CC} \\ \Delta \nabla \boldsymbol{N}_{br,f_1}^{1_G s_G} \\ \Delta \nabla \boldsymbol{N}_{br,f_1}^{1_G s_G} - \Delta \nabla \boldsymbol{N}_{br,f_2}^{1_G s_G} \\ \Delta \nabla \boldsymbol{N}_{br,f_1}^{1_C s_C} \\ \Delta \nabla \boldsymbol{N}_{br,f_1}^{1_C s_C} - \Delta \nabla \boldsymbol{N}_{br,f_2}^{1_C s_C} \end{bmatrix} - \begin{bmatrix} \boldsymbol{L}_{P,br,f_1 f_1}^{1_G s_C} \\ \boldsymbol{L}_{P,br,f_2 f_2}^{1_G s_C} \\ \boldsymbol{L}_{\Phi,br,f_1}^{1_G s_G} \\ \boldsymbol{L}_{\Phi,br,f_2}^{1_G s_G} \\ \boldsymbol{L}_{\Phi,br,f_1 f_1}^{1_G s_C} \\ \boldsymbol{L}_{\Phi,br,f_2 f_2}^{1_G s_C} \end{bmatrix}$$

$$(6-117)$$

由于差分系统间偏差参数与模糊度参数线性相关,在对上述方程进行最小二乘解算时,法方程秩亏,因此在起始历元需要对伪距和相位系统间偏差参数进行约束,构造一个虚拟观测方程,以此来消除秩亏。快速而精确地分离 DISB,关系到模糊度固定进而影响差分系统间模型的定位性能。

6.7.1.4 DIFB 实时估计模型

在短基线的情况下,忽略电离层等大气延迟误差的影响,顾及 DIFB 的时域稳

定性,在连续观测时段内采用常数模型对其进行多历元实时估计。DIFB 实时估计模型可以表示为

$$
\begin{cases}
\Delta \nabla P_{br,f_1^G}^{1_G s_G} = \Delta \nabla \rho_{br}^{1_G s_G} + \Delta \nabla \varepsilon_{br,f_1^G}^{1_G s_G} \\
\Delta \nabla P_{br,f_1^G f_2^G}^{1_G s_G} = \Delta \nabla \rho_{br}^{1_G s_G} + \Delta \overline{d}_{br,f_1^G f_2^G}^{G} + \Delta \nabla \varepsilon_{br,f_1^G f_2^G}^{1_G s_G} \\
\Delta \nabla \Phi_{br,f_1^G}^{1_G s_G} = \Delta \nabla \rho_{br}^{1_G s_G} + \lambda_{f_1^G} \Delta \nabla N_{br,f_1^G}^{1_G s_G} + \Delta \nabla e_{br,f_1^G}^{1_G s_G} \\
\Delta \nabla \Phi_{br,f_1^G f_2^G}^{1_G s_G} = \Delta \nabla \rho_{br}^{1_G s_G} + \lambda_{f_2^G} \Delta \nabla \overline{\delta}_{br,f_1^G f_2^G}^{G} + \lambda_{f_2^G} \Delta \nabla N_{br,f_2^G}^{1_G s_G} + \Delta \nabla e_{br,f_1^G f_2^G}^{1_G s_G}
\end{cases}
$$

$$(6-118)$$

对应的误差方程表示为

$$
\begin{bmatrix}
V_{P,br,f_1^G}^{1_G s_G} \\
V_{P,br,f_1^G f_2^G}^{1_G s_G} \\
V_{\Phi,br,f_1^G}^{1_G s_G} \\
V_{\Phi,br,f_1^G f_2^G}^{1_G s_G}
\end{bmatrix}
=
\begin{bmatrix}
A_{br}^{1_G s_G} & 0 & 0 & 0 & 0 \\
A_{br}^{1_G s_G} & I & 0 & 0 & 0 \\
A_{br}^{1_G s_G} & 0 & 0 & \lambda_{f_1^G} I & 0 \\
A_{br}^{1_G s_G} & 0 & \lambda_{f_2^G} I & \lambda_{f_2^G} I & -\lambda_{f_2^G} I
\end{bmatrix}
\times
\begin{bmatrix}
X \\
\Delta \overline{d}_{br,f_1^G f_2^G}^{G} \\
\Delta \nabla \boldsymbol{\delta}_{br,f_1^G f_2^G}^{G} \\
\Delta \nabla N_{br,f_1^G}^{1_G s_G} \\
\Delta \nabla N_{br,f_1^G}^{1_G s_G} - \Delta \nabla N_{br,f_2^G}^{1_G s_G}
\end{bmatrix}
-
\begin{bmatrix}
L_{P,br,f_1^G}^{1_G s_G} \\
L_{P,br,f_1^G f_2^G}^{1_G s_G} \\
L_{\Phi,br,f_1^G}^{1_G s_G} \\
L_{\Phi,br,f_1^G f_2^G}^{1_G s_G}
\end{bmatrix}
$$

$$(6-119)$$

由于差分频间偏差参数与模糊度参数线性相关,在对上述方程进行最小二乘解算时,法方程会出现秩亏,因此在起始历元需要对伪距和相位频间偏差参数进行约束,构造一个虚拟观测方程,来消除秩亏。

6.7.1.5　改正 DISB 的系统间差分模型

对于 GPS 与 BDS 系统间差分模型来说,将估计出来的伪距和相位 DISB 作为先验信息,对系统间差分观测值进行改正。改正 DISB 的系统间差分模型表示为

$$
\begin{cases}
\Delta \nabla P_{br,f_1^G f_1^C}^{1_G s_C} - \Delta \nabla \overline{d}_{br,f_1^G f_1^C}^{GC} = \Delta \nabla \rho_{br}^{1_G s_C} + \Delta \nabla \varepsilon_{br,f_1^G f_1^C}^{1_G s_C} \\
\Delta \nabla P_{br,f_2^G f_2^C}^{1_G s_C} - \Delta \nabla \overline{d}_{br,f_2^G f_2^C}^{GC} = \Delta \nabla \rho_{br}^{1_G s_C} + \Delta \nabla \varepsilon_{br,f_2^G f_2^C}^{1_G s_C} \\
\Delta \nabla \Phi_{br,f_1^G}^{1_G s_G} = \Delta \nabla \rho_{br}^{1_G s_G} + \lambda_{f_1^G} \Delta \nabla N_{br,f_1^G}^{1_G s_G} + \Delta \nabla e_{br,f_1^G}^{1_G s_G} \\
\Delta \nabla \Phi_{br,f_2^G}^{1_G s_G} = \Delta \nabla \rho_{br}^{1_G s_G} + \lambda_{f_2^G} \Delta \nabla N_{br,f_2^G}^{1_G s_G} + \Delta \nabla e_{br,f_2^G}^{1_G s_G} \\
\Delta \nabla \Phi_{br,f_1^G f_1^C}^{1_G s_C} - \lambda_{f_1^C} \Delta \nabla \hat{\delta}_{br,f_1^G f_1^C}^{GC} = \Delta \nabla \rho_{br}^{1_G s_C} + \lambda_{f_1^C} \Delta \nabla N_{br,f_1^C}^{1_G s_C} + \Delta \nabla e_{br,f_1^G f_1^C}^{1_G s_C} \\
\Delta \nabla \Phi_{br,f_2^G f_2^C}^{1_G s_C} - \lambda_{f_2^C} \Delta \nabla \hat{\delta}_{br,f_2^G f_2^C}^{GC} = \Delta \nabla \rho_{br}^{1_G s_C} + \lambda_{f_2^C} \Delta \nabla N_{br,f_2^C}^{1_G s_C} + \Delta \nabla e_{br,f_2^G f_2^C}^{1_G s_C}
\end{cases}
$$

$$(6-120)$$

对应的误差方程可以表示为

$$
\begin{bmatrix}
\boldsymbol{V}_{P,br,f_1^c f_1^c}^{1_G s_c} \\
\boldsymbol{V}_{P,br,f_2^c f_2^c}^{1_G s_c} \\
\boldsymbol{V}_{\Phi,br,f_1^c}^{1_G s_G} \\
\boldsymbol{V}_{\Phi,br,f_2^c}^{1_G s_G} \\
\boldsymbol{V}_{\Phi,br,f_1^c f_1^c}^{1_G s_c} \\
\boldsymbol{V}_{\Phi,br,f_2^c f_2^c}^{1_G s_c}
\end{bmatrix}
=
\begin{bmatrix}
\boldsymbol{A}_{br}^{1_G s_c} & \boldsymbol{0} & \boldsymbol{0} & \boldsymbol{0} & \boldsymbol{0} \\
\boldsymbol{A}_{br}^{1_G s_c} & \boldsymbol{0} & \boldsymbol{0} & \boldsymbol{0} & \boldsymbol{0} \\
\boldsymbol{A}_{br}^{1_G s_G} & -\lambda_{f_1}\boldsymbol{I} & \boldsymbol{0} & \boldsymbol{0} & \boldsymbol{0} \\
\boldsymbol{A}_{br}^{1_G s_G} & -\lambda_{f_2}\boldsymbol{I} & \lambda_{f_2}\boldsymbol{I} & \boldsymbol{0} & \boldsymbol{0} \\
\boldsymbol{A}_{br}^{1_G s_c} & \boldsymbol{0} & \boldsymbol{0} & -\lambda_{f_1}\boldsymbol{I} & \boldsymbol{0} \\
\boldsymbol{A}_{br}^{1_G s_c} & \boldsymbol{0} & \boldsymbol{0} & \lambda_{f_2}\boldsymbol{I} & \lambda_{f_2}\boldsymbol{I}
\end{bmatrix}
$$

$$
\times
\begin{bmatrix}
\boldsymbol{X} \\
\Delta\nabla\boldsymbol{N}_{br,f_1}^{1_G s_G} \\
\Delta\nabla\boldsymbol{N}_{br,f_1}^{1_G s_G} - \Delta\nabla\boldsymbol{N}_{br,f_2}^{1_G s_G} \\
\Delta\nabla\boldsymbol{N}_{br,f_1}^{1_G s_c} \\
\Delta\nabla\boldsymbol{N}_{br,f_1}^{1_G s_c} - \Delta\nabla\boldsymbol{N}_{br,f_2}^{1_G s_c}
\end{bmatrix}
-
\begin{bmatrix}
\boldsymbol{L}_{P,br,f_1^c f_1^c}^{1_G s_c} - \Delta\nabla\bar{\boldsymbol{d}}_{br,f_1^c f_1^c}^{GC} \\
\boldsymbol{L}_{P,br,f_2^c f_2^c}^{1_G s_c} - \Delta\nabla\bar{\boldsymbol{d}}_{br,f_2^c f_2^c}^{GC} \\
\boldsymbol{L}_{\Phi,br,f_1^c}^{1_G s_G} \\
\boldsymbol{L}_{\Phi,br,f_2^c}^{1_G s_G} \\
\boldsymbol{L}_{\Phi,br,f_1^c f_1^c}^{1_G s_c} - \lambda_{f_1}\Delta\nabla\hat{\boldsymbol{\delta}}_{br,f_1^c f_1^c}^{GC} \\
\boldsymbol{L}_{\Phi,br,f_2^c f_2^c}^{1_G s_c} - \lambda_{f_2}\Delta\nabla\hat{\boldsymbol{\delta}}_{br,f_2^c f_2^c}^{GC}
\end{bmatrix}
$$

$$(6-121)$$

6.7.1.6 改正 DIFB 的频率间差分模型

以 GPS 为例,将估计出来的伪距和相位 DIFB 作为先验信息,对频率间差分观测值进行改正。改正 DIFB 的频率间差分模型可以表示为

$$
\begin{cases}
\Delta\nabla P_{br,f_1^G}^{1_G s_G} = \Delta\nabla\rho_{br}^{1_G s_G} + \Delta\nabla\varepsilon_{br,f_1^G}^{1_G s_G} \\
\Delta\nabla P_{br,f_1^G f_2^G}^{1_G s_G} - \Delta\bar{d}_{br,f_1^G f_2^G}^{G} = \Delta\nabla\rho_{br}^{1_G s_G} + \Delta\nabla\varepsilon_{br,f_1^G f_2^G}^{1_G s_G} \\
\Delta\nabla\Phi_{br,f_1^G}^{1_G s_G} = \Delta\nabla\rho_{br}^{1_G s_G} + \lambda_{f_1^G}\Delta\nabla N_{br,f_1^G}^{1_G s_G} + \Delta\nabla e_{br,f_1^G}^{1_G s_G} \\
\Delta\nabla\Phi_{br,f_1^G f_2^G}^{1_G s_G} - \lambda_{f_2^G}\Delta\nabla\bar{\delta}_{br,f_1^G f_2^G}^{G} = \Delta\nabla\rho_{br}^{1_G s_G} + \lambda_{f_2^G}\Delta\nabla N_{br,f_2^G}^{1_G s_G} + \Delta\nabla e_{br,f_1^G f_2^G}^{1_G s_G}
\end{cases}
$$

$$(6-122)$$

对应的误差方程表示为

$$
\begin{bmatrix}
\boldsymbol{V}_{P,br,f_1^G}^{1_G s_G} \\
\boldsymbol{V}_{P,br,f_1^G f_2^G}^{1_G s_G} \\
\boldsymbol{V}_{\Phi,br,f_1^G}^{1_G s_G} \\
\boldsymbol{V}_{\Phi,br,f_1^G f_2^G}^{1_G s_G}
\end{bmatrix}
=
\begin{bmatrix}
\boldsymbol{A}_{br}^{1_G s_G} & \boldsymbol{0} & \boldsymbol{0} \\
\boldsymbol{A}_{br}^{1_G s_G} & \boldsymbol{0} & \boldsymbol{0} \\
\boldsymbol{A}_{br}^{1_G s_G} & -\lambda_{f_1^G}\boldsymbol{I} & \boldsymbol{0} \\
\boldsymbol{A}_{br}^{1_G s_G} & -\lambda_{f_1^G}\boldsymbol{I} & \lambda_{f_2^G}\boldsymbol{I}
\end{bmatrix}
\times
\begin{bmatrix}
\boldsymbol{X} \\
\Delta\nabla\boldsymbol{N}_{br,f_1^G}^{1_G s_G} \\
\Delta\nabla\boldsymbol{N}_{br,f_1^G}^{1_G s_G} - \Delta\nabla\boldsymbol{N}_{br,f_2^G}^{1_G s_G}
\end{bmatrix}
$$

$$-\begin{bmatrix} \boldsymbol{L}^{1_G s^G}_{P,br,f_1^G} \\ \boldsymbol{L}^{1_G s^G}_{P,br,f_1^G f_2^G} - \Delta \bar{\boldsymbol{d}}^G_{br,f_1^G f_2^G} \\ \boldsymbol{L}^{1_G s^G}_{\Phi,br,f_1^G} \\ \boldsymbol{L}^{1_G s^G}_{\Phi,br,f_1^G f_2^G} - \lambda^G_{f_2} \Delta \nabla \bar{\boldsymbol{\delta}}^G_{br,f_1^G f_2^G} \end{bmatrix} \qquad (6-123)$$

6.7.2　验证与分析

为了分析 GPS/BDS L1-B1/L2-B2 之间 DISB 以及 L1-L2/B1-B2 之间 DIFB 的特性,采用澳大利亚 Curtin 大学校园内的若干零基线和超短基线进行实验。各基线信息如表 6-16 所示,其中前三组基线为相同类型接收机,后两组基线为不同类型接收机,接收机天线类型均为 TRM 59800.00 SCIS。数据采样率为 30 s,数据日期为 2018 年 DOY 168—172以及 174—175。

表 6-16　基线的相关信息

编号	基线	接收机 1	接收机 2	基线长度/m	备注
1	CUT0-CUTB	Trimble NETR9	Trimble NETR9	4.3	
2	CUAI-CUT1	Septentrio POLARX4	Septentrio POLARX4	8.4	相同型号接收机
3	CUAA-CUT3	Javad TRE_G3T DELTA	Javad TRE_G3T DELTA	8.4	
4	CUT0-CUT1	Trimble NETR9	Septentrio POLARX4	0	不同型号接收机
5	CUT1-CUTB	Septentrio POLARX4	Trimble NETR9	4.3	

6.7.2.1　DISB 稳定性分析

为了便于分析 GPS/BDS L1-B1/L2-B2 之间 DISB 的稳定性,利用 2018 年 DOY 168—172 连续 5 天的观测数据,仅分析各历元 DISB 的小数部分。采用单历元估计模式,各历元独立解算 DISB 参数,历元之间通过传递虚拟的 GPS 参考星整周单差模糊度来确保相位 DISB 参数吸收相同的模糊度。

图 6-30 至图 6-32 分别给出了 3 组相同接收机类型之间的伪距和相位 DISB 时间序列及其分布,从中可以看出,忽略随机测量噪声的影响,估计得到的伪距和相位 DISB 序列总体上都非常稳定,符合正态分布,其中伪距 DISB 序列相对平均值的振幅基本在 ±1 m 以内,STD 均小于 0.45 m;而相位 DISB 序列相对平均值的振幅基本都在 ±0.05 周以内,STD 均小于 0.01 周。因此,可以认为对于相同类型的接收机,L1-B1 和 L2-B2 的 DISB 在连续几天范围内是稳定的。

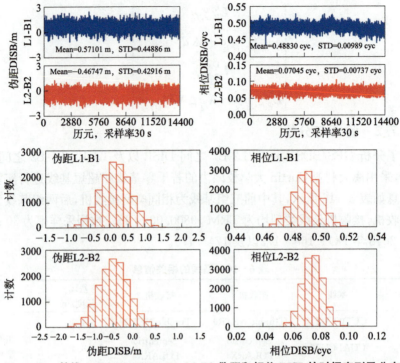

图 6-30 基线 CUT0-CUTB L1-B1、L2-B2 伪距和相位 DISB 的时间序列及分布

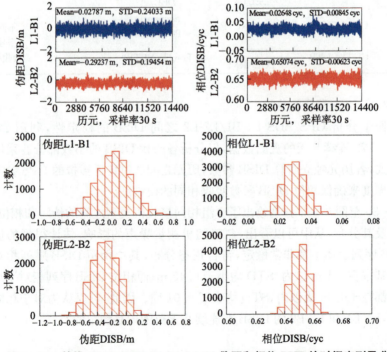

图 6-31 基线 CUAI-CUT1 L1-B1、L2-B2 伪距和相位 DISB 的时间序列及分布

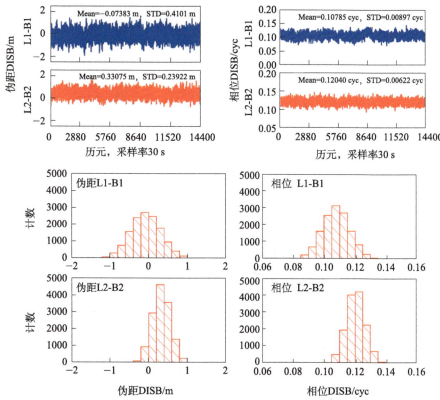

图 6-32　基线 CUAA-CUT3 L1-B1、L2-B2 伪距和相位 DISB 的时间序列及分布

　　图 6-33 和图 6-34 分别给出了两组不同接收机类型之间的伪距和相位 DISB 时间序列及其分布,从中可以看出,当基线两端接收机类型不同时,伪距 DISB 序列仍然较为稳定;而对于相位 DISB,可以观测到低频变化项,高旺等[198]也得出过相同的结果,认为这些变化项是由于频率差异导致的。对于不同接收机的类型,不同频率之间的相位 DISB 可能存在随时间的缓慢变化项,但是这些变化非常缓慢,而且幅度也很小。因此可以得出结论,不管是相同接收机类型还是不同接收机类型,都可以认为伪距和相位 DISB 在时域上是总体稳定的[128,198]。利用 DISB 在时域的稳定性,可以进行短期预报,提高定位解算的性能。

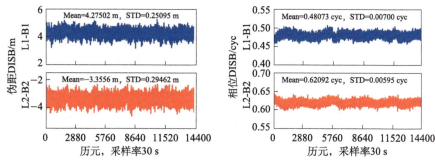

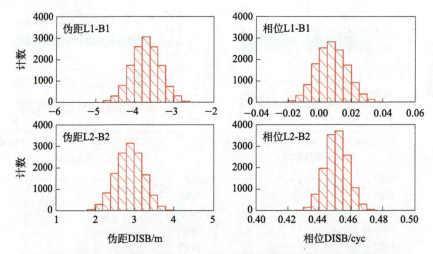

图 6-33　基线 CUT0-CUT1 L1-B1、L2-B2 伪距和相位 DISB 的时间序列及分布

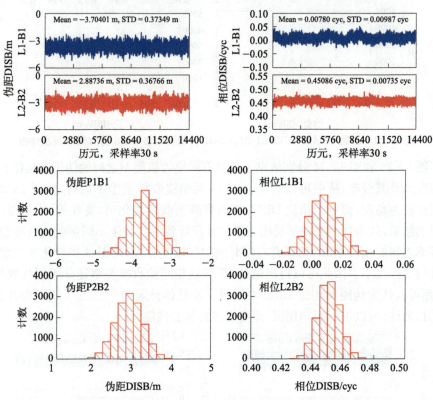

图 6-34　基线 CUT1-CUTB L1-B1、L2-B2 伪距和相位 DISB 的时间序列及分布

6.7.2.2　DIFB 稳定性分析

同样地,为了便于分析 GPS L1-L2 和 BDS B1-B2 的 DIFB 的稳定性,利用 2018

年 DOY 168—172 连续五天的观测数据,仅分析各历元 DIFB 的小数部分。采用单历元估计模式,各历元独立解算 DIFB 参数,历元之间通过传递虚拟的参考星基准频率以及非基准频率的整周单差模糊度来确保相位 DIFB 参数吸收相同的模糊度。

图 6-35 至图 6-39 分别给出了 5 组基线估计的 GPS L1-L2、BDS B1-B2 伪距和相位 DIFB 的时间序列及其分布,从中可以看出,其中伪距 DIFB 序列相对平均值的振幅基本在±2 m 以内,STD 均小于 0.5 m;而相位 DISB 序列相对平均值的振幅基本都在±0.1 周以内,STD 均小于 0.015 周。GPS L1-L2 与 BDS B1-B2 伪距和相位 DIFB 的稳定性相当。但是,对于相位 DIFB,除观测到测量噪声所导致的随机项外,CUAI-CUT1、CUT0-CUT1 和 CUT1-CUTB 这三条基线估计的 DIFB 呈现出非常明显的低频变化项而且不呈现明显的正态分布。即使对于零基线 CUT0-CUT1,在排除多路径误差影响的情况下,这种低频变化项仍然明显存在。值得注意的是,在这三条基线中,GPS L1-L2 和 BDS B1-B2 的相位 DIFB 所呈现出的低频变化项的趋势基本保持一致。结合基线所对应的接收机类型,发现相位 DIFB 存在这种低频变化项的这三条基线都涉及 Septentrio 接收机,可能是由于这种接收机内部设计所导致的。考虑到观测噪声本身的量级,可以认为,伪距和相位 DIFB 在时域上总体是稳定的。

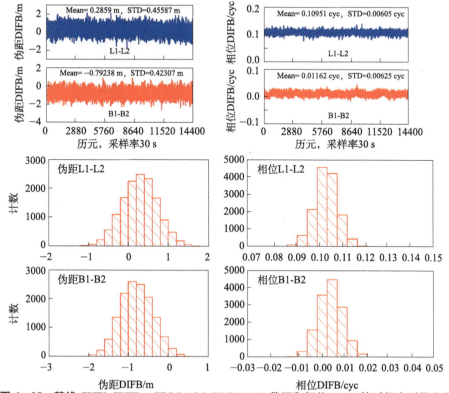

图 6-35　基线 CUT0-CUTB　GPS L1-L2、BDS B1-B2 伪距和相位 DIFB 的时间序列及分布

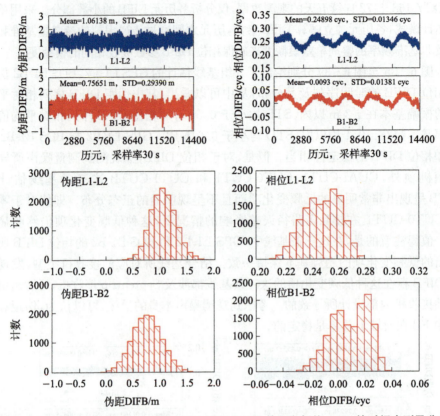

图 6-36　基线 CUAI-CUT1　GPS L1-L2、BDS B1-B2 伪距和相位 DIFB 的时间序列及分布

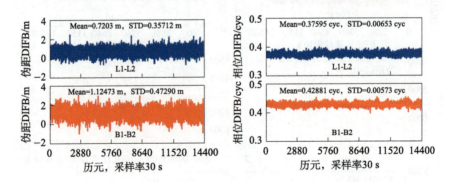

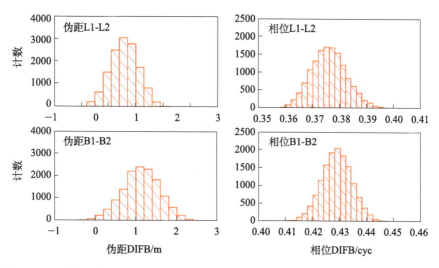

图 6 - 37　基线 CUAA-CUT3　GPS L1-L2、BDS B1-B2 伪距和相位 DIFB 的时间序列及分布

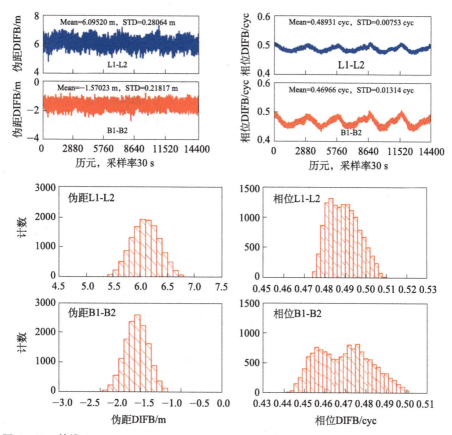

图 6 - 38　基线 CUT0-CUT1　GPS L1-L2、BDS B1-B2 伪距和相位 DIFB 的时间序列及分布

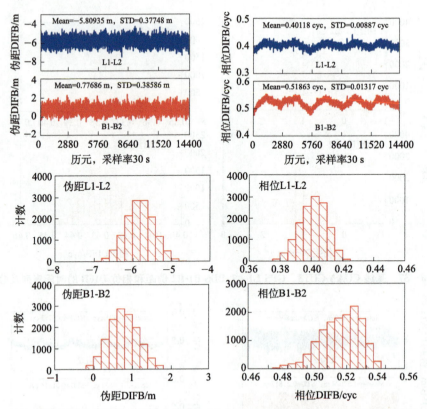

图 6 - 39　基线 CUT1-CUTB　GPS L1-L2、BDS B1-B2 伪距和相位 DIFB 的时间序列及分布

6.7.2.3　GPS 与 BDS 的 DISB 校正和实时估计模型分析

DISB 改正模型中采用 2018 年 DOY 168－172 连续五天计算的 DISB 作为先验信息进行改正,并将其定位结果与实时估计模型的定位结果相比较。以基线 CUT0-CUTB 和 CUAA-CUT3 2018 年 DOY 174－175 为例,从图 6 - 40 中可以看出,DISB 改正模型与实时估计模型的定位结果基本相当。表 6 - 17 中列出了相应的模糊度固定成功率和 STD 的平均统计量。如果 Ratio 值大于给定阈值(比如2),那么认为模糊度成功固定。对于 DISB 校正模型,CUAA-CUT3 在 E、N 和 U 方向上定位误差的 STD 分别为 1.37 mm、1.27 mm 和 3.39 mm。而对于 DISB 实时估算模型,E、N 和 U 方向上定位误差的 STD 分别为 1.35 mm、1.32 mm 和 3.25 mm。DISB 校正模型和 DISB 参数估计模型中模糊度固定成功率均达到 100%。图 6 - 41 给出了 DISB 实时估计模型中观测值残差,从图中可以看到,不管是 GPS 系统内差分的伪距和相位观测值残差,还是 GPS 与 BDS 系统间差分的伪距和相位观测值残差,都呈现出明显的正态分布。图 6 - 42 描述了 2018 年 DOY 175 CUAA-CUT3 传统差分模型与系统间差分模型在不同卫星数量条件下的定位结果,通过将定位结果与已知坐标进行比较来获得定位误差。根据这些图示可以看出,通过系统间差分获得的定位结果要优于通过经典差分获得的定位结果。这一结果表明:系统间差分可以加强定位模型,特别是在卫星数较少的条件下,可以避免模糊度固定的灾难性失败。表 6-18 给出了 2018 年 DOY 175 CUAA-CUT3 传统差分模型与系统间差分模型在不同卫星数条件下定位误差 RMS 的统计信息。根据 PRN 从小到大的顺序选择不同的卫星数量。从中可以看出,与经典差分相比,系统间差分的定位精度提高了约 30%。因此,在系统间差分模型中对 DISB 实时估计的处理策略是可行的,能够满足实时快速定位的需求。

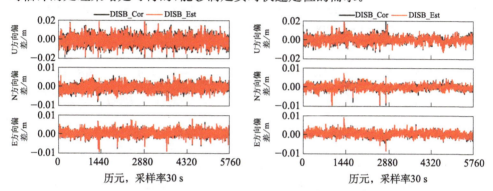

图 6-40　CUT0-CUTB(左图)、CUAA-CUT3(右图)中 DISB 校正模型(DISB_Cor)和实时估计模型(DISB_Est)的定位结果

表 6-17　不同 DISB 模型定位偏差的 STD 和模糊度固定经验成功率的统计信息

基线	CUT0-CUTB		CUAA-CUT3	
模型	DISB_Cor	DISB_Est	DISB_Cor	DISB_Est
E/mm	1.51	1.50	1.37	1.35
N/mm	1.63	1.68	1.27	1.32
U/mm	4.77	4.41	3.39	3.25
成功率	100%	100%	100%	100%

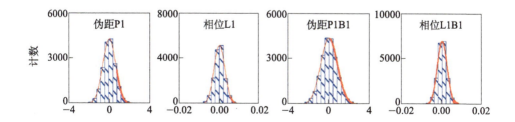

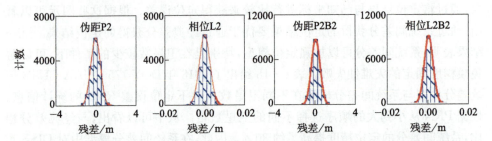

图 6-41　基线 CUAA-CUT3 GPS 与 BDS 系统间差分 DISB 实时估计模型中观测值残差(左边四个子图表示 GPS 系统内差分观测值残差,右边四个子图表示 GPS 与 BDS 系统间差分观测值残差)

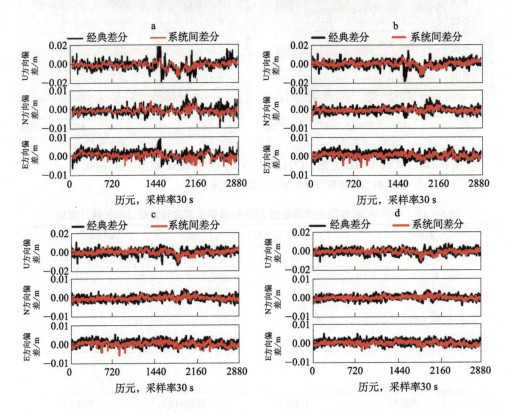

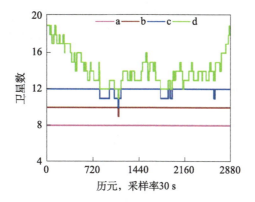

图 6-42 基线 CUAA-CUT3 中 GPS 和 BDS 经典差分与系统间差分模型在不同卫星数条件下的定位偏差(a,b,c,d 分别表示每个系统最多 4、5、6 颗星和所有卫星)

表 6-18 基线 CUAA-CUT3 中 GPS 和 BDS 经典差分与系统间差分模型在不同卫星数条件下的定位结果统计

| 每个系统最大卫星数 | 定位误差 RMS/mm | | | | | | 改善/% | | |
| | 经典差分 | | | 系统间差分 | | | | | |
	E	N	U	E	N	U	E	N	U
4	2.14	1.85	4.92	1.45	1.26	3.06	32.2	31.9	37.8
5	1.78	1.41	3.72	1.28	0.88	2.54	28.1	37.6	31.7
6	1.60	1.26	3.07	1.16	0.82	2.16	27.5	34.9	29.6
7	1.48	1.22	2.90	1.08	0.82	1.96	27.0	32.8	32.4
8	1.43	1.19	2.86	1.02	0.81	1.93	28.7	31.9	32.5
9	1.40	1.19	2.85	0.99	0.79	1.94	29.3	33.6	31.9
所有卫星	1.40	1.18	2.84	0.99	0.78	1.94	29.3	33.9	31.7

6.7.2.4 GPS、BDS 频率间差分中 DIFB 改正模型与实时估计模型分析

DIFB 改正模型中采用 2018 年 DOY 168—172 连续五天计算的 DIFB 作为先验信息进行改正,并将其定位结果与实时估计模型的定位结果相比较。同样地,以基线 CUT0-CUTB 和 CUAA-CUT3 2018 年 DOY 174—175 为例,从图 6-43 中可以看出,GPS L1-L2 DIFB 实时估计中存在短暂的收敛过程,原因在于起始历元对 DIFB 进行零值约束;除此之外,DIFB 改正模型与实时估计模型的定位结果基本相当。表 6-19 中列出了相应的模糊度固定经验成功率和 STD 的平均统计量。对于 DIFB 校正模型,CUAA-CUT3 在 E、N 和 U 方向上定位误差的 STD 分别为 0.89 mm、0.83 mm 和 1.83 mm。而对于 DIFB 实时估算模型,E、N 和 U 方向上定位误差的 STD 分别为 0.86 mm、0.77 mm 和 1.63 mm。DIFB 校正模型和 DIFB 参数估计模型中模糊度固定成功率均达到 100%。图 6-44 给出了 CUAA-CUT3 中 DIFB 实时估计模型中观测值残差,从图中可以看到,不管是同一频率的

伪距和相位观测值残差,还是不同频率间的伪距和相位观测值残差,都呈现出明显的正态分布。DIFB 实时估计模型中 P1 和 P1-L1 伪距观测残差的 STD 分别为 0.6347 m 和 0.5319 m,L1 和 L1-L2 的载波相位观测值残差分别为 2.70 mm 和 2.88 mm。图 6-45 描述了 2018 年 DOY 175 CUAA-CUT3 在不同数量的 GPS 卫星下,传统频率内差分和频率间差分模型的定位误差,可以看到频率间差分模型获得的定位结果优于经典差分模型获得的结果。这表明:频率间差分模型可以强化定位模型,尤其是在卫星数量较少的情况下,可以防止模糊度固定方案中的灾难性故障。表 6-20 给出了 2018 年 DOY 175 CUAA-CUT3 传统的频率内差分和频率间差分模型在不同卫星数量条件下定位误差的 RMS 统计信息。可以看出,与经典差分模型相比,频率间差分模型的定位精度提高了 30% 以上。因此,对于频率间差分模型中,DIFB 改正模型与实时估计模型都是可行的,对 DIFB 进行实时估计能够满足实时快速定位的要求。

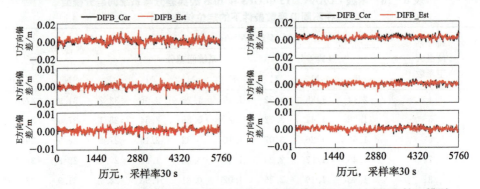

图 6-43 **CUT0-CUTB(左图)和 CUAA-CUT3(右图)中 GPS L1-L2 DIFB 校正模型 (DIFB_Cor)和实时估计模型(DIFB_Est)的定位结果**

表 6-19 **不同 DIFB 模型定位偏差的 STD 和模糊度固定经验成功率的统计信息**

基线	CUT0-CUTB		CUAA-CUT3	
模型	DIFB_Cor	DIFB_Est	DIFB_Cor	DIFB_Est－BY
E/mm	1.09	1.09	0.89	0.86
N/mm	1.07	1.06	0.83	0.77
U/mm	2.74	2.63	1.83	1.63
成功率	100%	100%	100%	100%

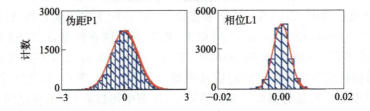

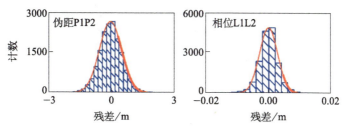

图 6 - 44　基线 CUAA-CUT3 GPS L1-L2 频率间差分中, DIFB 实时估计的观测值残差分布(左边两个子图表示伪距观测值残差, 右边两个子图表示相位观测值残差)

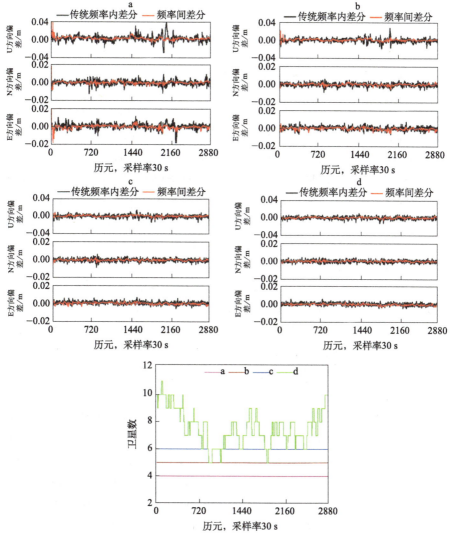

图 6 - 45　基线 CUAA-CUT3 中 GPS 传统频率内差分与频率间差分模型在不同卫星数条件下的定位偏差(a,b,c,d 分别表示每个系统最多 4、5、6 颗星和所有卫星)

表 6-20 基线 CUAA-CUT3 中 GPS 传统的频率内差分和频率间差分模型在不同卫星数条件下的定位结果统计

最大卫星数	定位误差 RMS/mm						改善/%		
	经典差分			频率间差分					
	E	N	U	E	N	U	E	N	U
4	3.21	2.43	7.02	1.89	1.31	3.58	41.1	46.1	49.0
5	1.91	1.83	4.63	1.22	1.06	2.81	36.1	42.1	39.3
6	1.62	1.69	3.51	0.99	0.95	2.31	38.9	43.8	34.2
7	1.46	1.53	3.3	0.9	0.91	2.28	38.4	40.5	30.9
8	1.46	1.47	3.21	0.85	0.85	2.16	41.8	42.2	32.7
9	1.45	1.43	3.15	0.85	0.75	1.99	41.4	47.6	36.8
所有卫星	1.44	1.43	3.11	0.83	0.74	1.96	42.3	48.3	36.9

本章节主要分析了 GPS 与 BDS 系统间差分模型中伪距和相位 DISB 的稳定性,在此基础上研究了 DISB 改正模型和实时估计模型,并首次将该方法应用在 GPS 和 BDS 频率间差分模型中,通过实测数据验证,可以得出以下结论。

(1)GPS 与 BDS 系统间差分模型中,不同频率(L1-B1、L2-B2)上伪距和相位 DISB 不同,但是在一个连续的观测时间段,伪距和相位 DISB 均保持稳定。伪距 DISB 序列相对平均值的振幅基本在 ±1 m 以内,STD 均小于 0.45 m;而相位 DISB 序列相对平均值的振幅基本都在 ±0.05 周以内,STD 均小于 0.01 周。当基线两端的接收机类型相同时,伪距 DISB 数值较小;当基线两端的接收机类型不同时,伪距 DISB 则较为显著,可达数米。DISB 改正模型和实时估计模型可以达到基本一致的定位结果,与经典系统内差分的精度相比,定位精度可以提高大约 30%。

(2)GPS 和 BDS 频率间差分模型中,GPS L1-L2 和 BDS B1-B2 伪距和相位 DIFB 不同,但是在一个连续的观测时间段,伪距和相位 DIFB 基本保持稳定,而且 GPS L1-L2 与 BDS B1-B2 伪距和相位 DIFB 的稳定性相当。伪距 DIFB 序列相对平均值的振幅基本在 ±2 m 以内,STD 均小于 0.5 m;而相位 DISB 序列相对平均值的振幅基本都在 ±0.1 周以内,STD 均小于 0.015 周。GPS L1-L2 与 BDS B1-B2 伪距和相位 DIFB 的稳定性相当。但是,当基线中涉及 Septentrio 接收机时,GPS 和 BDS 的相位 DIFB 呈现非常明显的低频变化项,这其中的原因还有待进一步验证。2018 年 DOY 175 CUAA-CUT3 在 GPS L1-L2 DIFB 校正模型中,E、N 和 U 方向上定位误差的 STD 分别为 0.91mm、0.84 mm 和 1.82 mm;而对于 DIFB 实时估计模型,E、N 和 U 方向上定位误差的 STD 分别为 0.83mm、0.74 mm 和 1.57 mm。DIFB 改正模型和实时估计模型均可以达到一致的定位结果,与经典频率内差分的精度相比,定位精度可以提高大约 30%。

因此,在系统间差分和频率间差分 RTK 模型中,DISB 和 DIFB 的实时估计或先验信息校正是可行的,可以满足实时、快速定位的要求。需要指出的是,本节仅利用了 BDS-2 的双频数据,下一步可以针对 BDS 三频数据以及 BDS-3 观测数据做进一步的验证与分析。

6.8　RTK 定位技术典型应用

6.8.1　工程测量

工程测量是早期 RTK 定位技术主要应用场景之一,Trimble、Leica、司南、南方测绘等企业研发的 RTK 定位系统均以高精度工程测量应用为核心模块,主要包括测量放样、控制测量、地形测图和地下管线探测等。

1.测量放样

测量放样是将图上设计的建筑物的平面位置、形状和高程标定在施工现场的地面上。放样的精度与建筑材料、施工方法及建筑物高度有关。当今社会,建筑物多以水泥为主要建筑材料,混凝土柱、梁、墙的总施工误差允许为 1~3 cm,RTK 定位平面精度为 1~2 cm,能够满足一般施工放样的精度要求,因此常用于平面点位测量放样。此外,RTK 定位技术与传统测量放样的方式相比,不需要通视,作业方式简单,精度较高且分布均匀,在工程测量中应用广泛。

2.控制测量

控制测量是在工程建设区域内,以必要的精度测定一系列控制点的水平位置和高程,建立起工程控制网,作为地形测量和工程测量的依据,其他点位则以控制网为基站进行推算,因此对控制点的精度要求较高。传统的控制测量以光电测距、测角的方式,构建控制网,需要耗费大量的人力、物力,并且在布设控制网时,要求控制点能够通视。采用常规的 GNSS 静态测量方法,在外业测量过程中不能实时确定点位精度,内业数据处理后如果不满足精度要求,需要再次外业测量。采用 GNSS RTK 进行控制测量,能够实时以厘米级的精度确定点位坐标,极大地提高了作业效率,而且保证了测量的精度,适用于一般平面控制测量,对于等级较高的平面控制测量,则需要长时间的 GNSS 观测数据,与已知点联合平差解算控制点位置。

3.地形测图

地形测图是 RTK 定位技术最广泛的应用。RTK 定位技术能够以 1~3 cm 的精度实时确定地物点的三维坐标,满足 1:500 大比例尺测图精度的要求。传统地形测图过程中,需要在测区建立图根控制点,在图根控制点设置全站仪或经纬仪配合小平板测图;现阶段外业选择全站仪和电子手簿配合地物编码,选择大比例尺测图软件进行测图。碎部点要和测站保持通视,通常情况下,需要 2 个以上的测量人员进行作业。采用 RTK 定位技术,只需架设一次参考站,就能完成几千米范围内所有地物地貌的测量,极大地提高了测图工作效率。

4. 地下管线探测

地下管线指埋于地下的管道和地下电缆,主要包括给水、排水、燃气、热力、工业管道、电力、电信电缆等。传统的地下管线探测包括资料搜集与踏勘、仪器检验和方法测验、技术设计、实地调查和仪器探查、控制测量、管线点测量、地下管线图绘制、地下管线数据库建立等。采用 RTK 定位技术进行探测,由于其测量精度较高,在开阔地区则可以将控制测量和管线点测量一步完成,以减少工程在人力、物力上的投入,大大地提高了工作效率,且作业不受天气影响,适用于长输管线测量及地下管线普查工作。

6.8.2 安全监测

RTK 定位技术不仅精度高,且具有全天候、无人值守连续作业的能力,是现代高精度形变监测重要的方法之一,将参考站布设于远离监测区的稳定参考点上,监测站架设在监测点上,可用于地质灾害、矿山、大坝、桥梁、建筑物等的实时、全天候安全监测。

1. 地质灾害监测

地震、海啸等地质灾害对居民房屋、公共建筑和交通设施等危害性极大,大规模的滑坡事故能造成河道堵塞、公路摧毁、村庄掩埋等。GNSS RTK 定位技术与多种传感设备相结合,能够实现对地质灾害点的隐患状态进行实时、动态的采集监测分析,并为用户提供及时预警。

2. 矿山监测

矿山开采活动的空间和场所处在不断变化的过程中,工作环境和安全状况非常复杂,安全生产受到很大威胁。将 GNSS RTK 和雷达监测技术应用于矿山监测,可以全面提高矿山企业的安全监管水平,增强企业、社会、政府对于灾害的预警响应能力。

3. 大坝监测

我国现有水库约十万座,多数水库未装有安全监测系统。库区环境复杂,坝体、坝基和坡体状态难以用肉眼观察出来,在蓄水和长期运行管理中,一旦出现异常状态未及时发现,后果将不堪设想。综合利用 GNSS RTK 技术、惯性传感器技术、无线通信等,可以实现野外环境下 24 h 连续的数据采集和传输,以立体多方位的监控方式实时监测坝体的变化情况,能够为分析坝体的变形趋势提供有效的数据依据,保障人民群众的生命和财产安全。

4. 桥梁监测

现代化大型桥梁是交通主干道的重要节点,对交通运输发展具有重大的影响,是国家、地区经济技术进步的象征。一旦发生安全事故,会造成严重的经济损失和不良的社会影响。通过对线路和桥梁实现连续、实时自动化监测,并通过长期的数据积累,为桥梁状况评估和评判提供基础数据。采用 RTK 定位技术长期监测可以达到毫米级精度,能准确监测出低于10 mm的桥梁结构振动,完全满足动态监测需求。

5. 建筑工程监测

目前,对建筑物管理的手段主要是人工定期巡检,不能全天候实时监测,可能会错过建筑物形变阶段及立即纠正的最有效时机。此外,巡检员的技术水平参差不齐,巡检结果会存在人为误差。采用高精度 GNSS 定位技术,得到各测点的坐标序列,基于长期的观测数据,其点位解算精度可以达到水平 2 mm,高程 4 mm。

6.8.3　智慧交通

1. 无人驾驶

无人驾驶汽车利用车载传感器感知车辆周围环境,实现同时定位和建图,并根据测量的道路、车辆和障碍物信息,自动规划行车路线并控制车辆达到预定目标。在同时定位与建图时,通过集成激光雷达、GNSS RTK 定位系统、惯性导航、视觉传感器、雷达等传感器,获取车辆的相对和绝对位置信息,实现车辆的自主驾驶,其中仅有 GNSS 定位技术提供绝对信息,对无人设备导航定位至关重要。

2. 智慧物流

随着物流产业发展,大量物流企业和部门主动从技术装备、业务模式等方面进行改革与优化,利用高精度定位、大数据、物联网等新技术构建具有竞争力的物流解决方案。将 GNSS RTK 定位系统获取的位置信息与地理信息系统相结合,对物流运输方案进行优化,制定出高效的物流运输方案,并实现物流过程的实时监测,提高物流企业的营运管理能力。

3. 共享单车

单车的智能化主要向精细化的单车运营、更好的用户体验方面发展,面向分时租赁、违规停车等场景,依托高精度 RTK＋DR 融合定位算法,助力出行行业客户快速发展,提供亚米级定位无死角,全程跟踪单车位置,使得运营范围的管控更加准确。

6.8.4　精准农业

1. 农机自动化控制

大型农场作业趋向机械化、自动化作业方式,农机作业环境空旷,定位精度要求在亚分米级水平。RTK 定位技术在开阔地区能够实时提供厘米级的点位信息,完全满足农机作业的定位要求,能够有效提高工作效率,降低工作人员的劳动强度,提高生产效率。

2. 无人机植保

无人机根据作业前规划好的路线,基于 GNSS RTK 定位技术提供的厘米级实时定位信息,即可实现植保无人机标准化精准作业。植保无人机可以有效提高工作效率和农药喷洒效率,至少可以节约 50% 的农药使用量,节约 90% 的用水量,极大地降低了作业成本。

第 7 章

精密单点定位技术

为解决常规的伪距单点定位精度低和相对定位模式中大规模 GNSS 数据处理存在的计算量大、计算时间长和大范围、长距离测量对地面参考站的依赖等问题，1997 年美国喷气推进实验室(Jet Propulsion Laboratory，JPL) Zumberge 等[13] 提出了一种全新的数据处理方式——精密单点定位(Precise Point Positioning，PPP)技术。PPP 技术利用双频相位和伪距观测值、高精度卫星轨道和钟差产品进行数据解算，可以获得厘米级精度。PPP 技术不受作用距离的限制、作业机动灵活、成本低、无须用户设置地面基准站和能同时精确估计测站在 ITRF 框架下的绝对坐标、接收机钟差以及天顶对流层延迟及其水平梯度、信号传播路径上的电离层延迟参数等优势和特点，在低轨卫星精密定轨、高精度坐标框架维持、大范围移动测量、精密授时、大气科学、地球动力学等诸多方面具有独特的应用价值和不可估量的应用前景，目前已经成为 GNSS 导航和定位界的研究热点。

本章主要介绍经典 PPP 技术，非差非组合 PPP 技术，单频 PPP 技术，多频多模融合 PPP 技术，系统间差分的融合 PPP 技术以及 PPP 技术的典型应用。

7.1 经典 PPP 技术

7.1.1 函数模型

双频消电离层组合观测模型是精密单点定位中最为常用的观测模型，其模型的简化形式如下[14]：

$$
\begin{aligned}
P_{r,IF}^{s,sys} &= \frac{(f_{i,sys}^s)^2}{(f_{i,sys}^{sys})^2-(f_{j,sys}^{sys})^2}P_{r,i}^{s,sys} - \frac{(f_{j,sys}^s)^2}{(f_{i,sys}^{sys})^2-(f_{j,sys}^{sys})^2}P_{j,IF}^{s,sys} \\
&= \rho_r^s + c \cdot (dt_r^{sys}-dt^s) + T_r^s + d_{r,IF}^{s,sys} - d_{IF}^{s,sys} + M_{IF}^{s,sys} + \epsilon(P_{r,IF}^{s,sys})
\end{aligned}
$$

$$(7-1)$$

$$\Phi_{r,\mathrm{IF}}^{s,sys} = \frac{(f_{i,sys}^s)^2}{(f_{i,sys}^{sys})^2 - (f_{j,sys}^{sys})^2}\Phi_{r,i}^{s,sys} - \frac{(f_{j,sys}^s)^2}{(f_{i,sys}^{sys})^2 - (f_{j,sys}^{sys})^2}\Phi_{r,j}^{s,sys}$$

$$= \rho_r^S + c \cdot (dt_r^{sys} - dt^s) + T_r^s + \lambda_{r,\mathrm{IF}}^{s,sys} \cdot N_{r,\mathrm{IF}}^{s,sys} + b_{r,\mathrm{IF}}^{s,sys} - b_{\mathrm{IF}}^{s,sys}$$

$$+ m_{\mathrm{IF}}^{s,sys} + \epsilon(\Phi_{r,\mathrm{IF}}^{s,sys}) \tag{7-2}$$

式中,$r,s,i/j$ 分别指接收机,卫星和频率角标;sys 代表 GNSS 卫星系统。f 代表卫星频率,P 和 Φ 分别表示伪距和载波相位观测值;ρ 为接收机和卫星的几何距离;c 为光速;dt_r^{sys} 和 dt^s 分别代表接收机钟差和卫星钟差;T_r^s 为对流层延迟;$d_{r,\mathrm{IF}}^{s,sys}$ 和 $d_{\mathrm{IF}}^{s,sys}$ 分别为接收机和卫星的伪距硬件延迟,称为未校准码延迟(Uncalibrated Code Delay,UCD);$b_{r,\mathrm{IF}}^{s,sys}$ 和 $b_{\mathrm{IF}}^{s,sys}$ 分别为接收机和卫星未校准相位延迟(Uncalibrated Phase Delay,UPD),包括硬件延迟偏差和初始相位偏差;λ 为对应频率的载波波长,N 为模糊度;M 和 $\epsilon(P_{r,\mathrm{IF}}^{s,sys})$ 分别为伪距多路径误差和观测噪声;m 和 $\epsilon(\Phi_{r,\mathrm{IF}}^{s,sys})$ 分别为载波多路径误差和观测噪声。为方便阐述,记 $\alpha_{ij}^{s,sys} = \dfrac{(f_{i,sys}^s)^2}{(f_{i,sys}^{sys})^2 - (f_{j,sys}^{sys})^2}$,

$\beta_{ij}^{s,sys} = -\dfrac{(f_{j,sys}^s)^2}{(f_{i,sys}^{sys})^2 - (f_{j,sys}^{sys})^2}$。

该模型通过双频组合消除了电离层延迟一阶项。在精密单点定位中,卫星星历和钟差采用 IGS 发布的精密产品进行改正。天线参数、地球自转参数和 DCB 文件由 IGS 获得。对于接收机和卫星天线相位中心偏差及其变化,自 GPS 1400 周(2006 年 11 月),IGS 开始使用绝对天线相位中心模型 igs_05.atx[212](Gerd Gendt,2005)取代原来的 igs_01 天线改正模型(包括 igs_01.txt 和 igs_01.pcv),该模型除了考虑了天线相位中心偏差外,还考虑了方位角、高度角等引起的天线相位中心变化。相位缠绕、相对论效应、固体潮与海洋潮等误差可采用现有的模型精确改正,详见第 2 章。

对于一些难以精确模型化的误差,如多路径效应及观测噪声则主要通过随机模型来处理;对流层延迟湿分量残差,则采用附加参数进行估计。目前 PPP 中考虑对流层延迟误差较为有效的方法通常是采用已有模型改正对流层延迟的干分量和部分湿分量,如 Hopfield,Saastamoinen[90],UNB3 模型[213,214]等,然后使用随机模型或者分段常数策略估计天顶对流层湿延迟残差,并通过投影函数将其投影至卫星信号传播路径方向。将对流层湿分量延迟残余量进行参数化为

$$T_{r,w}^s = m(ele_r^s) \cdot Z_w \tag{7-3}$$

其中,ele_r^s 代表卫星高度角;$m(ele_r^s)$ 代表与高度角相关的投影函数,常用的投影函数包括 NMF 模型、GMF 模型、VMF 模型和 Niell 模型;Z_w 代表天顶对流层湿延迟残差。

由于卫星钟差与卫星端 UCD 线性相关,因此,在没有施加额外基准约束的情况下,卫星 UCD 无法和卫星钟差直接分离。按照惯例,IGS 精密卫星钟差基准通

常定义在某两个频率的消电离层组合的伪距观测量上,不同 GNSS 星座计算精密卫星钟差产品时所使用的频率及伪距码不同,例如 GPS 使用 L1/L2 频点的 C1W/C2W 码,Galileo 使用 E1/E5a 频点的 C1X/C5X 码,BDS-2 使用 B1/B2 频点的 B1I/B2I 码,BDS-3 使用 B1/B3 频点的 B1I/B3I 码,GLONASS 使用 L1/L2 频点 C1X/C5X 码。IGS 发布的卫星钟差产品既包括卫星钟差,又包括消电离层组合形式的卫星伪距硬件延迟,即 $d\bar{t}^s$ 可以表示为

$$c \cdot d\bar{t}^s = c \cdot dt^S + d_{IF}^{s,sys} \qquad (7-4)$$

式中,$d_{IF}^{s,sys} = \alpha_{ij}^s \cdot d_i^s + \beta_{ij}^s \cdot d_j^s$ 为消电离层组合形式的卫星 UCD。伪距观测方程中接收机钟差与接收机 UCD 不可分离,目前 GNSS 卫星系统信号体制包括频分多址(FDMA)和码分多址(CDMA)。FDMA 体制会造成接收通道存在不同的硬件延迟,可以将硬件延迟表达成平均项与依赖于卫星项之和。因此,根据信号体制的不同,接收机硬件延迟可表征为

$$d_{r,i}^{s,sys} = d_{r,i}^{s,avg} + H_{r,i/P}^{s,sys} \qquad (7-5)$$

$$b_{r,i}^{s,sys} = d_{r,i}^{s,avg} + (b_{r,i}^{s,avg} + H_{r,i/\Phi}^{s,sys} - d_{r,i}^{s,avg}) \qquad (7-6)$$

式中,$H_{r,i/P}^{s,sys}$ 和 $H_{r,i/\Phi}^{s,sys}$ 分别为依赖于卫星的伪距和载波硬件延迟,常见于 GLONASS;$d_{r,i}^{s,avg}$ 为硬件延迟的平均项。当 sys 系统使用 FDMA 信号体制时 $H_{r,i,P/\Phi}^{s,sys} \neq 0$,反之 $H_{r,i,P/\Phi}^{s,sys} = 0$。为了削弱 GLONASS IFB 的影响,一些研究在 GLONASS PPP 解算中通过降低 GLONASS 伪距观测值的权重来减少其不利影响或对 IFB 建模估计。若忽略伪距 $H_{r,i/P}^{s,sys}$。将接收机钟差与硬件延迟平均项合并可写为

$$c \cdot d\bar{t}_r^{sys} = c \cdot dt_r^{sys} + d_{r,IF}^{s,avg} \qquad (7-7)$$

对于相位观测方程,观测方程中所包含的硬件延迟和初始相位偏差均为不随时间变化的量,故可以被相应的模糊度参数吸收,同时为确保伪距和相位观测方程中的公共未知参数具备一致的形式,可以将模糊度参数化为

$$\lambda_{r,IF}^{s,sys} \cdot \overline{N}_{r,IF}^{s,sys} = \lambda_{r,IF}^{s,sys} \cdot N_{r,IF}^{s,sys} + d_{IF}^{s,sys} - b_{IF}^{s,sys} + (b_{r,IF}^{s,avg} + H_{r,IF/\Phi}^{s,sys} - d_{r,IF}^{s,avg}) \quad (7-8)$$

因此,经过误差改正后,将式(7-3)、式(7-4)、式(7-7)和式(7-8)代入式(7-1)和式(7-2)并线性化为

$$\rho_{r,IF}^{s,sys} = \boldsymbol{\mu}_r^s \cdot \boldsymbol{x} + c \cdot d\bar{t}_r^{sys} + m(ele_r^s) \cdot Z_w \qquad (7-9)$$

$$l_{r,IF}^{s,sys} = \boldsymbol{\mu}_r^s \cdot \boldsymbol{x} + c \cdot d\bar{t}_r^{sys} + m(ele_r^s) \cdot Z_w + \lambda_{r,IF}^{s,sys} \cdot \overline{N}_{r,IF}^{s,sys} \qquad (7-10)$$

式中,$\rho_{r,IF}^{s,sys}$ 和 $l_{r,IF}^{s,sys}$ 分别为伪距观测值和载波观测值减去相应计算值;$\boldsymbol{\mu}_r^s$ 是从接收机到卫星的单位矢量;$\boldsymbol{x}$ 为接收机位置向量相对于先验位置的增量。

7.1.2 随机模型

7.1.2.1 观测值的随机模型

精密单点定位采用伪距和载波相位两类观测值,两类观测值的观测精度各不相同。因此在处理不同类观测值的观测数据时,对各类观测值权值的选取应十分

慎重,以此来反映各类观测值间绝对和相对的测量精度。目前双频接收机为非交互相关型(Noncross-Correlation)接收机,它分别在不同频率上重建载波,因此采用这种接收机所得到的观测值在不同频率上是不相关的,其非差观测值的方差矩阵Q_y为对角阵,对角线上的元素值主要取决于观测值的类型和它们的相对精度。当采用组合观测值时,应采用误差传播率来估计组合观测值的精度。由于不同环境、不同卫星、不同观测时刻的观测值的精度是不同的,因此,建立比较切合实际情况的随机模型,尤其是在观测环境不好的情况下,对提高 GNSS 定位精度具有重要的现实意义。PPP 随机模型主要有卫星高度角定权法、信噪比定权法、基于卫星钟差插值误差法和方差分量估计法等,其中应用最广泛的是基于卫星高度角和信噪比(或信号强度)的随机模型,详细见第 4 章描述。

7.1.2.2　参数的随机模型

在 GNSS 数据处理中,经典 PPP 中待估参数包括三维位置坐标、接收机钟差、对流层湿延迟残余误差以及模糊度参数。钟差参数、动态定位中的位置参数和对流层延迟残余影响等可以采用一阶离散高斯-马尔可夫过程(Discrete Gauss-Markov Process)模拟[129,215]。

当随机过程 $\{p(t), t \in T\}$ 在当前历元状态 p_k 的条件概率密度分布仅与前一历元 p_{k-1} 状态相关,而与其他历史信息 $p_{k-1}(i=2,3,\cdots,k)$ 无关时,则称该随机过程属于一阶高斯-马尔可夫过程,可由如下微分方程描述:

$$\frac{\mathrm{d}x}{\mathrm{d}t} = -\frac{p(t)}{\tau_p} + \omega(t) = -\beta x(t) + \omega(t) \tag{7-11}$$

其中,$x(t)$ 为随机参数;$\beta = \frac{1}{\tau_p}$;τ_p 为随机过程的相关时间;$\omega(t)$ 为方差为 σ_ω^2 的零均值白噪声,即满足

$$\begin{cases} E(\omega(t)) = 0 \\ E(\omega(t), \omega(t+\tau)) = q\delta(\tau) \end{cases} \tag{7-12}$$

式中,q 为谱密度;$\delta(\tau)$ 为 Dirac-δ 函数。状态转移矩阵和动态噪声为

$$\Phi_{k+1,k} = \mathrm{e}^{-\beta\Delta t} I \tag{7-13}$$

$$Q = \frac{1}{2\beta}(1 - \mathrm{e}^{-\beta\Delta t})q \tag{7-14}$$

当 β 变为 0 时,一阶高斯-马尔可夫过程变成随机游走过程,因而随机游走过程是一阶高斯-马尔可夫过程的特例。对于随机游走过程,状态转移矩阵和动态噪声为

$$\Phi_{k+1,k} = I \tag{7-15}$$

$$Q = q\Delta t \tag{7-16}$$

(1)对于三维位置坐标参数,状态转移矩阵为单位矩阵。若采用随机游走过程模拟接收机动态,则动态噪声矩阵如下所示[216]:

$$\boldsymbol{Q}_{position} = \begin{bmatrix} \dfrac{q_\varphi \Delta t}{(R_m + h)^2} & 0 & 0 \\ 0 & \dfrac{q_\lambda \Delta t}{(R_n + h)^2 \cos^2 \varphi} & 0 \\ 0 & 0 & q_h \Delta t \end{bmatrix} \tag{7-17}$$

式中，q_φ，q_λ，q_h 分别为纬度、经度和高程方向的谱密度；R_m 和 R_n 分别为子午圈曲率半径和卯酉圈曲率半径；h 为测站大地高；Δt 为时间增量。

若采用一阶高斯-马尔可夫过程，状态转移矩阵为 $\boldsymbol{0}$ 矩阵，动态噪声为[216]

$$\boldsymbol{Q}_{position} = \begin{bmatrix} Q_\varphi & 0 & 0 \\ 0 & Q_\lambda & 0 \\ 0 & 0 & Q_h \end{bmatrix} \tag{7-18}$$

其中，

$$\boldsymbol{Q}_\varphi = \left[\frac{q_\varphi (1 - e^{-2\beta_\varphi \Delta t})}{2\beta_\varphi^2 (R_m + h)^2} \right] \tag{7-19}$$

$$\boldsymbol{Q}_\lambda = \left[\frac{q_\lambda (1 - e^{-2\beta_\lambda \Delta t})}{2\beta_\lambda (R_n + h)^2 \cos^2 \varphi} \right] \tag{7-20}$$

$$\boldsymbol{Q}_h = \left[\frac{q_h (1 - e^{-2\beta_h \Delta t})}{2\beta_h} \right] \tag{7-21}$$

（2）对于接收机钟差，当描述为随机游走时，状态转移矩阵为单位阵，动态噪声方差阵可以表示为[216]

$$\boldsymbol{Q}_{clock} = \begin{bmatrix} q_{dt} \Delta t \end{bmatrix} \tag{7-22}$$

当描述为一阶高斯马尔可夫过程时，状态转移矩阵为 $\boldsymbol{0}$ 矩阵，动态噪声方差阵可以表示为[216]

$$\boldsymbol{Q}_{clock} = \left[\frac{q_{dt} (1 - e^{-2\beta_{dt} \Delta t})}{2\beta_{dt}} \right] \tag{7-23}$$

式中，q_{dt} 为接收机谱密度。

（3）对于对流层天顶湿延迟，状态转移矩阵为单位阵。天顶湿延迟通常模拟成随机游走过程，状态转移矩阵为单位阵，动态噪声矩阵可以表示为[216]

$$\boldsymbol{Q}_{trop} = \begin{bmatrix} q_{trop} \Delta t \end{bmatrix} \tag{7-24}$$

式中，q_{trop} 为对流层天顶湿延迟谱密度，它的选取与对流层延迟的变化率有关。

（4）对于模糊度参数，在参数估计中当常数处理，$\boldsymbol{Q}_N = \boldsymbol{0}$。

7.2　非差非组合 PPP 技术

消电离层组合模型虽然消除了一阶电离层误差的影响，但也存在两个明显的缺陷。一是在消电离层组合观测值放大了噪声；二是利用观测数据组合的方法消除电离层延迟,等价于将电离层延迟模型化为具有白噪声性质的参数,因此忽略了电离层短期变化的平稳性等有效约束,影响了滤波的收敛性和估值的可靠性。又有学者提出并研究了基于原始观测值的非组合 PPP 模型[216-219]。相比于消电离层组合,非组合 PPP 算法的优势为[220]:①直接处理 GNSS 原始观测值,以避免观测数据组合所引起的观测噪声被放大和部分观测信息被浪费。②将电离层斜延迟作为未知参数,并发掘了电离层的短期平稳变化特性,缩短了滤波的收敛时间,提高了估值的可靠性。③非组合 PPP 提供的电离层延迟量可提高 GNSS 电离层反演的精度。

7.2.1 函数模型

伪距和相位非差观测方程可表示为[106]

$$P_{r,i}^{s,sys} = \rho_r^s + c \cdot (dt_r^{sys} - dt^s) + \gamma_i^s \cdot I_{r,1}^s + T_r^s + d_{r,i}^{s,sys} - d_i^{s,sys}$$
$$+ M_i^{s,sys} + \epsilon(P_{r,i}^{s,sys}) \tag{7-25}$$

$$\Phi_{r,i}^{s,sys} = \rho_r^S + c \cdot (dt_r^{sys} - dt^s) - \gamma_i^s \cdot I_{r,1}^s + T_r^s + \lambda_{r,i}^{s,sys} \cdot N_{r,i}^{s,sys}$$
$$+ b_{r,i}^{s,sys} - b_i^{s,sys} + m_i^{s,sys} + \epsilon(\Phi_{r,i}^{s,sys}) \tag{7-26}$$

式中,符号含义与上节相同。卫星轨道误差、卫星钟差、对流层延迟、天线相位偏差及变化,相位缠绕、相对论效应、固体潮与海洋潮等误差均可采用与经典 PPP 技术相同的误差模型进行改正。

以 1,2 频率观测值为例忽略观测噪声和多路径的影响,将式(7-3)和(7-4)代入到式(7-25)和(7-26)中并线性化得到双频观测方程为

$$\rho_{r,1}^{s,sys} = \boldsymbol{\mu}_r^s \cdot \boldsymbol{x} + c \cdot dt_r^{sys} + I_{r,1}^{s,sys} + m(ele_r^s) \cdot Z_w + d_{r,1}^{s,sys}$$
$$- \beta_{12}^{s,sys} \cdot DCB_{P_1P_2}^s \tag{7-27}$$

$$\rho_{r,2}^{s,sys} = \boldsymbol{\mu}_r^s \cdot \boldsymbol{x} + c \cdot dt_r^{sys} + \gamma_2^S \cdot I_{r,1}^{s,sys} + m(ele_r^s) \cdot Z_w$$
$$+ d_{r,2}^{s,sys} - \alpha_{12}^{s,sys} \cdot DCB_{P_1P_2}^s \tag{7-28}$$

$$l_{r,1}^{s,sys} = \boldsymbol{\mu}_r^s \cdot \boldsymbol{x} + c \cdot dt_r^{sys} - I_{r,1}^s + m(ele_r^s) \cdot Z_w + \lambda_{r,1}^{s,sys} \cdot N_{r,1}^{s,sys}$$
$$+ b_{r,1}^{s,sys} - b_1^{s,sys} + d_{IF_{12}}^s \tag{7-29}$$

$$l_{r,2}^{s,sys} = \boldsymbol{\mu}_r^s \cdot \boldsymbol{x} + c \cdot dt_r^{sys} + \gamma_2^s \cdot I_{r,1}^S + m(ele_r^s) \cdot Z_w + \lambda_{r,2}^{s,sys} \cdot N_{r,2}^{s,sys}$$
$$+ b_{r,2}^{s,sys} - b_2^{s,sys} + d_{IF_{12}}^s \tag{7-30}$$

式中,$DCB_{P_1P_2}^s$ 为卫星伪距观测值 P_1 与 P_2 的 UCD 之差,即 $DCB_{P_1P_2}^S = d_1^{s,sys} - d_2^{s,sys}$。精密钟差产品包含了卫星端消电离层组合 UCD,非组合 PPP 在使用精密钟差产品时需要改正差分码偏差(DCB),确保精密钟差产品与所使用的观测量保持一致。DCB 主要有两种,即不同通道观测值偏差,如 C1 与 P1 之间存在的偏差(C1-P1),以及不同频率观测值偏差 IFB,如 P1 与 P2 之间存在的偏差(P1-P2),目前欧洲定轨中心(Center for Orbit Determination in Europe,CODE)、德国宇航

中心（The German Aerospace Center,DLR）和中国科学院测量与地球物理研究所（The Institute of Geodesy and Geophysic,IGG）均提供 DCB 产品。对接收机 DCB 参数 $d_{r,i}$ 有两种处理方式,一是归于电离层延迟参数、模糊度参数和接收机钟差参数,二是将其作为未知参数进行估计。相比第一种方法,估计接收机 DCB 参数能够有效加快 PPP 的收敛速度[175,221]。非差非组合 PPP 中,接收机 DCB 值越大对定位的影响就越大,在静态 PPP 中估计接收机 DCB 时,收敛速度能够提高 20% 以上。

随着电离层产品的发展和精度的提高,可以引入外部电离层产品作为虚拟观测值进行约束电离层延迟参数以提高 PPP 定位的收敛速度与标准双频 PPP 模型不同,附加外部电离层约束的双频 PPP 需额外增加 1 个接收机 DCB 参数以分离出纯净的电离层延迟。对于先验信息约束,可以使用 Klobuchar 模型[130]、Bent 模型[169,170]和国际参考电离层（IRI）模型[171-173]等电离层模型。CODE 分析中心提供的 GIM(Grid Ionosphere Map)模型精度为 2~8 TECU,相当于 GPS L1 频率信号的测距误差为 0.32~1.28 m。GIM 模型的局限性主要是由于在欠发达地区和大洋地区缺乏台站,计算中所用的数学公式也不能描述小尺度电离层的变化。然而,GIM 模型精度已经可以与距离观测值相当。因此,若给定合适的权,这些电离层模型值可以作为电离层的先验信息来增强 PPP 解的强度。从 GIM 获得的垂直总电子含量(Vertical Total Electronic Content,VTEC)为 $VTEC_{prior}$,其作为电离层延迟先验信息约束可以表达为

$$I_{r,prior}^s = I_r^s = F(utec) \cdot VTEC_{prior} \tag{7-31}$$

$F(utec)$ 为电离层的天顶延迟与信号传播延迟之间的投影函数,

$$F(utec) = -40.28 / \left\{ f^2 \cdot \left[1 - \left(\frac{R\cos(90-Z)}{R+H} \right)^2 \right]^{-0.5} \right\} \tag{7-32}$$

式中,R 为地球半径;H 为电离层单层高度;Z 为卫星天顶角。

同时,电离层的总电子含量具有一定的空间分布特征,对其空间特性进行合理建模约束也能改善解的强度,其空间约束形式如下:

$$I_{r,space}^S = F(utec) \cdot VTEC_{space} \tag{7-33}$$

$$VTEC_{space} = \sum_{k=0}^{n} \sum_{g=0}^{m} E_{kg} \, (\varphi - \varphi_0)^k \, (\lambda - \lambda_0)^g \tag{7-34}$$

式中,E_{kg} 为空间约束系数;m,n 为模型的阶数。对于单站观测,电离层穿刺点的分布比较集中,m,n 通常取 2 阶。λ 和 φ 为穿刺点的经纬度,λ_0 和 φ_0 为测站的经纬度。因此,当观测卫星大于等于 4 颗时,可以采用式(7-34)和格网模型计算的 VTEC 求解电离层空间约束的系数。

此外,电离层总电子含量也具有时间上的变化规律,因此可以增加电离层的时间约束方程来保持电离层延迟变化的时间连续性。

$$\Delta I_{r,prior}^{S} = F(vtec) \cdot \Delta VTEC_{prior} \tag{7-35}$$

Δ 表示历元间差分。式(7-31)、式(7-33)、式(7-35)作为虚拟观测值与式(7-27)到(7-30)共同作为观测方程进行参数估计。

7.2.2 随机模型

非组合模型直接使用原始伪距和载波观测值,因而观测值方差阵对角线元素是观测值的方差。该模型的基本待估参数包含接收机三维坐标、接收机钟差、天顶对流层湿延迟残差、载波站星视线方向的电离层延迟和模糊度参数,接收机 DCB 也可作为未知参数进行估计。除电离层延迟参数外,该模型其他参数随机模型同经典 PPP 一致。

对于外部电离层信息,一般利用以下方法计算观测值的方差,确定观测值的精度。

(1)先验信息约束。

$$\delta_{I_r^s} = \begin{cases} \delta_{prior}, & t > 20 \text{ 或 } t < 8 \\ \delta_{prior} + 0.4 \cdot \text{sqrt}(\cos B_{ipp} \cdot \cos(t-14) \cdot \pi/15), & 8 < t < 20 \\ \delta_{prior}, & B_{ipp} > 60° \end{cases}$$

$$\tag{7-36}$$

式中,$\delta_{I_r^s}$ 为 GIM 模型的精度;B_{ipp} 为电离层穿刺点(Ionospheric Pierce Point, IPP)的纬度;t 为当地时间。

(2)逐步松弛约束。

考虑到电离层产品的精度限制,在 PPP 处理开始阶段为了快速收敛而将虚拟电离层观测量赋予更大的权重,但为了获取更好的定位精度,在收敛后逐渐减小其权重。逐步松弛约束可定义为

$$\delta_{I_r^s}^2 = \delta_{I_{r,0}}^2 + \alpha(i-1) \cdot \Delta t \tag{7-37}$$

式中,α 为方差变化率(m^2/min);Δt 为以分钟为单位的观测值采样间隔。变量 α 可设置为 $0.04 \text{ m}^2/\text{min}$,$\delta_{I_{r,0}}^2$ 可设置为 $0.09 \text{ m}^2/\text{min}$。

(3)时空约束。

时空约束是指通过考虑电离层延迟的时空变化特性来计算出逐历元的虚拟电离层观测量的先验方差,可表达为

$$\delta_{I_r^s}^2 = \begin{cases} \delta_{prior,0}^2/\sin^2(E), & t > 20 \text{ 或 } t < 8 \text{ 或 } B_{ipp} > \pi/3 \\ \left(\delta_{prior,0}^2 + \delta_{prior,1}^2 \cdot \cos(B_{ipp}) \cdot \cos\left(\frac{t-14}{12}\pi\right)\right)/\sin^2(E), & \text{其他} \end{cases}$$

$$\tag{7-38}$$

式中,$\delta_{prior,0}^2$ 和 $\delta_{prior,1}^2$ 表示随时间和空间变化而变化的先验方差;E 是卫星高度角。变量 $\delta_{prior,0}^2$ 和 $\delta_{prior,1}^2$ 可设置为 0.09 m^2。

7.2.3 测试分析

为了测试非差非组合 PPP 技术的性能,选取了 2012 年第 74 天至第 80 天在 IGS 的 40 个站点收集的 GPS 和 GLONASS 观测数据集,数据采样率为 30 s。表 7-1 统计了站点位置信息,10 个绿色标记的站点用来分析接收机 DCB 的日变化。测试中,定位结果以三种形式提供:单 GPS 结果(G)、单 GLONASS 结果(R)和组合结果(C)。

试验中参数估计策略为对流层残差、DCBs 和电离层参数采用随机游走过程,相位模糊度参数在连续周期内当作常数估计,当出现周跳时需要重新初始化。码和相位观测的权重由噪声水平和卫星高度角决定,电离层虚拟观测的权重由噪声水平、卫星高度角和本地时间确定,DCBs 和对流层权重也由噪声水平确定。

表 7-1 站点详细信息

测站	经度	纬度	大地高/m
NYA2	11.86°E	78.93°N	81.4
VARS	31.03°E	70.34°N	174.9
TRO1	18.94°E	69.66°N	138.1
SKE0	21.05°E	64.88°N	81.3
TRDS	10.32°E	63.37°N	317.8
MAR6	17.26°E	60.60°N	75.5
SVTL	29.78°E	60.53°N	76.7
OSLS	10.37°E	59.74°N	221.6
STAS	5.60°E	59.02°N	104.9
VIS0	18.37°E	57.65°N	79.8
ONSA	11.93°E	57.40°N	45.6
SASS	13.64°E	54.51°N	68.2
WARN	12.10°E	54.17°N	50.7
BORJ	6.67°E	53.58°N	52.9
LAMA	20.67°E	53.89°N	187.0
HERS	0.34°E	50.87°N	76.5
HERT	0.33°E	50.87°N	83.3
DRES	13.73°E	51.03°N	203.0
WROC	17.06°E	51.11°N	180.8
JOZ2	21.03°E	52.10°N	152.5
KARL	8.41°E	49.01°N	182.9
WTZZ	12.88°E	49.14°N	665.9
VFCH	1.72°E	10.83°N	153.3

续表

测站	经度	纬度	大地高/m
BSCN	5.99°E	47.25°N	359.6
ZIM2	7.47°E	46.88°N	956.4
HUEG	7.60°E	47.83°N	278.3
WTZZ	12.88°E	49.14°N	665.9
MTBG	16.40°E	47.74°N	293.8
GANP	20.32°E	49.03°N	746.0
PENC	19.28°E	47.79°N	291.7
GLSV	30.50°E	50.36°N	226.3
CANT	356.20°E	43.47°N	99.3
MARS	5.35°E	43.28°N	61.8
AJAC	8.76°E	41.93°N	98.8
BELL	1.08°E	41.60°N	853.4
CASC	350.58°E	38.69°N	76.0
ALAC	179.52°E	38.34°N	60.2
MALL	2.62°E	39.55°N	62.0
CAGZ	8.97°E	39.14°N	238.0
MATE	16.70°E	40.65°N	535.6

图 7-1、图 7-2 和图 7-3 显示了 2012 年 8 月 8 日 40 个站点数据在东(E)、北(N)、天(U)方向的静态位置误差，其中 IGS 的 SINEX 坐标当作参考值。可以清楚地看到，对于 PPP 的日解，GPS 和 GLONASS 在水平方向的定位精度基本相同，而 GLONASS 在垂直方向的定位精度稍差。GPS、GLONASS 和组合系统的 PPP 精度在东-西方向为(4.5 mm,5.8 mm,5.3 mm)、(5.7 mm,5.5 mm,5.3 mm)，垂直方向为(7.6 mm,12 mm,9.2 mm)。

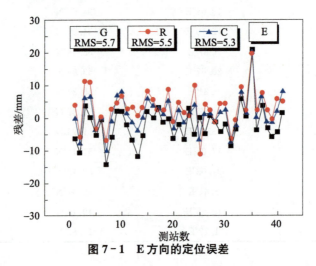

图 7-1   E 方向的定位误差

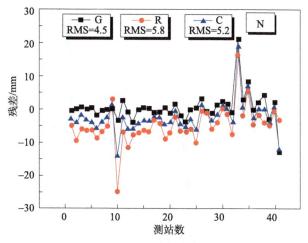

图7-2　N方向的定位误差

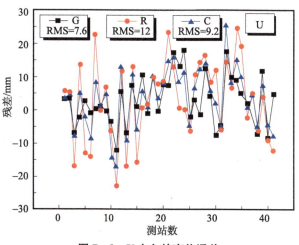

图7-3　U方向的定位误差

　　PPP 的收敛速度对其广泛应用具有重要意义。为了分析收敛时间,每 2 h 重新解算一次。这里定义当三维位置误差小于 1 dm 并在随后一段时间里保持在 1 dm 内时滤波收敛。图 7-4 和图 7-5 显示了不同 DCB 值对 PPP 收敛时间的影响。可以得到三方面的结果:首先,接收端的 DCB 对收敛性有很大的影响,估计 DCB 校正后,收敛性提高了 20% 以上;其次,DCB 的影响取决于它们值的大小,而 DCB 值越大,影响越大;最后,图 7-5 中不同系统的平均收敛时间表明,通过组合的 PPP 可以在 10 min 内实现水平方向上 10 cm 的定位精度。

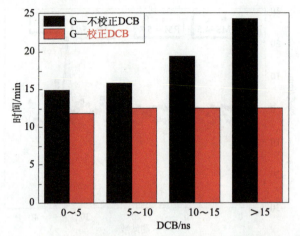

图 7−4　不同 DCB 值情况下单 GPS 系统 PPP 收敛时间的比较

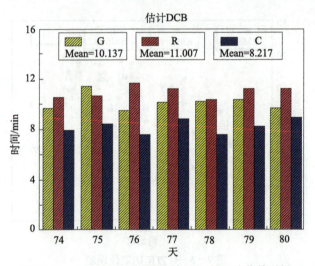

图 7−5　估计 DCB 时不同系统 PPP 的平均收敛时间

7.3　单频 PPP 技术

单频 PPP 技术是指利用单频伪距、载波观测值和由 IGS 提供的精密轨道、精密钟差,采用严密的绝对定位模型进行精密单点定位的方法。使用廉价的单频接收机来实现高精度单点定位是许多导航定位用户的需求。单频 PPP 的常见函数模型包括:半合 GRAPHIC(GRoup And PHase Ionospheric Correction)模型和原始观测值模型。

7.3.1　函数模型

1. GRAPHIC 模型

GRAPHIC 模型采用码和相位的半合组合能够消除电离层延迟的影响,以频率 1 为例,经过卫星轨道、卫星钟差、相对论效应、相位缠绕等误差的改正,忽略观测噪声和多路径误差的影响半合模型方程[222]经过线性化后可表示为

$$G^{s,sys}_{r,1} = \frac{1}{2} \cdot (\rho^{s,sys}_{r,1} + l^{s,sys}_{r,1}) = \boldsymbol{\mu}^s_r \cdot \boldsymbol{x} + c \cdot \bar{dt}^{sys}_r + m(ele^s_r) \cdot Z_w$$
$$+ 1/2 \cdot \lambda^{s,sys}_{r,1} \cdot \overline{N}^{s,sys}_{r,1} \tag{7-39}$$

式中,

$$\begin{cases} c \cdot \bar{dt}^{sys}_r = c \cdot dt^{sys}_r + 1/2 \cdot (b^{s,sys}_{r,1} + d^{s,sys}_{r,1}) \\ \lambda^{s,sys}_{r,1} \cdot \overline{N}^{s,sys}_{r,1} = \lambda^{s,sys}_{r,1} \cdot N^{s,sys}_{r,1} + (d^{s,sys}_{IF_{12}} - b^{s,sys}_{r,1} - \beta^s_{12} \cdot DCB^s_{P_1 P_2}) \end{cases} \tag{7-40}$$

式中,符号含义同 7.1 节,待估参数为 $X = \begin{bmatrix} x & \bar{dt}^{sys}_r & Z_w & \overline{N}^{s,sys}_{r,1} \end{bmatrix}$。

加入伪距观测方程,可以增加观测方程数量,增强 PPP 解的精度。伪距观测方程的电离层误差通过模型改正,带有伪距观测方程的 GRAPHIC 模型方程经过线性化为

$$\rho^{s,sys}_{r,1} = \boldsymbol{\mu}^s_r \cdot \boldsymbol{x} + c \cdot \bar{dt}^{sys}_r + m(ele^s_r) \cdot Z_w \tag{7-41}$$

$$G^{s,sys}_{r,1} = \boldsymbol{\mu}^s_r \cdot \boldsymbol{x} + c \cdot \bar{dt}^{sys}_r + m(ele^s_r) \cdot Z_w + 1/2 \cdot \lambda^{s,sys}_{r,1} \cdot \overline{N}^{s,sys}_{r,1} \tag{7-42}$$

式中,

$$\begin{cases} c \cdot \bar{dt}^{sys}_r = c \cdot dt^{sys}_r + \frac{1}{2} \cdot (d^{s,sys}_{r,1} - \beta^s_{12} \cdot DCB^s_{P_1 P_2}) \\ \lambda^{s,sys}_{r,1} \cdot \overline{N}^{s,sys}_{r,1} = \lambda^{s,sys}_{r,1} \cdot N^{s,sys}_{r,1} + (d^{s,sys}_{IF_{12}} - b^{s,sys}_1 + b^{s,sys}_{r,1} - d^{s,sys}_{r,1} + \beta^s_{12} \cdot DCB^s_{P_1 P_2}) \end{cases}$$
$$\tag{7-43}$$

2. 原始观测值模型

误差改正后经过线性化后的单频伪距相位观测方程可表示为

$$\rho^{s,sys}_{r,1} = \boldsymbol{\mu}^s_r \cdot \boldsymbol{x} + c \cdot \bar{dt}^{sys}_r + \overline{I}^{s,sys}_{r,1} + m(ele^s_r) \cdot Z_w \tag{7-44}$$

$$l^{s,sys}_{r,1} = \boldsymbol{\mu}^s_r \cdot \boldsymbol{x} + c \cdot \bar{dt}^{sys}_r - \overline{I}^s_{r,1} + m(ele^s_r) \cdot Z_w + \lambda^{s,sys}_{r,1} \cdot \overline{N}^{s,sys}_{r,1} \tag{7-45}$$

式中,

$$\begin{cases} c \cdot \bar{dt}^{sys}_r = c \cdot dt^{sys}_r + d^{s,sys}_{r,1} \\ \lambda^{s,sys}_{r,1} \cdot \overline{N}^{s,sys}_{r,1} = \lambda^{s,sys}_{r,1} \cdot N^{s,sys}_{r,1} + d^{s,sys}_{IF_{12}} - b^{s,sys}_1 + b^{s,sys}_{r,1} - d^{s,sys}_{r,1} - 3\beta^s_{12} \cdot DCB^s_{P_1 P_2} \\ \overline{I}^s_{r,1} = I^s_{r,1} - \beta^s_{12} \cdot DCB^s_{P_1 P_2} \end{cases}$$

$$\tag{7-46}$$

式中,符号含义同 7.1 节。相比于 GRAPHIC 模型,基于原始观测值的 PPP 算法具有可用观测值多、保留所有观测信息,不仅能直接得到测站坐标,而且还能获取高精度的电离层和硬件延迟信息,这是 PPP 定位算法研究的主要方向之一,但是

电离层延迟需要进一步的处理。

对于单频 PPP 而言,其核心问题是电离层延迟的高效修正技术。在现有的单频 PPP 数据处理方法中,电离层延迟改正主要采取五种修正方法:第一种方法是采用电离层模型改正,校正模型已从精度较低的广播星历改正模型如 Klobuchar 模型、NeQuick 模型等逐步发展到精度较高的 GIM 电离层模型[223-225];第二种方法是采用 GRAPHIC 模型,即根据电离层引起的群延迟和相延迟大小相等、方向相反这一特点,采用码和相位的半合组合进行修正;第三种方法是将电离层延迟当作未知参数进行估计;第四种方法是通过基准站和流动站之间的差分信息对流动站进行改正,有效消除或减弱了电离层影响[226];第五种方法是单频反演双频进行消电离层组合消除算法。当测区有 3 个或 3 个以上的基准站时,可以通过双频数据建立历元差分电离层模型,将单频数据反演得到双频数据,进而采用消电离层组合观测方程消除电离层延迟误差[227]。后两种方法将在第 9 章中详细介绍。

根据校正电离层延迟建模对实时性要求的差异,电离层延迟改正模型可分为广播星历的预报模型、广域差分实时模型和后处理模型[224]。由于影响电离层的因素很多,不同因素之间又带有较大的随机性,常规模型对各因素的相互关系、变化规律及其内部机制描述并不全面。通常单层模型改正效果在 50% 左右;Klobuchar 模型在中纬地区能达到 50%~60%,在高纬和低纬赤道地区由于电离层变化活动剧烈,改善效果更差;格网 GIM 模型在当前模型改正中精度最高,也只能达到 70%~80% 的改正效果。因此,众多学者提出将电离层参数作为待定参数代入观测方程,同未知位置参数、模糊度参数等一同求解,从而达到提高修正电离层误差影响的目的。同非差非组合 PPP 中电离层延迟参数估计方法一样,引入电离层模型值作为电离层的先验信息来增强单频 PPP 解的强度,能够有效提高单频 PPP 的收敛速度。

对于 BDS-2 系统 IGSOs 和 MEOs 卫星存在与卫星高度角、频率和轨道类型有关的由卫星引起的码偏差变化(Satellite-induced Code Bias Variation,SCBV),变化大小从水平到天顶方向大约 1 m[228-232]。在 GNSS PPP 技术中,该误差影响了 MW 组合产生的宽巷模糊度的精度和稳定性,并最终降低了 BDS-2 卫星 BDS PPP 模糊度估计的精度[46,233]。此外,SCBV 误差造成单频 PPP 的定位精度下降,高程方向存在约 1 m 的系统差[228,234]。因此,在单频 PPP 中必须要改正此项误差。许多专家学者根据卫星高度角与 MP 组合值的关系,对 BDS-2 MEO/IGSO 卫星在不同频率下的 MP 组合效应进行了建模和修正,模型改正数如表 7-2 所示[228]。

表 7-2 与高度角相关的 BDS-2 伪距偏差改正值

| 高度角/(°) | 改正数/m | | | | | |
| | IGSO | | | MEO | | |
	B1	B2	B3	B1	B2	B3
0	−0.55	−0.71	−0.27	−0.47	−0.40	−0.22

高度角 /(°)	改正数/m					
	IGSO			MEO		
	B1	B2	B3	B1	B2	B3
10	−0.40	−0.36	−0.23	−0.38	−0.31	−0.15
20	−0.34	−0.33	−0.21	−0.32	−0.26	−0.13
30	−0.23	−0.19	−0.15	−0.23	−0.18	−0.10
40	−0.15	−0.14	−0.11	−0.11	−0.06	−0.04
50	−0.04	−0.03	−0.04	0.06	0.09	0.05
60	0.09	0.08	0.05	0.34	0.24	0.14
70	0.19	0.17	0.14	0.69	0.48	0.27
80	0.27	0.24	0.19	0.97	0.64	0.36
90	0.35	0.33	0.32	1.05	0.69	0.47

与 BDS-2 不同,BDS-3 存在量级在 0.1 m 左右且与卫星高度角相关的码偏差变化[234],但该变化对模糊度固定和单频 PPP 的影响仍然值得探究。

单频 PPP 中观测值和参数的随机模型参考 7.1 和 7.2 节相关内容。

7.3.2 测试分析

以下通过试验探究三种单频 PPP 模型性能以及 BDS-2 由卫星引起的码偏差变化特性及其对单频 PPP 的影响。GRAPHIC 模型、带有伪距观测方程的 GRAPHIC 模型和原始观测模型分别用 SF1、SF2 和 SF3 表示。试验选取 MGEX 网 10 个站点为期两周的 GPS 和 BDS 数据集(DOY 013—026,2019)进行测试。观测值的采样间隔是 30 s。采用 GFZ 30 s 间隔的精密卫星钟差产品和 5 min 间隔的精密卫星轨道产品(gbm*.*)。

使用 GPS L1 频点,BDS B1 频点观测值进行单频 PPP 解算。卫星截至高度角设为 10°,收敛条件定义为 E 和 N 方向小于 0.3 m,U 方向小于 0.5 m。采用序贯最小二乘法作为参数估计方法。对于坐标参数,静态 PPP 采用常数估计方法,动态 PPP 采用随机游走模型,过程噪声设置为 100 m²。对流层延迟参数采用 Saastamoinen 模型[90]和 GMF 投影函数计算对流层干分量延迟误差和部分湿分量延迟误差,并将对流层湿分量延迟残差用分段常数估计,噪声设为 0.0009 m²/h。当卫星没有发生周跳时,模糊度参数被认为是一个常数,当周跳发生时重新初始化。接收机钟差当作白噪声估计。利用 IGS 提供的天线文件 igs14.atx_2032 对卫星和接收机天线的相位中心偏移和相位中心变化进行校正。采用 GIM 模型作为虚拟观测值对电离层参数进行约束。伪距和载波观测值采用 7.1 节卫星高度角模型定权,GIM 模型作为虚拟观测值采用 7.2 节逐步松弛法定权。

1. 由 BDS-2 卫星引起的伪距偏差变化分析

一般通过多路径(Multipath,MP)组合值分析伪距偏差变化特性,图 7－6 展示了 BDS-2 IGSO 和 MEO 卫星三个频点 MP 组合观测值与卫星高度角的关系。对于不同类型的卫星,MEO 在 B1I 和 B2I 频段的 MP 组合值大于 IGSO 卫星的。MP 组合值量级及其变化在 B1I 频段最大,B3I 频段最小。应用以上模型对观测值进行修正,图 7－7 显示了观测值未修正和修正后的 MP 组合时间序列。修正后,MP 组合值减小,与卫星高度角的相关性也减小。由于在 B1I 频段的 MP 组合效应最大,因此利用 B1I 频段的观测值来测试由卫星引起的码偏差变化对单频 PPP 的影响。

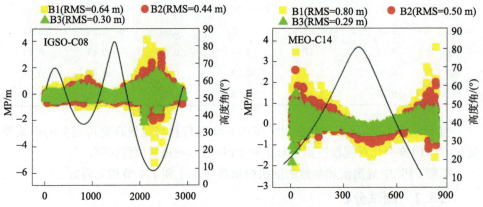

图 7－6　BDS-2 IGSO 和 MEO 卫星三个频点 MP 组合观测值与卫星高度角的关系

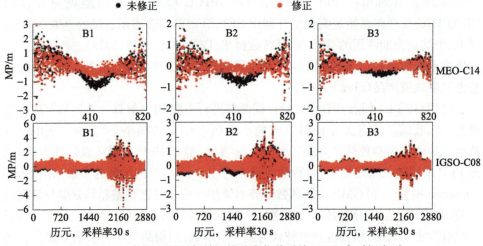

图 7－7　修正卫星引起的码偏差变化前后的 MP 组合时间序列

图 7－8 展示了误差修正前后静态模型中的定位偏差。当不考虑卫星引起的码偏差变化时,U 分量的系统偏差为 0.4～1.0 m。修正后 U 分量的定位误差小于 0.2 m,E、N 分量的定位精度也相应提高。

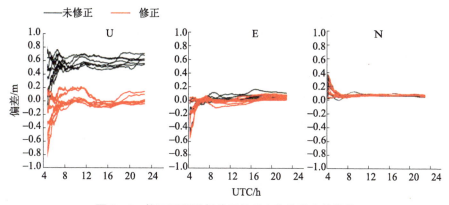

图 7-8　修正卫星引起的码偏差变化前后定位偏差

2. 三种单频 PPP 模型性能分析

图 7-9 展示了三种模型单天解的定位偏差。三种模型单频 PPP 单天解精度在 E/N/U 分量中都可以达到分米级甚至厘米级。SF1、SF2 和 SF3 模型单天解精度的均方根(RMS)均值分别为(0.059,0.044,0.074)m、(0.059,0.044,0.075)m 和(0.062,0.043,0.074)m,精度相当。

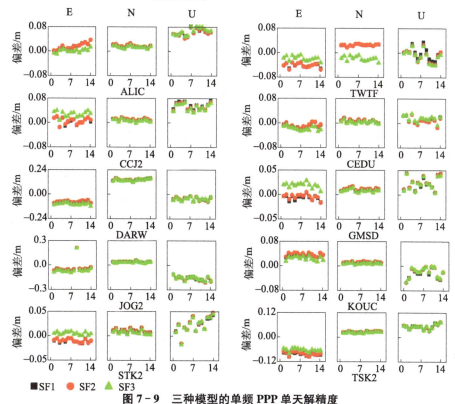

图 7-9　三种模型的单频 PPP 单天解精度

表 7-3 总结了单频 PPP 收敛后所有站点日解的平均收敛时间、标准差 (Standard Deviation, STD) 和均方根值。从收敛时间来看,用 GIM 电离层约束的 SF3 模型的收敛速度高于 SF1 和 SF2 模型,且 SF3 和 SF2 的收敛速度基本相同。从定位精度来看,三种模型的定位结果基本相似,且 U 分量中 SF1 模型的 RMS 略低于 SF1 和 SF2 模型。在 SF3 模型中,初始虚拟观测的权重越大,收敛速度越快。收敛后权值较低,对收敛后的定位精度没有影响。与 SF1 模型不同,SF2 模型包含一个伪距观测方程,解决了 SF1 模型中的秩亏问题。但收敛速度并没有提高,且 U 分量的定位精度有所降低,可能是由于伪距精度和电离层模型产品的精度较低。因此,在没有外部电离层产品的情况下,SF1 模型可以获得与其他两个具有外部电离层产品的模型相似的单天解精度。

表 7-3 所有站点静态单频 PPP 模型定位结果的收敛时间、STD 和 RMS 的平均值

模型	收敛时间/min	STD/m			RMS/m		
		E	N	U	E	N	U
SF1	68.84	0.037	0.017	0.045	0.063	0.029	0.69
SF2	67.84	0.039	0.018	0.048	0.064	0.029	0.75
SF3	52.19	0.036	0.018	0.047	0.062	0.029	0.74

7.4　多频多模融合 PPP 技术

7.4.1　多频多模融合 PPP 模型

随着多系统 GNSS 卫星星座、MGEX 跟踪站网、多系统 GNSS 精密轨道和钟差产品的日益发展和成熟,多频多模 PPP 技术得到快速发展与应用。多频多模系统观测值的加入对于周跳探测、模糊度固定具有重要的意义,合理的解算策略能够明显改善 PPP 的定位性能和可靠性[24,175,235,236]。本节以 GPS 和 GLONASS 双频观测值为例,介绍多频多模 GNSS 经典 PPP 技术。经过误差修正后,忽略观测噪声和多路径误差的影响,多 GNSS 线性化的观测方程为

$$\begin{cases} \rho_{r,IF}^{s,G} = \boldsymbol{\mu}_r^s \cdot \boldsymbol{x} + c \cdot d\bar{t}_r^G + m(ele_r^s) \cdot Z_w \\ l_{r,IF}^{s,G} = \boldsymbol{\mu}_r^s \cdot \boldsymbol{x} + c \cdot d\bar{t}_r^G + m(ele_r^s) \cdot Z_w + \lambda_{r,IF}^{s,G} \cdot \bar{N}_{r,IF}^{s,G} \\ \rho_{r,IF}^{s,R} = \boldsymbol{\mu}_r^s \cdot \boldsymbol{x} + c \cdot d\bar{t}_r^R + m(ele_r^s) \cdot Z_w \\ l_{r,IF}^{s,G} = \boldsymbol{\mu}_r^s \cdot \boldsymbol{x} + c \cdot d\bar{t}_r^R + m(ele_r^s) \cdot Z_w + \lambda_{r,IF}^{s,R} \cdot \bar{N}_{r,IF}^{s,R} \end{cases} \tag{7-47}$$

G 表示 GPS, R 表示 GLONASS, 其他符号同 7.1 节。接收机钟差可以表示为[237]

$$dt_r^{sys} = t - t_{sys} \tag{7-48}$$

t 表示接收钟时间; t_{sys} 为卫星系统时间。在多 GNSS 融合数据处理中,由于各卫星

系统采用了不同的时间系统,接收机钟差与卫星系统时间有关,因此在解算时可以将不同系统的接收机钟差分别当作未知参数估计,也可以以某一个系统的接收机钟差为基准,引入系统间偏差(ISB)。以 GPS 接收机钟差作为参考,GLONASS 相对于 GPS 的 ISB 可以表示为

$$ISB_G^R = c \cdot \bar{dt}_r^G - c \cdot \bar{dt}_r^R \tag{7-49}$$

代入式(7-47),得

$$ISB_G^R = c \cdot \bar{dt}_r^G - c \cdot \bar{dt}_r^R = TO_r^{G,R} + d_{r,IF}^G - d_{r,IF}^R \tag{7-50}$$

式中,$TO_r^{G,R}$ 既包括不同 GNSS 钟差产品相应的不同钟差基准引入的时间差异,又包括不同系统的时间差异,ISB_G^R 还包括不同系统的接收机硬件延迟偏差。GLONASS 使用 FDMA 信号体制,接收通道中具有不同的硬件延迟,接收机钟差吸收伪距硬件延迟平均项。因此,接收机钟差中还包含引入 ISB 参数,式(7-47)可以改写为

$$\begin{cases} \rho_{r,IF}^G = \boldsymbol{\mu}_r^G \cdot \boldsymbol{x} + c \cdot \bar{dt}_r^G + m(ele_r^S) \cdot Z_w \\ l_{r,IF}^G = \boldsymbol{\mu}_r^G \cdot \boldsymbol{x} + c \cdot \bar{dt}_r^G + m(ele_r^S) \cdot Z_w + \lambda_{IF} \cdot \overline{N}_{r,IF}^S \\ \rho_{r,IF}^R = \boldsymbol{\mu}_r^R \cdot \boldsymbol{x} + c \cdot \bar{dt}_r^G - ISB_G^R + m(ele_r^S) \cdot Z_w \\ l_{r,IF}^R = \boldsymbol{\mu}_r^R \cdot \boldsymbol{x} + c \cdot \bar{dt}_r^G - ISB_G^R + m(ele_r^S) \cdot Z_w + \lambda_{IF} \cdot \overline{N}_{r,IF}^S \end{cases} \tag{7-51}$$

ISB 对定位的影响不容忽视[48]。因此,许多学者对 ISB 特性进行了广泛的研究。Montenbruck 等首先在 CONGO 网中提出了 GPS/GALILEO 测距码 ISB,并证明 ISB 还与接收机和测距码的类型有关[238]。Torre 等[186]分析了 GPS、BDS、GLONASS、Galileo 和 QZSS 在不同类型接收机上的 ISB。此外,ISB 与接收机类型密切相关,由于天线或电缆引起的延迟,或不同位置硬件安装之间的热效应,相同类型接收机的 ISB 可能会略有所不同[187]。此外,由于卫星产品基准的变化会造成相邻日间 ISB 发生跳变[188]。

7.4.2　测试分析

本节使用 GPS/BSD/GLONASS/Galileo 四系统双频观测值进行多 GNSS PPP 解算,分析 ISB 解算策略,测试多频多模 GNSS PPP 技术性能。采用估计 ISB 偏差的经典 PPP 模型,数据处理策略与 7.3 节相同,以 GPS 接收机钟差为基准,估计其他系统相对于 GPS 接收机钟差的 ISB 参数,ISB 采用分段常数的方法进行估计。试验选择 MEGX 网 10 个站点的一周数据集(DOY 084-090,2018)进行静态 PPP 测试。如表 7-4 所示,测站包括四个配备 SEPT POLARX5 的站点,三个配备 TRIMBLE NETR9 的站点,以及配备 LEICA GR50、LEICA GR25 和 SEPT POLARX4 的三个站点。数据间隔采样率为 30 s,其中均能接收 GPS(G)、GLONASS(R)、BDS(C)和 Galileo(E)的观测值。实验采用均包含 G/R/C/E 四个系统精密星历的分析中心的精密产品,包括 GFZ 提供的 30 s 精密卫星钟产品和 5 min 精密卫星轨道产品(gbm*),WHU 提供的 30 s 精密卫星钟产品和 15 min 精密卫

星轨道产品(wum∗.∗),CODE 提供的 30 s 精密卫星钟差产品和 5 min 精密轨道产品(code∗.∗)以及 iGMAS 提供的 5 min 精密卫星钟产品和 15 min 精密卫星轨道产品(isc∗.∗)。iGMAS 轨道和时钟偏差产品的时间系统是北斗卫星导航系统时间(BeiDou Time,BDT),而观测数据的时间系统是 GPST(GPS Time)。BDT 和 GPST 有 14 s 的差别,必须统一处理。

表 7-4　测站详细信息

测站名	接收机类型	天线类型
CEDU	SEPT POLARX5	AOAD/M_T
HOB2	SEPT POLARX5	AOAD/M_T
DARW	SEPT POLARX5	JAVRINGANT_DM
STR1	SEPT POLARX5	ASH701945C_M
JFNG	TRIMBLE NETR9	TRM59800.00
GMSD	TRIMBLE NETR9	TRM59800.00
XMIS	TRIMBLE NETR9	JAVRINGANT_DM
HKSL	LEICA GR50	LEIAR25.R4
LHAZ	LEICA GR25	LEIAR25.R4
NNOR	SEPT POLARX4	SEPCHOKE_MC

1.ISB 日变化特性分析

ISB 与应用的卫星产品、接收机硬件时延偏差、时间系统有关,并影响其他参数的估计。由于序列最小二乘法是一个递归过程,模糊参数的收敛需要一定的时间。因此,可以采用反正滤波方法对 ISB 采用白噪声估计,分析 ISB 的正向滤波的日变化。此外,在处理过程中,采用 IGS 发布的文件(∗.snx)中的站点坐标作为每个历元的初始坐标,以保证估计的参数具有较高的可靠性。分析 ISB 的日变化特性对于确定其解算策略具有重要参考作用。使用不同分析中心的产品估计的所有类型 ISBs 的日标准差如图 7-10 所示,由此可以得出三点结论。

(1)CODE 和 WHU 分析中心产品估计的 ISB 的日变化相对稳定。此外,不同类型 ISBs 的日标准差非常接近。CODE 所对应的 GR ISB、GC ISB 和 GE ISB 的日标准差大多小于 0.2 ns、0.15 ns 与 0.1 ns;WHU 对应的 GR ISB、GC ISB 和 GE ISB 的日标准差分别小于 0.2 ns、0.18 ns 和 0.1 ns。

(2)iGMAS 分析中心产品估计的 ISB 的日变化稳定性较低,不同类型的 ISBs 存在一定的差异;其中 GC 和 GE ISB 的日变化稳定性最低,GE ISB 的日变化稳定性最高。对于大多数站点,iGMAS 对应的 GR ISB、GC ISB 和 GE ISB 的日标准差分别约为 0.45 ns、0.55 ns 和 0.2 ns。GFZ 中,ISB 参数的日标准差最大,不同测站同一类型 ISB 表现出相似的趋势。

(3)对于不同的测站,使用同一分析中心的精密产品估计的同一类型 ISB 的日标准差非常小,说明不同测站的 ISB 周内日稳定性是一致的。

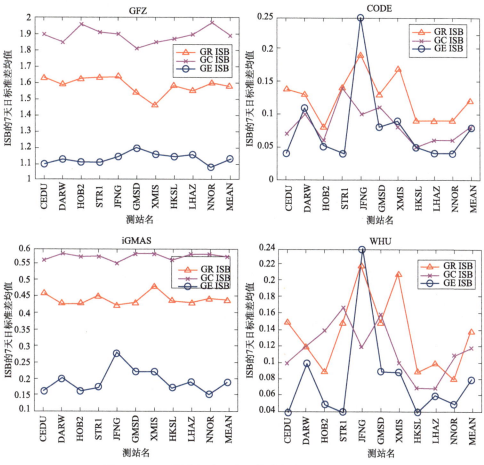

图 7 - 10　不同分析中心产品估计各类型 ISB 日标准差

2. 多 GNSS PPP 性能分析

为了研究 ISB 的最优常数估计策略,利用 E、N、U 三个方向的坐标偏差来分析不同 ISB 处理策略下的多 GNSS PPP 的收敛时间和定位精度。根据来自不同分析中心的精密产品估算的 ISB 日变化特征,CODE 和 WHU 对应的 ISB 参数日变化相对稳定。因此,对 ISB 采用三种处理策略:白噪声估计、30 min 分段常数估计和常数估计,分别记为 ISB_WN、ISB_30 min CT 和 ISB_CT(缩写为 WN、30 min CT 和 CT)。GFZ 对应的 ISB 参数日变化稳定性较差。因此,对 ISB 参数采用四种处理策略:白噪声估计、20 min 分段常数估计、30 min 分段常数估计和 1 h 常数估计,记为 ISB_WN、ISB_20 min CT、ISB_30 min CT 和 ISB_1 h CT(缩写为 WN、

20 min CT、30 min CT 和 1 h CT）；使用 iGMAS 产品时，采用白噪声估计，30 min 分段常数估计、1 h 分段常数估计和 2 h 常数估计，分别记为 ISB_WN、ISB_30 min CT、ISB_1 h CT 和 ISB_2 h CT（缩写为 WN，30 min CT，1 h CT 和 2 h CT）。图 7－11 至图 7－14 分别展示使用不同精密产品在不同 ISB 解算策略下定位偏差的 RMS 均值，得到如下结论。

在 ISB_WN、ISB_30 min CT 和 ISB_CT 解算策略下，使用 CODE 分析中心精密产品，E、N、U 三个方向的均方根值无明显差异。大部分测站在 E、N、U 方向定位精度均优于(1,0.8,3)cm。利用 WHU 的精密产品，各站点的 E、N、U 三个方向的均方根值略有不同，但整体定位精度基本一致，E、N、U 三个方向的定位精度分别优于(1.5,0.8,3)cm。

在 ISB_WN、ISB_20 min CT、ISB_30 min CT 和 ISB_1 h CT 四种解算策略下，使用 GFZ 分心中心产品，N 和 U 方向 RMS 值没有明显的差异，但 E 的方向定位精度随 ISB 估计弧段长度的增加而下降，特别是使用 ISB_1 h CT。因此 ISB_WN、ISB_20 min CT 和 ISB_30 min CT 的定位精度优于 ISB_1 h CT。ISB_WN、ISB_20 min CT 和 ISB_30 min CT 策略下 ISB 的定位精度均优于(1.5,0.8,3)cm。

在 ISB_WN、ISB_30 min CT、ISB_1 h CT 和 ISB_2 h CT 策略下，采用 iGMAS 精密产品的 U 方向 RMS 无明显差异，不同测站的 E、U 方向 RMS 值不同。ISB_WN、ISB_30 min CT、ISB_1 h CT 估计策略下的定位精度总体上优于 ISB_2 h CT。ISB_WN、ISB_30 min CT、ISB_1 h CT 三个方向的定位精度均优于(2,0.8,3)cm，而 ISB_2 h CT 的大部分测站在定位精度均优于(3,1,3)cm。

考虑到观测模型的强度、定位结果的稳定性和可靠性，使用 CODE、GFZ、iGMAS 和 WHU 分析中心产品分别在 ISB_CT、ISB_20 min CT、ISB_1 h CT 和 ISB_CT策略下 PPP 性能最佳，三个方向收敛后的定位精度均优于(2,0.8,3)cm。

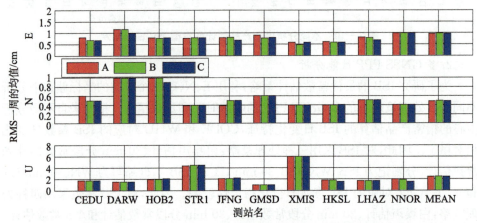

图 7－11 使用 CODE 产品在三种 ISB 解算策略下收敛后定位偏差的 RMS 均值(A、B 和 C 分别代表 ISB_WN、ISB_30 min CT 和 ISB_CT 解算策略)

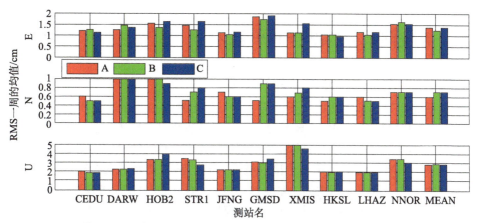

图 7-12　使用 WHU 产品在三种 ISB 解算策略下收敛后定位偏差的 RMS 均值(A、B 和 C 分别代表 ISB_WN、ISB_30 min CT 和 ISB_CT 解算策略)

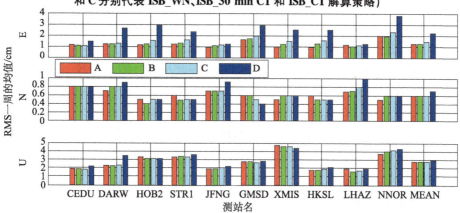

图 7-13　使用 GFZ 产品在四种 ISB 解算策略下收敛后定位偏差的 RMS 均值(A、B、C 和 D 分别代表 ISB_WN、ISB_20 min CT、ISB_30 min CT 和 ISB_CT 解算策略)

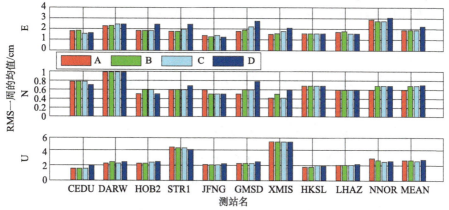

图 7-14　使用 iGMAS 产品在四种 ISB 解算策略下收敛后定位偏差的 RMS 均值(A、B、C 和 D 分别代表 ISB_WN、ISB_30 min CT、ISB_1 h CT 和 ISB_2 h CT 解算策略)

7.5 系统间差分的融合 PPP 技术

7.5.1 系统间差分的融合 PPP 模型

单系统 PPP 模型之间的主要差异在于处理电离层延迟的方法不同,而多系统 GNSS 组合 PPP 模型之间的主要差异在于处理接收机钟差的方法。此外,已研究证明所有 PPP 模型定位结果的准确性和收敛时间几乎是相同的[14,15,18,184,196,217,239,240]。

多系统 GNSS 终端使用一个接收机钟,因此,除了初始延迟之外,各卫星星座时钟特性都是一致的或相关的。基于这一特点,本节提出 GPS 和 BDS 系统间差分的融合 PPP 模型。在该模型中,基于消电离层组合观测值形成了不同系统间的卫星差分方程。该方法消除了接收机时钟参数,减少了一些与接收机相关的共有误差,有助于在观测卫星较少的情况下保证定位精度和 PPP 的收敛速度。此外,可以直接获得 GNSS 系统时差参数,为 GNSS 系统时差监测提供了基础。

以 GPS 接收机钟差作为参考,引入 BDS 相对于 GPS 的 ISB,修正各项误差,忽略观测噪声和多路径误差后 GPS 和 BDS 消电离层组合的 PPP 模型为

$$
\begin{cases}
\rho_{r,IF}^{G,s} = \boldsymbol{\mu}_r^{G,s} \cdot \boldsymbol{x} + c \cdot d\bar{t}_r^G + m(ele_r^s) \cdot Z_w \\
l_{r,IF}^{G,s} = \boldsymbol{\mu}_r^{G,s} \cdot \boldsymbol{x} + c \cdot d\bar{t}_r^G + m(ele_r^s) \cdot Z_w + \lambda_{IF}^{G,s} \cdot \overline{N}_{r,IF}^s \\
\rho_{r,IF}^{C,s} = \boldsymbol{\mu}_r^{C,s} \cdot \boldsymbol{x} + c \cdot d\bar{t}_r^C - ISB_G^C + m(ele_r^s) \cdot Z_w \\
l_{r,IF}^{C,s} = \boldsymbol{\mu}_r^{C,s} \cdot \boldsymbol{x} + c \cdot d\bar{t}_r^C - ISB_G^C + m(ele_r^s) \cdot Z_w + \lambda_{IF}^{s,C} \cdot \overline{N}_{r,IF}^s
\end{cases}
\tag{7-52}
$$

式中,ISB_G^C 为 BDS 相对于 GPS 的 ISB。随机模型可以用 GPS 和 BDS 的测量噪声 (σ^G, σ^C) 与卫星高度角 (ele^G, ele^C) 表示为

$$
\Sigma = \begin{bmatrix} [a^G/\sin(ele^G)]^2 & 0 \\ 0 & [a^C/\sin(ele^C)]^2 \end{bmatrix}
\tag{7-53}
$$

假如某历元观测到 M 颗 GPS 卫星和 N 颗 BDS 卫星,卫星号分别为 G1,G2,…,GM 和 C1,C2,…,CN,选择 G1 星作为参考星,经过误差修正后的系统间差分函数模型表示为

$$
\begin{cases}
\Delta\rho_{r,IF}^{GC,G1CN} = \Delta\boldsymbol{\mu}_r^{GC,G1CN} \cdot \boldsymbol{x} - OFFSET_{r,IF}^{GC,G1CN} - C \cdot \Delta\tilde{t}^{GG,G1CN} \\
\qquad + [\Delta m(ele_r^s)^{G1CN}] \cdot Z_w \\
\Delta l_{r,IF}^{GC,G1CN} = \Delta\boldsymbol{\mu}_r^{GC,G1CN} \cdot \boldsymbol{x} - OFFSET_{r,IF}^{GC,G1CN} - C \cdot \Delta\tilde{t}^{GG,G1CN} \\
\qquad + [\Delta m(ele_r^s)^{G1CN}] \cdot Z_w + \Delta\overline{N}_{r,IF}^{GC,G1CN} \\
\Delta\rho_{r,IF}^{GG,G1GM} = \Delta\boldsymbol{\mu}_r^{GG,G1GM} \cdot \boldsymbol{x} - C \cdot \Delta\tilde{t}^{GG,G1GM} + [\Delta m(ele_r^s)^{G1GM}] \cdot Z_w \\
\Delta l_{r,IF}^{GG,G1GM} = \Delta\boldsymbol{\mu}_r^{GG,G1GM} \cdot \boldsymbol{x} - C \cdot \Delta\tilde{t}^{GG,G1GM} + [\Delta m(ele_r^s)^{G1GM}] \cdot Z_w \\
\qquad + \Delta\overline{N}_{r,IF}^{GG,G1GM}
\end{cases}
\tag{7-54}
$$

式中,变量表示为

$$
\begin{cases}
\Delta \rho_{r,IF}^{GC,G1CN} = \rho_{r,IF}^{G,G1} - \rho_{r,IF}^{C,CN}, \Delta \rho_{r,IF}^{GG,G1GM} = \rho_{r,IF}^{G,G1} - \rho_{r,IF}^{G,GM} \\
\Delta l_{r,IF}^{GC,G1CN} = l_{r,IF}^{G,G1} - l_{r,IF}^{C,CN}, \Delta l_{r,IF}^{GG,G1GM} = l_{r,IF}^{G,G1} - l_{r,IF}^{G,GM} \\
\Delta \mu_r^{GC,G1CN} = \mu_r^{G,G1} - \mu_r^{C,CN}, \Delta \mu_r^{GG,G1GM} = \mu_r^{G,G1} - \mu_r^{G,GM} \\
\Delta \left[m(ele_r^s)^{G1CN} \right] = m(ele_r^s)^{G1} - m(ele_r^s)^{CN}, \Delta \left[m(ele_r^s)^{G1GM} \right] \\
\qquad = m(ele_r^s)^{G1} - m(ele_r^s)^{GM} \\
\Delta \overline{N}_{r,IF}^{GC,G1CN} = \lambda_{IF}^{G,G1} \Delta \overline{N}_{r,IF}^{G,G1} - \lambda_{IF}^{C,CN} \cdot \overline{N}_{r,IF}^{C,CN}, \Delta \overline{N}_{r,IF}^{G,G1GM} \\
\qquad = \lambda_{IF}^{G,G1} \Delta \overline{N}_{r,IF}^{G,G1} - \lambda_{IF}^{G,GM} \cdot \overline{N}_{r,IF}^{G,GM}
\end{cases}
\tag{7-55}
$$

其中,偏移 $OFFSET$ 是一个偏移参数,它既包含不同系统的系统时间差异,卫星钟差产品基准差异,接收器、电缆和天线的硬件延迟差异,还包含部分未建模的残差,如轨道、钟差和大气残差。系统间差分的 PPP 观测值的随机模型为

$$
\Sigma = \begin{bmatrix}
\left(\dfrac{a^{G1}}{2 \cdot \sin(ele^{G1})} + \dfrac{a^{CN}}{2 \cdot \sin(ele^{CN})} \right)^2 & 0 \\
0 & \left(\dfrac{a^{G1}}{2 \cdot \sin(ele^{G1})} + \dfrac{a^{GM}}{2 \cdot \sin(ele^{GM})} \right)^2
\end{bmatrix}
\tag{7-56}
$$

系统间差分模型与经典模型的观测条件比较如表 7-5 所示。系统间差分模型观测方程的个数为 $2*(M+N-1)$。系统间差分通过卫星间差分消除了共有的接收机钟差。此外,系统间差分模型还减少了与接收机相关的一些常见误差,如地球固体潮和海洋负荷。经试验验证,GFZ 精密产品对应的 GPS 和 BDS 之间的 OFFSET 与接收机类型有关,日稳定性较好,标准差小于 0.5 ns,且对 OFFSET 采用过程噪声大于 $10^{-3}/3(m^2/s)$ 的随机游走过程定位结果最佳。系统间差分的 GPS 和 BDS 融合静态 PPP 收敛时间小于 20 min,E、N 和 U 三个方向收敛后的定位偏差的 STD 值分别优于 2.5 cm、1.0 cm 和 3.0 cm,RMS 分别优于 3.0 cm、1.5 cm 和 6.0 cm;与经典 PPP 模型相比,系统间差分 PPP 模型的平均收敛时间几乎相同,但其整体定位精度更优。系统间差分的融合动态 PPP 的收敛时间优于 30 min。E、N 和 U 三个方向收敛后的定位偏差的 STD 值分别优于 3.0 cm、2.0 cm 和 4.5 cm,RMS 分别优于 4.0 cm、2.5 cm 和 7.0 cm;相比于经典 PPP 模型,系统间差分的 GPS 和 BDS 融合 PPP 模型的收敛性稍好,定位精度没有显著差异。此外,当可用卫星较少时,相比于经典 PPP 模型,系统间差分的融合 PPP 模型优势更明显。下面通过试验测试系统间差分 PPP 的定位性能,验证系统间差分模型 PPP 的有效性。

表 7-5　系统间差分方程与常规模型在动态 PPP 下观测条件对比

模型	方程个数	待估参数个数			多余条件数
		参数 1	参数 2	参数 3	
常规模型	$2*(M+N)$	dx,dy,dz,Z_w,ISB_r^C	$\overline{N}_r^G(M), \overline{N}_r^C(N)$	$\overline{dt}_r^G$	$M+N-6$
差分模型	$2*(M+N-1)$	$dx,dy,dz,Z_w,OFFSET^{GC}$	$\Delta \overline{N}_r^{GC}(M+N-1)$	消除	$M+N-6$

7.5.2 测试分析

本节选取 MGEX[238] 网中能够同时观测到 GPS/BDS 卫星数据较多的 10 个测站 2018 年 2032 周(DOY 350－356)的观测数据进行静态 PPP 与仿动态 PPP 试验,观测数据采样率为 30 s,精密产品采用 GFZ 分析中心提供的 30 s 的精密卫星钟差产品和 5 min 的精密轨道产品(gbm ∗. ∗)。卫星和接收天线 PCO、PCV 误差采用 igs14. atx_2032 文件改正,由于天线文件中没有 BDS 对应的接收机天线 PCO 参数、PCV 参数和卫星 PCV 参数,因此使用 GPS 对应参数对 BDS PCO 误差进行改正,BDS 接收机 PCV 误差和卫星 PCV 误差未做改正。其他数据处理策略参考 7.3 节。将单天 24 h 观测数据分为 4 段即每 6 h 为一个时段进行 PPP 测试,共有 280 组算例,表 7 - 6 统计了测站位置信息。为分析系统间差分模型 PPP 的定位结果,以 IGS 发布的周坐标文件(∗. snx)中的测站坐标当作参考值,统计各测站的收敛速度和定位精度。收敛条件定位为 E 和 N 方向定位误差首次收敛到 2 dm,U 方向定位误差首次收敛到 3 dm 且其后 20 个历元误差均保持在此范围内。将采用系统间差分模型和经典模型对 280 组观测数据分别进行静态和仿动态 PPP 试验,分别统计静态 PPP 和仿动态 PPP 的收敛时间和滤波收敛后的 E/N/U 方向的定位精度。统计结果时,PPP 收敛时间超过 60 min,视为不收敛,结果不统计在内。

表 7 - 6 测站位置信息

测站	经度	纬度	大地高/m
GMSD	131. 02°E	30. 56°N	142. 3
JFNG	114. 49°E	30. 52°N	71. 8
HKSL	113. 93°E	22. 37°N	95. 3
XMIS	105. 69°E	10. 45°S	261. 5
DARW	131. 13°E	12. 84°S	125. 1
ALIC	133. 89°E	23. 67°S	603. 2
NNOR	116. 19°E	31. 05°S	234. 8
CEDU	133. 81°E	31. 87°S	144. 7
STR1	149. 01°E	35. 32°S	800. 0
HOB2	147. 44°E	42. 80°S	41. 0

1. OFFSET 参数特性

系统间差分模型引入了新参数 OFFSET,OFFSET 与 ISB 参数相关。由于 ISB 与钟差产品基准有关,本章关于 OFFSET 结果与分析都是基于 GFZ 发布的精密产品(gbm ∗. ∗)测试得到的。为了了解 OFFSET 的短期误差特性,选取 ALIC、CEDU、HOB2、STR1、JFNG 和 XMIS 六个测站通过反正滤波的方法进行 PPP 解算,分析 GPS 和 BDS 之间的 OFFSET 正向滤波的结果。

为说明 GC OFFSET 的天变化情况,选取六个测站在 DOY 353 天解算的 GC OFFSET 时序图进行展示,如图 7-15 所示。由图 7-15 可知,GC OFFSET对于不同的测站是不同的,量级在几纳秒到几十纳秒,这些大的差异主要是由接收机和电缆的硬件延迟造成的。但所有估计的OFFSET都具有相似的变化趋势,一天中时间偏移的总变化量大约在 1 ns。

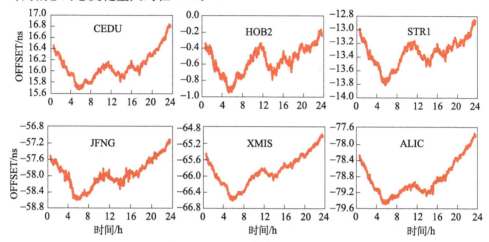

图 7-15　ALIC/CEDU/HOB2/STR1/JFNG/XMIS 测站在 DOY 353 天估计的 GPS 和 BDS 之间的 OFFSET 时序图

表 7-7 和表 7-8 分别统计了各测站在 2018 年 DOY 350—356 天求解的 GC OFFSET 参数的日平均值和日标准差。同一测站在不同天的均值不同,DOY350—DOY352,DOY353—DOY354 和 DOY355—DOY356 之间差异很小,这与精密产品基准的变化有关。此外,配有 SEPT POLARX5 接收机的 CEDU 站、HOB2 站和 STR1 站,以及配有 TRIMBLE NETR9 接收机的 JFNG 站和 XMIS 站的 GC OFFSET 的差异较小,表明 GC OFFSET 与接收机类型相关,这一点与 ISB 特性[187]类似。

表 7-7　各测站在 2018 年 DOY 350—356 天估计的 GPS 和 BDS 之间的 OFFSET 参数的日平均值

测站	日平均值/ns							均值/ ns
	DOY 350	DOY 351	DOY 352	DOY 353	DOY 354	DOY 355	DOY 356	
ALIC	−12.4	−13.8	−15.7	−78.9	−77.8	−18.6	−21.0	−34.0
CEDU	81.1	81.1	80.2	16.1	16.0	75.1	72.3	60.3
HOB2	65.0	64.9	63.7	−0.6	−0.1	59.0	57.0	44.1
STR1	52.1	51.8	51.0	−13.3	−12.6	45.1	42.2	30.9
JFNG	−0.1	−1.4	−2.3	−65.9	−65.6	−6.6	−9.3	−25.2
XMIS	5.2	4.9	5.1	−58	−55.0	4.6	5.0	−15.6

表 7-8   各测站在 2018 年 DOY 350－356 天估计的 GPS 和 BDS 之间的
OFFSET 参数的日标准差

测站	日平均值/ns							均值/ns
	DOY 350	DOY 351	DOY 352	DOY 353	DOY 354	DOY 355	DOY 356	
ALIC	0.27	0.40	0.14	0.43	0.18	0.36	0.31	0.30
CEDU	0.16	0.30	0.21	0.25	0.12	0.20	0.28	0.22
HOB2	0.22	0.24	0.15	0.17	0.16	0.19	0.29	0.20
STR1	0.19	0.20	0.22	0.20	0.20	0.17	0.25	0.21
JFNG	0.23	0.43	0.15	0.38	0.22	0.36	0.41	0.31
XMIS	0.19	0.42	0.15	0.34	0.30	0.46	0.41	0.32
MEAN	0.21	0.33	0.17	0.30	0.20	0.29	0.33	0.26

为进一步确定使用 GFZ 精密产品(gbm＊.＊)估计的 GC OFFSET 参数的最优估计策略,将 GC OFFSET 参数采用过程噪声为 $10^{-5}/3(\text{m}^2/\text{s})$(记为 OFFSET－RW1),$10^{-4}/3(\text{m}^2/\text{s})$(记为 OFFSET－RW2)和 $10^{-3}/3(\text{m}^2/\text{s})$(记为 OFFSET－RW3)随机游走过程和高斯白噪声方法(记为 OFFSET－WN)分别进行仿动态 PPP 测试。算例选取 ALIC/CEDU/HOB2/JFNG/XMIS 测站 2018 年 DOY 351 天的观测数据,将单天 24 h 观测数据同样分成 4 个时段即每个时段 6 h 分别进行测试,统计其收敛时间和定位精度并进行比较。

表 7-9 统计了五个测站在 DOY 351 天不同 OFFSET 估计策略下所有时段的收敛时间、STD 和 RMS 的平均值。OFFSET－RW1 和 OFFSET－RW2 策略下的定位结果较差,尤其是 OFFSET－RW1 策略。OFFSET－RW3 和 OFFSET－WN 策略下定位结果相似。因此,使用过程噪声大于 $10^{-3}/3(\text{m}^2/\text{s})$ 的随机游走过程或高斯白噪声估计方法的定位结果比较接近,综合考虑使用过程噪声大于 $10^{-3}/3(\text{m}^2/\text{s})$ 的随机游走过程最佳值。

表 7-9   所有测站在 2018 年 DOY 351 天不同 OFFSET 估计策略下
所有时段的收敛时间、STD 和 RMS 的平均值

策略	收敛时间/min	STD/cm			RMS/cm		
		E	N	U	E	N	U
OFFSET－RW1	37	2.2	1.3	3.7	3.3	1.7	4.8
OFFSET－RW2	30	2.4	1.3	3.3	3.3	1.8	4.5
OFFSET－RW3	29	2.4	1.3	3.3	3.3	1.8	4.6
OFFSET－WN	28	2.4	1.3	3.3	3.3	1.8	4.7

2.静态 PPP 结果分析

表 7-10 显示了各测站系统间差分静态 PPP 的收敛时间、STD 和 RMS 的平均值。收敛时间优于 20 min,E、N 和 U 分量中的 STD 分别优于 2.5 cm、1.0 cm 和 3.0 cm,RMS 分别优于 3.0 cm、1.5 cm 和 6.0 cm。图 7-16 显示了两种模型静态 PPP 收敛时间分布。对于相同数量的卫星,与传统的组合 PPP 模型相比,系统间差分融合模型的收敛时间近乎相同,90％以上的数据在 30 min 内收敛。系统间差分模型的平均收敛时间为 16 min,略长于传统组合 PPP 模型的 15 min,但没有显著差异。一个原因可能是系统间差分融合 PPP 随机模型不是最优的,因为卫星差分观测值的权重仅使用两颗卫星的简单平均值来确定。另一个原因可能是系统间差分融合 PPP 观测值噪声较大引起的。

表 7-10　两种模型静态 PPP 收敛时间、STD 和 RMS 的平均值

测站	收敛时间/min	STD/cm			RMS/cm		
		E	N	U	E	N	U
NNOR	13	1.7	0.8	2.2	1.9	1.3	3.0
ALIC	16	2.0	0.7	1.8	2.4	1.0	6.2
CEDU	13	1.7	0.9	1.7	2.1	1.4	2.3
DARW	18	1.9	0.6	2.2	2.5	0.8	3.2
GMSD	12	1.6	0.9	2.3	1.9	1.0	3.6
HKSL	13	1.7	0.8	3.0	2.3	1.0	5.0
HOB2	20	2.2	1.0	2.1	2.7	1.4	3.1
JFNG	14	1.5	0.8	2.9	2.0	1.0	3.7
STR1	19	2.1	0.9	2.2	2.5	1.3	3.4
XMIS	18	1.9	0.6	2.2	2.4	0.8	3.1

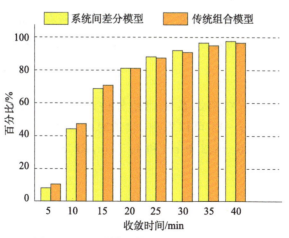

图 7-16　两种模型静态 PPP 收敛时间分布

由图 7-17 可以看出,对于码和载波相位观测值,系统间差分的 PPP 模型的观测残差的 RMS 为(1.982,0.016)m,传统 PPP 模型观测残差的 RMS 为(1.571,0.012)m。此外,观测残差呈现正态分布特征,验证了所提出的 PPP 模型和参数估计策略的合理性。

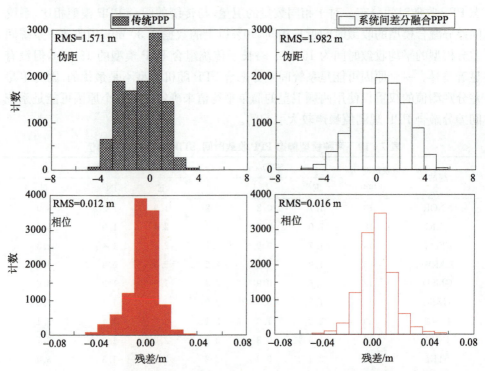

图 7-17　两种 PPP 模型的观测残差分布(左侧代表传统 PPP 模型,右侧代表系统间差分融合 PPP 模型)

为了比较两种模型的定位精度,图 7-18 展示了所有算例的 STD 和 RMS 的平均值。由图可知,系统间差分模型的 U 分量中的定位精度稍好,但是水平分量没有太大差异。

3.仿动态 PPP 结果分析

表 7-11 显示了所有测站系统间差分仿动态 PPP 的收敛时间、STD 和 RMS 的平均值。从表 7-11 可以看出,收敛时间优于 26 min,E、N 和 U 分量中的 STD 分别优于 3.0 cm、2.0 cm 和 4.5 cm,RMS 分别优于 4.0 cm、2.5 cm 和 7.0 cm。

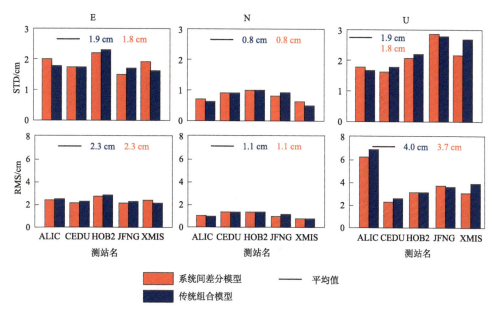

图 7-18　两种 PPP 模型定位偏差的 STD 和 RMS 的平均值

表 7-11　两种模型仿动态 PPP 收敛时间、STD 和 RMS 的平均值

测站	收敛时间/min	STD/cm			RMS/cm		
		E	N	U	E	N	U
NNOR	28	2.3	1.4	3.8	2.9	1.8	4.8
ALIC	23	1.9	1.4	3.3	3.1	2.1	6.8
CEDU	20	2.1	1.2	3.1	2.5	1.7	.3.5
DARW	30	2.1	1.3	3.7	3.6	1.9	5.0
GMSD	19	2.4	1.6	4.3	2.8	1.8	5.6
HKSL	21	2.2	1.2	3.9	3.0	1.4	6.0
HOB2	29	2.4	1.7	3.5	2.7	2.4	4.3
JFNG	28	2.6	1.3	3.9	3.2	1.6	4.6
STR1	25	2.5	1.3	3.0	2.7	1.8	3.9
XMIS	25	2.0	1.2	3.3	3.2	1.5	5.1

图 7-19 展示了两种模型仿动态 PPP 收敛时间分布。在相同卫星数量下，与传统的组合 PPP 模型相比，系统间差分模型的收敛性稍好，近 90% 的算例可以在 40 min 内收敛。系统间差分模型的平均收敛时间为 26.4 min，而传统 PPP 收敛时间为 28 min。由图 7-20 可知，两种定位模型的整体定位精度没有显著差异。

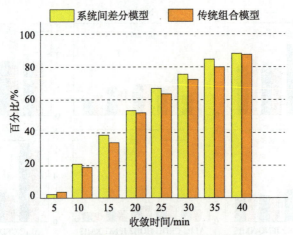

图 7 - 19　两种模型仿动态 PPP 收敛时间分布

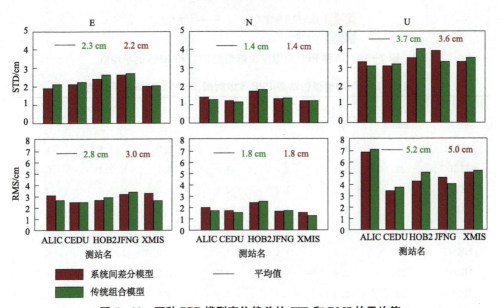

图 7 - 20　两种 PPP 模型定位偏差的 STD 和 RMS 的平均值

4. 卫星数量较少条件下定位结果分析

在本节中,将 GPS 和 BDS 卫星的数量分别设置为 3+3、4+2 和 5+1 进行仿动态 PPP 测试,分析两种模型的定位精度。选取 CEDU 站 DOY 350 观测数据进行测试,每隔 6 h 重新估计一次,定位偏差如图 7 - 21 所示。

显然,当 GPS 和 BDS 卫星数较少时,系统间差分融合 PPP 模型的定位精度明显优于传统 PPP 模型。表 7 - 12 显示了不同卫星数量下的两种模型的 STD 和 RMS,统计数据不包括每个测试周期第一个小时的结果。由表 7 - 12 可知,系统间

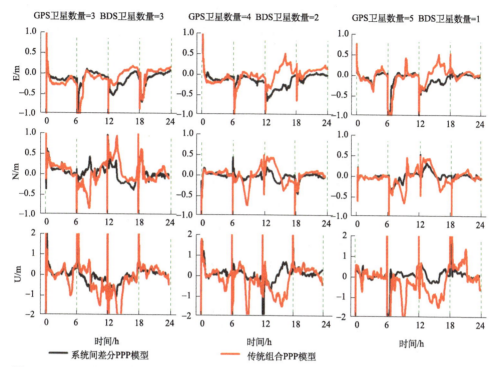

图 7 - 21　GPS 和 BDS 卫星的数量为 3＋3、4＋2 和 5＋1 条件下两种模型仿动态 PPP 定位偏差

差分模型定位结果的 STD 和 RMS 更小,因此与经典 PPP 模型相比,系统间差分融合 PPP 模型在卫星数量较少条件下更有优势。

表 7 - 12　GPS 和 BDS 卫星数量较少条件下的 CEDU 站定位结果的 STD 和 RMS

(单位:cm)

类别	模型	3G＋3C			4G＋2C			5G＋1C		
		E	N	U	E	N	U	E	N	U
STD	经典模型	9.2	21.2	49.0	8.9	15.6	44.1	13.5	15.5	47.4
	系统间差分模型	8.5	10.1	18.8	7.5	4.8	18.5	8.2	5.2	16.1
RMS	经典模型	15.3	23.9	60.1	14.6	17.1	58.5	15.1	16.7	63.6
	系统间差分模型	12.8	12.9	26.1	13.5	5.8	20.4	10.9	5.9	16.3

7.6　PPP 技术典型应用

与差分定位技术相比,PPP 技术在精密时间传递、地震监测、水汽监测、电离层建模等方面具有独特的应用优势。PPP 技术已被逐步应用于海陆空不同载体的高精度动态和静态定位、精密授时、地球动力学、低轨卫星精密定轨、GNSS 气象学等诸多地学研究及工程领域,具有重要的应用前景[241]。

在精密静态或动态定位应用方面,可以利用 PPP 技术对 GNSS 浮标进行动态定位,实现了分米级的局部海平面变化监测[218]。宋福成等[242]成功利用 PPP 技术建立了近井点,定位精度满足矿山近井点的布设要求。杜向锋等[243]将 PPP 技术应用于控制测量中,实现了 ITRF 框架坐标向常用坐标系(国家或地方独立坐标系)转换的方法。臧建飞等[244]开展了实时精密单点定位(RT-PPP)技术在远海 GNSS 验潮中的应用研究,结果表明,采用 RT-PPP 技术进行远距离海上实时测量,如潮位、潮汐、海上工程等,能满足其对精度的要求。另外,将 PPP 技术应用于 GNSS 辅助空中三角测量,可以取得和差分相当的结果[245]。

在海洋测量方面,随着 PPP 技术的快速发展以及定位精度的不断提高,利用 PPP 技术进行海上测量逐渐成为海洋测绘的常用技术手段之一。李凯锋等[246]利用 PPP 技术进行无验潮水深测量,从静、动态两方面证实了 PPP 技术在无验潮水深测量的可行性。试验结果表明,采用 PPP 技术进行水深测量比人工验潮水深测量更具优势。海洋是一个资源库,但海洋作业难度大,沿岸及岛礁的控制测量作业要面对多变的气候、高温等挑战,对测量仪器硬件要求也高。除此之外,远海、岛礁测区附近无高等级大地控制点,经典静态相对定位控制测量无法实施,而 PPP 技术能很好地解决这一难题。

在水汽遥感探测方面,采用 PPP 技术对观测数据进行分析,可以获得精度为 2 mm 的近实时综合水汽含量[247]。Rocken[248]将 PPP 技术应用于海洋水汽监测,利用其得到的天顶对流层湿延迟反演大气可降水量,实验结果表明 GNSS 反演数值与无线电探空仪和船载水汽辐射计的测量结果吻合较好。蒋旭惠等[249]将 PPP 技术应用在海岸带遥感调查中,充分利用 PPP 方式解算机载 LIDAR 系统获得地面点数据,分析实验结果显示,静态 PPP 的方法满足此次调查对地面站精度的要求。隋立芬等[250]提出了利用 PPP 模式对大气进行实时探测的基本构思及讨论了用该模式探测水汽要解决的关键问题。

在大气电离层精密建模方面,张宝成[220]采用非组合精密单点定位方法求解电离层 TEC。由于相位观测值的观测噪声和受多路径影响较小,基于非差非组合 PPP 模型,利用相位观测值提取电离层 TEC,将有效提高电离层 TEC 的提取精度,进而大幅度提高电离层建模的精度。随着 PPP 模糊度固定技术的发展和成熟,基于 PPP 固定解技术提取电离层 TEC 的技术逐渐受到关注,该方法精度更高、结果更可靠。

在低轨卫星定轨方面,随着空间技术和定位技术的发展,各国纷纷向空间发射卫星,尤其是低轨卫星。传统低轨卫星定轨需要地面或者空中跟踪站,定轨精度受各种力学模型、跟踪站观测数据的精度等影响较大。PPP 技术发展起来以后,因其模型简单,无须地面站,能提供星载 GNSS 卫星上的观测信息。因此,PPP 技术被应用于低轨卫星定轨。Bisnath 和 Langley[251] 利用 PPP 技术对 CHAMP 和 GRACE 卫星进行定轨,取得了事后分米级的定轨精度。姜卫平等[252] 采用纯几何法对 GRACE 卫星定轨,取得了单天 5 cm 的轨道精度。康国华等[253] 针对低轨卫星定轨中观测噪声进行研究,采用 IGS 精密星历辅助下的低轨卫星非差 PPP 算法,统计分析了 PPP 中的噪声及观测噪声对定位误差的影响,估计了观测噪声的误差,最终提出了基于 M-W 组合观测值进行自适应估计观测噪声的方法。结合低轨卫星定轨试验数据,经过解算,统计分析表明,该算法能够有效提高定位精度并缩短收敛时间,满足高精度在轨定位的需求。目前,PPP 技术已成为低轨卫星定轨的主要技术手段之一。

在地震监测方面,PPP 技术具有独特的优势,近 10 年来,先后有一大批学者开展了相关方面的工作。大地震引起的地面运动可以波及上千千米,此时采用相对定位的方法,通常无法直接获得震区内 GNSS 测站的同震位移,而 PPP 技术不依赖参考站,可以单站获得同震位移量。Wright 等[254] 利用 PPP 技术获得 Tohoku 地震期间近场区 GNSS 测站的瞬时位移,并根据地震发生后的位移量反演出近似断层滑动模型,进而推估地震震级为 8.8,之后根据地震仪在地震发生后确定的震级为 8.1。Larson 等[255] 利用 GNSS 跟踪站高频观测数据,成功恢复了 Denali 地震瞬时地表形变位移情况。阮仁桂[256] 基于 PPP 技术对汶川地震时天津地区 12 个 CORS 站的 1 s 观测数据进行处理,并对汶川地震进行分析。

在授时方面,张小红[257] 利用载波相位和伪距观测值组合的 PPP 方法获得了 0.1~0.2 ns 的时间传递精度。闫伟(2011)利用基于 GPS 双频原始观测数据的非组合 PPP 算法进行精密时间传递研究,并认为非组合 PPP 算法时间传递结果优于传统无电离层组合 PPP 算法的结果[258]。于合理等学者[259] 利用卡尔曼滤波对 PPP 模型中高稳定度的原子钟钟差进行建模,显著提高时间传递结果的精度和稳定性。涂锐等[260] 提出了一种利用三频非差非组合 PPP 模型观测值进行时间传递的方法并设计了系统。

当前,PPP 技术被应用于陆地、海洋和空间等不同载体的静态、动态定位、测绘、监测及地质学、低轨卫星精密定轨、精密授时、气象及水汽遥感等领域,具有广泛的应用前景。随着空间技术的进步,PPP 技术将向着多频、多模块、多系统融合定位发展,给 PPP 技术带来新的机遇和挑战。虽然 PPP 的技术难题非差模糊度的快速初始化还未解决,其数学模型、算法等还需不断完善,但随着卫星端硬件设备的升级、软件的改进等,快速初始化等问题将得到解决,PPP 技术会有着更为广阔的应用前景。

第 8 章

相位观测值模糊度固定技术

对于使用相位观测值进行解算的各类定位算法,模糊度的固定是核心问题。只有正确固定模糊度才能快速实现厘米级的定位精度。对于相对定位,只需要对解算好的双差模糊度使用恰当的整周模糊度搜索方法,即可得到模糊度为固定解的定位结果。但对于 PPP 定位模式,需要先解决 PPP 非差模糊度不具有整数特性的问题,本章从 UPD 产品的估计讲起,讲解如何解算并使用 UPD 产品恢复 PPP 模糊度的整数特性。除了 UPD 方法,另外两种 PPP 模糊度固定策略(耦合钟法和整数钟法)也会在第二节中简要介绍。最后,详述了几种主流的模糊度搜索方法和正确性检验策略。

8.1 UPD 估计技术

传统 PPP 算法是基于浮点值进行模糊度估计的,需要较长时间等待模糊度参数收敛。如果使用模糊度固定技术尝试固定 PPP 的模糊度,就可以大幅度缩减收敛时间,快速得到高精度的位置解[261]。整数模糊度固定的前提是模糊度具有整数特性,这就要求所有除噪声外的误差都必须尽可能地模型化或直接被消除。消除全部误差后噪声可以在最小二乘或卡尔曼滤波的解算过程中被逐渐平滑至可忽略的量级,最终即可恢复模糊度的整数特性。与基线双差解不同,由于未被标定的硬件延迟(UPD)的存在,PPP 中的模糊度吸收了 UPD 等期望值非零的误差,通常不具有整数特性[262,263]。Gabor(1999)认为 UPD 包含多项误差,主要有频率振荡器整周残余未被校准的小数部分、接收机与发射器未被校准的硬件延迟以及信号探测器参考和接收机时间标识参考之间的未校准偏差。由于受到 UPD 的影响,PPP 模糊度无法固定,所以实现 PPP-AR 的核心问题是恢复模糊度的整数特性。近三十年来,学界对 PPP 模糊度的固定方法进行了深入的探索,其中具有代表性的三种为整数相位钟法、耦合钟法和星间单差 UPD 法。

整数相位钟法由 Laurichesse[17,264]提出,该方法把硬件延迟分别吸收进 GNSS 网解的接收机钟和卫星钟参数内。在使用了 IGS 提供的超快速精密轨道星历产品之后,利用网解估计吸收了卫星硬件延迟的卫星钟差,该钟差产品与 IGS 钟差成分不同,被称作整数相位钟。在流动站端,使用参考站解算的卫星宽巷 UPD 固定宽巷模糊度之后,窄巷模糊度就可以使用整数相位钟产品恢复其整数特性,固定后即可获得厘米级精度的模糊度固定解。法国国家太空研究中心(CNES)已经实时在线向全世界用户提供包括整数钟产品在内的 GNSS 观测数据分析和定位服务产品。CNES 认为使用整数相位钟技术不仅在参考站端可以帮助数据中心获得更高精度的钟产品,还显著提高了流动站端可以获得定位精度的极限。

耦合钟法由 Collins[265-267]提出,该方法利用参考站网分别根据伪距和相位观测值估计这两种观测量对应的卫星钟产品,之后模糊度即可作为整数值被分离出来。在该模型中,每个历元均提供给用户一组卫星耦合钟产品,产品包含三类改正数,分别为伪距钟、相位钟和宽巷模糊度偏差。由于使用了针对伪距观测值设计的钟差,伪距观测量中的误差可以被显著降低。

Ge 在 2008 年提出了未校准相位偏差(Uncalibrated Phase Delays,UPD)的概念[18]。他提出了利用估计的单差形式的浮点无电离层模糊度提取宽巷和窄巷 UPD 的方法。在该方法中,服务端使用参考站网络提供的观测数据估计单差宽巷和窄巷 UPD。而在流动站端,宽巷模糊度在宽巷 UPD 改正后使用 HMW(Hatch-Melbourne-Wübbena)方法固定[112,113,268]。其中浮点窄巷模糊度可以通过固定的宽巷模糊度和无电离层浮点模糊度解算得到。使用服务器端提供的窄巷 UPD 产品改正窄巷模糊度之后,即可使用 LAMBDA 等方法固定窄巷模糊度。该方法和传统 PPP 是完全兼容的,在参数解算阶段不需要更改任何算法和过程。因此,该方法可以被视为传统 PPP 算法结束后的进一步高精度服务支持方案[21]。这三种方法中,UPD 方法使用相对更为广泛,这里着重介绍该方法的算法与解算思路。

Ge 在 2008 年提出使用 UPD 方法固定流动站端模糊度之后,该方法逐渐成为 PPP-AR 的主流方法之一。该方法在参考站端利用多个参考站的观测数据实时解算 UPD 产品,通过通信网络将 UPD 产品按照一定的播发频率发送至用户,用户使用 UPD 产品进行模糊度固定,获得精确的位置固定解。UPD 产品分为宽巷 UPD 和窄巷 UPD,分别用于固定宽巷和窄巷模糊度,宽、窄巷 UPD 也可以转换为各个频率(L1/L2)的 UPD 产品用以固定各频率的模糊度。虽然 Ge 在提出该方法时解算的是星间单差形式的 UPD,但目前大多数学者都通过给定一个 UPD 解算基准和使用非差形式的 UPD 产品。

在估计 UPD 产品之前,需要各个参考站分别进行 PPP 解算,然后将所有卫星的非差无电离层组合浮点模糊度发送至数据中心,传统浮点解 PPP 算法第 7 章已经做了介绍。除了浮点无电离层组合模糊度,还需要将各站解算的 MW 组合的宽巷模糊度一并发送用以分别解算窄巷和宽巷 UPD 产品。这里首先介绍宽巷和窄巷浮点模糊度的计算方法,由宽巷相位和伪距观测值可以组合 MW 观测值:

$$\widetilde{N}_{WL} = \frac{\Phi_{WL} - P_{WL}}{\lambda_{WL}} \tag{8-1}$$

式中,波浪线上标表示该值为浮点值,吸收了硬件延迟偏差。通过对一段时间内的浮点宽巷模糊度取均值,可以计算时序平滑后精确的宽巷模糊度,假设从 l 历元向前推 m 个历元计算平滑值,则平均宽巷模糊度为

$$\hat{N}_{WL} = \frac{\sum_{i=l-m+1}^{l} \widetilde{N}_{WL}(i)}{m} \tag{8-2}$$

由于宽巷模糊度具有较长的波长,在进行 UPD 改正之后利用其小数部分距离整数的偏差值及中误差阈值就可以方便地固定。固定之后的宽巷模糊度记为 N_{WL},再利用 PPP 解算的浮点 IF 模糊度即可计算浮点窄巷模糊度为

$$\widetilde{N}_{NL} = \frac{f_1 + f_2}{f_1} \widetilde{N}_{IF} - \frac{f_2}{f_1 + f_2} N_{WL} \tag{8-3}$$

UPD 估计的流程如下,首先需要获得浮点宽巷模糊度,发送至数据中心后解算宽巷 UPD,数据中心再根据各参考站发送来的浮点无电离层模糊度解算窄巷浮点模糊度,最后通过最小二乘计算窄巷 UPD。下面介绍 UPD 的估计方法,由于宽/窄巷 UPD 最小二乘估计方法完全一致,这里不再使用 WL/NL 下标,并且由于需要强调不同测站与卫星,添加了代表卫星号的上标 k 和代表测站号的下标 i。浮点的宽/窄巷模糊度可以表达为

$$\widetilde{N}_i^k = N_i^k + b_i + b^k + \varepsilon_i^k \tag{8-4}$$

式中,b_i 和 b^k 分别为与接收机和卫星相关的 UPD;N_i^k 为整数模糊度;ε_i^k 为混合了被模糊度吸收的残余误差的噪声项。假设现有 r 个参考站,共同观测了 s 颗卫星,可以列出多个基于式(8-4)的方程,利用最小二乘原则解算精确的 UPD 参数:

$$\begin{bmatrix} \widetilde{N}_1^1 \\ \widetilde{N}_1^2 \\ \vdots \\ \widetilde{N}_1^s \\ \widetilde{N}_2^1 \\ \vdots \\ \widetilde{N}_r^s \end{bmatrix} = \begin{bmatrix} N_1^1 \\ N_1^2 \\ \vdots \\ N_1^s \\ N_2^1 \\ \vdots \\ N_r^s \end{bmatrix} + [\boldsymbol{I}_r \otimes \boldsymbol{e}_s] \begin{bmatrix} b_1 \\ \vdots \\ b_r \\ b^1 \\ \vdots \\ b^s \end{bmatrix} \tag{8-5}$$

式中,$\widetilde{N}_r^s$ 为对应于其整数模糊度 N_r^s 的浮点模糊度;$\boldsymbol{e}_s$ 为 s 阶所有元素全为 1 的列

向量；I_r 为 r 阶单位阵。式(8-5)中方程个数共 rs 个，未知数个数共 $rs+r+s$ 个，其中包含 rs 个整数模糊度，r 个接收机 UPD 和 s 个卫星 UPD。很明显，该方程参数数量大于方程数量，方程秩亏无法进行解算。为了消除秩亏，需要先固定 rs 个整数模糊度 N_r^s，获得后即可将其作为已知量移至方程左边，方程获得可解性。在固定了所有整数模糊度之后，式(8-5)变为

$$\begin{bmatrix} \widetilde{N}_1^1 - N_1^1 \\ \widetilde{N}_1^2 - N_1^2 \\ \vdots \\ \widetilde{N}_1^s - N_1^s \\ \widetilde{N}_2^1 - N_2^1 \\ \vdots \\ \widetilde{N}_r^s - N_r^s \end{bmatrix} = \begin{bmatrix} I_r \otimes e_s & e_r \otimes I_s \end{bmatrix} \begin{bmatrix} b_1 \\ \vdots \\ b_r \\ b^1 \\ \vdots \\ b^s \end{bmatrix} \quad (8-6)$$

考虑到宽巷 UPD 具有非常稳定的性质，通常在全天内都可以认为是定值，一般使用全天的观测值仅解算一组宽巷 UPD 产品。利用各站发送至数据中心的浮点宽巷模糊度及式(8-6)解得宽巷 UPD，即可固定各宽巷模糊度。使用式(8-3)算得窄巷浮点模糊度，同样使用式(8-6)计算窄巷 UPD 产品。

8.2　PPP 模糊度固定技术

8.2.1　基于 UPD 的模糊度固定技术

上节提到主流的 PPP 模糊度固定策略有三种：UPD 法、整数相位钟法和耦合钟法。本节详细介绍这三种模糊度固定方法的思路。首先介绍 UPD 法，上节已经给出了 UPD 产品的解算算法，下面直接从流动站端获得 UPD 产品后开始介绍流动站模糊度固定技术。

在流动站端，同样需要先固定宽巷模糊度，使用无电离层组合模糊度计算窄巷模糊度。使用宽巷 UPD 改正宽巷模糊度的过程可表示为

$$\hat{N}_{u,\mathrm{WL}}^{kl} = \widetilde{N}_{u,\mathrm{WL}}^{kl} - (b_{\mathrm{WL}}^k - b_{\mathrm{WL}}^l) \quad (8-7)$$

式中，kl 为星间单差的两颗卫星 k 和 l；下标 u 为用户标识；$\hat{N}_{u,\mathrm{WL}}^{kl}$ 为改正后待固定的模糊度。利用式(8-3)获得浮点窄巷模糊度之后，利用窄巷 UPD 产品改正窄巷模糊度的过程表示为

$$\hat{N}_{u,\mathrm{NL}}^{kl} = \widetilde{N}_{u,\mathrm{NL}}^{kl} - (b_{\mathrm{NL}}^k - b_{\mathrm{NL}}^l) \quad (8-8)$$

一般忽略 UPD 的随机特性，改正后的窄巷模糊度和改正前的浮点模糊度具有

相同的协因数阵,最后使用 LAMBDA 方法搜索并固定窄巷模糊度,即可得到模糊度固定的位置解。

在上述过程中,虽然用户端非差模糊度并未进行站间单差消除卫星端的相位硬件延迟,但经过星间单差和 UPD 改正后,模糊度的整数特性依然可以成功恢复,模糊度可以被尝试固定。

8.2.2　基于耦合钟差的模糊度固定技术

对于耦合钟法,其观测方程由伪距和相位无电离层观测值以及一个 MW 组合观测值组成,写为

$$
\left.\begin{aligned}
P_{IF}^s + ct_{IF}^s &= \rho^s + ct_r - ct^s + T^s + \delta_{IF,P,r} - \delta_{IF,P}^s + \varepsilon_{IF,P}^s \\
\lambda_{IF}\Phi_{IF}^s + ct_{IF}^s &= \rho^s + ct_r - ct^s + T^s + \delta_{IF,\Phi,r} - \delta_{IF,\Phi}^s - \lambda_{IF}N_{IF}^s + \varepsilon_{IF,\Phi}^s \\
\lambda_{WL}\Phi_{MW}^s &= \delta_{MW,r} - \delta_{MW,\Phi}^s - \lambda_{WL}N_{WL}^s + \varepsilon_{MW,\Phi}^s
\end{aligned}\right\}
$$

$$(8-9)$$

由于将硬件延迟与模糊度和钟差分离求解,式中待求参数除了传统 PPP 的坐标、接收机钟差、对流层延迟和模糊度外,还包括了伪距与相位无电离层组合和 MW 组合对应的接收机与卫星相关硬件延迟参数。由于待求参数个数过多且部分参数间线性相关,即便同一时间可以观测到大量卫星,方程依然处于秩亏状态。

硬件延迟与钟差实际上存在线性相关且无法区分,这里将每种硬件延迟和钟差分别合并,即

$$
\begin{cases}
ct_{IF,P,r} = ct_r + \delta_{IF,P,r} \\
ct_{IF,\Phi,r} = ct_r + \delta_{IF,\Phi,r} \\
ct_{IF,P}^s = ct^s + \delta_{IF,P}^s \\
ct_{IF,\Phi}^s = ct^s + \delta_{IF,\Phi}^s
\end{cases}
$$

$$(8-10)$$

对应地,观测方程可以简化为

$$
\left.\begin{aligned}
P_{IF}^s + ct_{IF}^s &= \rho^s + ct_{IF,P,r} - ct_{IF,P}^s + T^s + \varepsilon_{IF,P}^s \\
\lambda_{IF}\Phi_{IF}^s + ct_{IF}^s &= \rho^s + ct_{IF,\Phi,r} - ct_{IF,\Phi}^s + T^s - \lambda_{IF}N_{IF}^s + \varepsilon_{IF,\Phi}^s \\
\lambda_{WL}\Phi_{MW}^s &= \delta_{MW,r} - \delta_{MW,\Phi}^s - \lambda_{WL}N_{WL}^s + \varepsilon_{MW,\Phi}^s
\end{aligned}\right\}
$$

$$(8-11)$$

可以发现简化后的方程依然秩亏。为了消除秩亏,与求解 UPD 产品时类似,这里采用两个步骤消除秩亏。首先选取一个基准参考站,将其伪距/相位钟差和伪距/相位硬件延迟设置为 0;之后选取一颗基准卫星,将其无电离层模糊度 N_{IF}^s 和宽巷模糊度 N_{WL}^s 均设置为 0。基准设置完毕后,参数间的相关性就可以随之消除,方程亦可以正常求解。

对于用户而言,流动站端仅希望得到高精度的位置解,不考虑硬件延迟的具体数值,同时希望数据传输带宽尽可能地小。考虑到伪距和相位钟差都随时间变化

剧烈但二者之差相对稳定,所以参考站端将伪距钟写为相位钟加差值变量(b_{code}^s 和 $b_{code,r}$)的形式,观测方程变为

$$\left.\begin{aligned} P_{IF}^s + ct_{IF}^s &= \rho^s + ct_{IF,\Phi,r} + b_{code,r} - ct_{IF,\Phi}^s - b_{code}^s + T^s + \varepsilon_{IF,P}^s \\ \lambda_{IF}\Phi_{IF}^s + ct_{IF}^s &= \rho^s + ct_{IF,\Phi,r} - ct_{IF,\Phi}^s + T^s - \lambda_{IF}(17N_1^s + 60N_{WL}^s) + \varepsilon_{IF,\Phi}^s \\ \lambda_{WL}\Phi_{MW}^s &= \delta_{MW,r} - \delta_{MW,\Phi}^s - \lambda_{WL}N_{WL}^s + \varepsilon_{MW,\Phi}^s \end{aligned}\right\}$$

$$(8-12)$$

注意式中无电离层模糊度已经写为 N_1^s 和宽巷模糊度 N_{WL}^s 线性组合的形式。上式可为所有卫星联立求解,解算的卫星相位钟 $t_{IF,\Phi}^s$、相位钟与伪距钟之差 b_{code}^s 和宽巷模糊度的卫星端硬件延迟 $\delta_{MW,\Phi}^s$ 即可作为产品播发给流动站。

流动站收到耦合钟产品后,构建与参考站类似的观测方程,分别使用三种产品改正对应误差,即可实现模糊度为固定解的高精度定位。

8.2.3　基于整数相位钟的模糊度固定技术

整数相位钟法更像是 UPD 法和耦合钟法的结合体,在宽巷模糊度固定层面,采用了和 UPD 方法类似的,联立各站 MW 组合宽巷模糊度伪观测值网解宽巷硬件延迟的策略,即

$$\widetilde{N}_{r,WL}^s = N_{r,WL}^s + b_{r,WL} + b_{WL}^s + \varepsilon_{r,WL}^k \qquad (8-13)$$

各站 MW 组合观测值写为式(8-13)的形式,联立即可获得每颗卫星的宽巷硬件延迟产品 b_{WL}^s。求取方法与过程中基准的确定步骤在 8.1 节中已有详述。

之后的步骤类似于耦合钟法联立无电离层组合观测值观测方程:

$$\left.\begin{aligned} P_{IF}^s + ct_{IF}^s &= \rho^s + ct_{IF,P,r} - ct_{IF,P}^s + T^s + \varepsilon_{IF,P}^s \\ \lambda_{IF}\Phi_{IF}^s + ct_{IF}^s &= \rho^s + ct_{IF,\Phi,r} - ct_{IF,\Phi}^s + T^s - \lambda_{IF}(17N_1^s + 60N_{WL}^s) + \varepsilon_{IF,\Phi}^s \end{aligned}\right\}$$

$$(8-14)$$

由于提前联立解算好了宽巷模糊度的硬件延迟,宽巷模糊度 N_{WL}^s 即可随之固定。将其代入上式,第二式中解算的模糊度即仅剩 N_1^s。在参考站端,分别解算卫星端伪距与相位钟产品,与宽巷模糊度卫星端硬件延迟一同发送给流动站,流动站同样先使用宽巷硬件延迟产品固定宽巷模糊度,再分别使用伪距和相位钟差改正方程后求取整数 N_1^s 模糊度,固定后即可获得高精度位置解。

8.3　整周模糊度搜索方法

为获得厘米级的实时定位精度,必须实时准确解算载波相位观测值的整周模糊度。通常模糊度的解算需要在保证可靠性的同时,顾及解算效率。整周模糊度固定是典型的混合整数最小二乘估计问题,其核心是基于某一数学模型,并结合一种整数估计方法将实数模糊度固定为整数。常用的整数估计方法有直接取整(Integer Rounding,IR)、整数引导(Integer Bootstrapping,IB)的估计方法以及整数最小二乘(Integer Least Squares,ILS)[174,261,269-272]。其中 ILS 是最常用的估计方法,但其解算也最复杂,需要通过搜索才能获得候选整数值,通常在模糊度固定时为了提高搜索效率,需要对实数模糊度进行降相关处理。

基于不同数学模型和整数估计方法,出现了很多不同的整周模糊度估计方法,如 AFM(Ambiguity Function Method)[273]、ARCE(Ambiguity Resolution using Constraint Equation)、LSAST(Least-Squares Ambiguity Search Technique)、FASF(Fast Ambiguity Search Filter)、TCAR(Three-Carrier Ambiguity Resolution)[274]、CIR(Cascading Integer Resolution)[275]、LAMBDA(Least-squares AMBiguity Decorrelation Adjustment)[276-278] 及 MLAMBDA(Modified LAMBDA)[279,280]等。按照模糊度处理方式的不同,可以将这些模糊度固定方法分为三类:坐标域(AFM、ARCE)、观测值域(TCAR、CIR)和模糊度域(LSAST、FASF、LAMBDA)。对于短基线 RTK 定位,LSAST、FASF、LAMBDA 系列方法最为常用,下面分别介绍其优缺点及整周模糊度中的去相关技术。

8.3.1 LSAST

LSAST 是 GNSS 精密定位中较早的模糊度解算方法,由 Hatch 提出[281]。该方法固定整周模糊度的主要原理是:将双差模糊度分为主模糊度和次模糊度两组,主模糊度由 4 颗几何结构较好的卫星构成。在搜索时只对主模糊度进行全部搜索,其搜索范围在实数模糊度的±5 周,根据残差最小的原则将向最近整数取整。对于每一组主模糊度候选值,有一组唯一的次模糊度与之对应,这样模糊度搜索的维度大大降低,能够显著提高模糊度的搜索效率[282]。该方法的模糊度固定效果与参考卫星的选择关系密切,由于参考卫星的变化将导致 PDOP 值的变化,而主模糊度则是基于 PDOP 选取,因此不同的参考卫星会导致计算效率不同。如果参考卫星出现失锁,必须重新开始搜索;而在参考卫星出现周跳时,该方法会导致模糊度搜索失败。此外,该方法在每一历元都会进行模糊度检验,当某一历元伪距误差较大时,会导致拒绝正确的模糊度。

8.3.2 FASF

FASF 方法由 Chen[283] 提出并在 RTK 定位中进行仿真测试。该方法采用卡尔曼滤波对状态参数进行预测,并在每一个历元都对模糊度进行搜索,直到模糊度固定,同时递归计算模糊度搜索范围,在一定程度上降低了计算量和固定模糊度需要的数据长度。递归计算模糊度的搜索空间是 FASF 的一个重要特点,将模糊度从左到右排序,左侧的模糊度视为已知,在计算当前模糊度的搜索范围时,将左侧的模糊度作为约束,更新当前模糊度的信息。

如果模糊度搜索空间计算合理,所有正确的模糊度候选值应该落在搜索范围内,但受到卫星几何结构、观测噪声及先验信息的影响,错误的模糊度候选值也可能落在搜索范围内,随着观测值和几何信息的累积,只有正确的候选模糊度才能持续满足模糊度检验条件,错误的候选模糊度将被剔除。当先验信息可信度较高、卫星几何结构较好、观测噪声较低时,只需几个历元即可固定整周模糊度,但对于单频用户来讲,快速模糊度固定较为困难。

8.3.3　LAMBDA/MLAMBDA

LAMBDA 方法[181]是当前理论研究和工程应用中最为常用的模糊度固定方法,该方法以整周模糊度的实数解及其协方差矩阵作为输入,搜索出几组候选模糊度组合,再确认最优候选模糊度组合是否是正确的模糊度组合。LAMBDA 方法的主要思想是首先基于 Lagrange 降相关原理,通过整数变换降低模糊度之间的相关性,然后在整数变换后的空间内,采用搜索的方法获得候选模糊度向量,该方法顾及了模糊度之间的相关性,极大地提高了模糊度的解算效率。尽管 LAMBDA 方法将模糊度搜索向前推进了一大步,但当模糊度维数较高时,模糊度搜索仍然比较耗时,Chang 等[279]对 LAMBDA 方法的降相关和搜索进行了改进,进一步提高了 LAMBDA 方法模糊度解算的效率。尽管去相关技术被广泛地研究和应用,但研究表明去相关在高维模糊度情况下会失效,无法提高模糊度的搜索效率[284]。因此,高维模糊度的高效解算仍然值得进一步研究。

8.4　整周模糊度检验

正确的模糊度是高精度定位的前提,因此整周模糊度固定后必须通过一定的方法进行确认,其正确性直接关系到定位的精度和可用性。有效的模糊度检验方法要在保证其定位可靠性的同时,尽可能提高可用性。目前整周模糊度的确认主要有:基于经验的区别检验法,包括 F-ratio、R-ratio 和 W-ratio 等[272,285];基于模糊度估计理论的成功率/失败率指标法[261,286];区别检验与成功率/失败率指标结合的方法[269,287]。

8.4.1　RATIO 检验原理

GNSS 相对定位观测方程可以写为

$$AX + BN = L + e \qquad (8-15)$$

估计准则为

$$\min \| L - B\hat{N} - A\hat{X} \|^2_{Q_L}, \quad N \in Z^n, X \in R^n \qquad (8-16)$$

通过最小二乘或者卡尔曼滤波可以得到浮点解:

$$\begin{bmatrix} \hat{N} \\ \hat{X} \end{bmatrix}, \quad \begin{bmatrix} Q_{\hat{N}} & Q_{\hat{N}\hat{X}} \\ Q_{\hat{X}\hat{N}} & Q_{\hat{X}} \end{bmatrix} \qquad (8-17)$$

然后，根据一定的搜索方法得到 m 组候选模糊度组合 $(N_1, N_2, N_3, \cdots, N_m)$（按照到实数模糊度的加权距离排序）。所谓的模糊度检验，就是在给定的 m 组候选模糊度中，找出正确的模糊度组合 N_0，其中 $N_0 \in (N_1, N_2, N_3, \cdots, N_m)$，$\forall N_i \in (N_1, N_2, N_3, \cdots, N_m)$，即确认 $N_i = N_0 (i = 1, \cdots, m)$。下面对常用的 RATIO 检验和基于成功率的模糊度检验方法进行理论分析，并指出各自的优势与不足。

RATIO 检验是通过比较次优模糊度组合与最优模糊度组合到实数模糊度的加权距离，来判断最优模糊度候选组合是否是正确模糊度组合。如果二者距离差别足够大，则接受最优候选模糊度组合。其表达式可以写为

$$t = \frac{\mathbf{\Omega}_s}{\mathbf{\Omega}_o} \leqslant c \tag{8-18}$$

其中，$\mathbf{\Omega}_o = \|\hat{\mathbf{N}} - \check{\mathbf{N}}_o\|_{Q_{\hat{N}}^{-1}}$，$\mathbf{\Omega}_s = \|\hat{\mathbf{N}} - \check{\mathbf{N}}_s\|_{Q_{\hat{N}}^{-1}}$；$\hat{\mathbf{N}}$ 为实数模糊度组合；$\check{\mathbf{N}}_s$ 为次优整周模糊度组合；$\check{\mathbf{N}}_o$ 为最优候选模糊度组合。

当次优模糊度组合到实数模糊度的加权距离是最优模糊度组合到实数模糊度组合加权距离的 c 倍时，则认为最优模糊度组合是正确的模糊度。一般认为最优模糊度组合是无偏的，而次优模糊度组合则是有偏的，因此 t 服从非中心 F 分布[277,288]。

区别检验法是将次优于最优模糊度组合的欧拉距离之比或者是固定解残差二次型之比作为统计量，与给定阈值进行比较。严格来说，这些阈值是根据一定的统计分布给出的，而实际上区别检验中所采用的统计量可能会与假设不符，并且按经验给出的阈值，在实际中可能会出现阈值偏大或者偏小的情况，从而影响定位的可用性。此外，以 RATIO 检验为例，它检验的仅仅是次优候选模糊度组合与最优候选模糊度组合是否显著差异，或者说最优候选模糊度与次优候选模糊度相比，是否距离实数解足够近，不能检验模糊度的正确性。只有模型正确，实数解精度足够高时，通过 RATIO 检验才有意义。

8.4.2　基于成功率的模糊度检验方法

基于成功率的模糊度检验方法的原理是基于实数模糊的协方差阵来评估整周模糊度的正确性。成功率的计算方法根据整周模糊度固定方法的不同而略有差异，对于 IR 解算整周模糊度，其成功率计算如下[106]：

$$P_{s,IR} = P(a_{IR} = a) \geqslant \prod_{i=1}^{n} \left(2\Phi\left(\frac{1}{2\sigma_{a_i}}\right) - 1\right) \tag{8-19}$$

基于 IB 的整周模糊度固定方法的成功率为

$$P_{s,IB} = P(a_{IB} = a) = \prod_{i=1}^{n} \left(2\Phi\left(\frac{1}{2\sigma_{a_{i|I}}}\right) - 1\right) \tag{8-20}$$

其中，$\sigma_{a_{i|I}}$（$I = \{i+1, \cdots, n\}$）为第 i 个实数模糊度的 $\hat{a}_i$ 在 I 下的条件方差，即为对

角矩阵 $\boldsymbol{D}(Q_{\hat{a}\hat{a}} = L^{\mathrm{T}}DL)$ 的第 i 个元素。

考虑到计算效率和实际效果，$P_{s,IB}$ 是用得最多的成功率之一。由于整数最小二乘归整域复杂，很难计算其模糊度成功率，通常采用 $P_{s,IB}$ 作为整数最小二乘估计成功率的下界，而上界则根据所用卫星的几何结构来计算[289]：

$$P_{s,IB} \leqslant \left(2\Phi\left(\frac{1}{2ADOP}\right) - 1\right)^n = P_{ADOP} \tag{8-21}$$

基于成功率/失败率的模糊度确认方法理论上比较严密，但是在整数最小二乘中计算复杂，无法直接给出成功率，只能通过上限和下限给出其近似成功率值。同时，由于成功率均是基于实数解计算的，反映的是实数模糊度的特性，而非固定的模糊度的成功率，与实际成功率存在一定的差异，即使在成功率很高的情况下，模糊度也有可能是错误的。此外，上述的成功率是基于无偏浮点解计算的整数成功率，由于残留系统误差的影响，得到的浮点解往往不可避免是有偏的(尽管偏差可能非常小)；除非系统误差足够小，即浮点解足够近似无偏，否则采用这些概率公式不能客观地评定整数估值的有效性。尽管有偏浮点解的整数估值成功概率公式被导出，但这些偏差在实际应用中往往无法得知，否则可精确改正得到无偏的浮点解。因此，只有基于无偏浮点解的整数成功概率计算公式才是实用的。在 GNSS 实际应用中，为了提高整数估值的可靠性，必须有效地消除(或合理地引入系统参数加以吸收)各项系统误差的影响。

8.4.3　差异检验与完好性监测结合的整周模糊度检验方法

根据上述分析，当实数解精度足够高时，如果最优与次优候选模糊度对应的观测值残差具有显著差异，并且最优模糊度对应的观测值残差足够小时，则认为最优模糊度是正确的模糊度。

根据这个原则，可采用差异检验与完好性监测结合的整周模糊度检验新方法。该方法在实际进行模糊度检验时，采用伪距完好性监测控制实数解的精度，与基于伪距的接收机自主完好性监测相似，伪距的完好性检验通过，则认为实数解精度达到能够固定模糊度的要求。对最优模糊度与次优模糊度的相位观测值残差的离差平方和进行卡方检验，如果通过检验，则认为最优与次优模糊度对应的观测值残差具有显著差异。最后通过相位观测值的完好性监测(Carrier phase-based RAIM，CRAIM)确认最优模糊度对应的相位观测值的残差是否足够小。如果上述三个检验都通过，则认为最优模糊度即为正确的模糊度组合。

8.4.3.1　候选模糊度的差异检验

候选模糊度的差异检验，主要是判断最优模糊度与次优模糊度对应的相位观测值残差是否具有显著差异。从参数估计准则看，参数估计是在寻找一组能够使观测值残差平方和最小的模糊度组合，正确的模糊度解算得到的观测值残差应该最小，而错误的模糊度得到的观测值残差与正确模糊得到的观测值残差相比理应很大。如果两组模糊度引起的观测值残差水平相当,没有显著区别,那么这两组模糊度很可能都不是正确的模糊度组合,两组模糊度在空间不具有可分性。如果两组候选模糊度引起的观测值残差存在显著差异,则说明两组候选模糊度是可区分的,其中一组很可能是正确的模糊度组合。当然也存在两组都不是正确的模糊度的情况,这类情况会被完好性检验拒绝。两组候选模糊度引起的观测值残差之差 $V_{\Delta N}$ 及二次型可以表示为

$$\begin{cases} V_{\Delta Ni} = \lambda(I - H)\Delta N_i \\ R_{\Delta N} = V_{\Delta N}^T P V_{\Delta N} = \lambda^2 \Delta N^T (I - H) P (I - H) \Delta N \end{cases} \quad (8-22)$$

如果两组候选模糊度对应的相位观测值残差具有显著差异,则二次型 $R_{\Delta N}$ 满足:

$$R_{\Delta N} > \chi_\alpha^2(n-1, 0) \quad (8-23)$$

其中,n 为观测值个数;$R_{\Delta N}$ 为模糊度差异引起的残差二次型;α 为显著性水平;I 为单位阵;$H = AA^T PA$。

从上述的计算中可以看出,整个计算受到随机模型的影响较大,不同的随机模型可能得到不同的计算结果,导致结果的模糊性。为了寻找一种实用可靠的检验方法,分析上述计算过程,当计算候选模糊度残差时,是将模糊度的差异映射到了残差域;同样,可以将模糊度差异映射到坐标域。这样检验两组候选模糊度对应的观测值残差的差异,即可转化为检验两组候选模糊度对应的位置的差异。

从几何意义上看,两组候选模糊度对应两个待确认的位置,如果两个位置没有显著差异,则很可能两个候选位置都不是正确的位置,即二者在空间上不可区分,那么两组模糊度也就不是正确的模糊度。如果两组模糊度能够引起位置域的显著差异,从而使两个候选位置具有空间的可区分性,两组候选模糊度中才很有可能有一组是正确的模糊度组合。

最优模糊度和次优模糊度组合引起的坐标变化可以表示为

$$\begin{cases} D_{x_o} = (A^T PA)^{-1} A^T P (\breve{N}_o - \hat{N}) \\ D_{x_s} = (A^T PA)^{-1} A^T P (\breve{N}_s - \hat{N}) \end{cases} \quad (8-24)$$

则

$$T = \Omega_{x_o x_s} = \| D_{x_o} - D_{x_s} \|_{Q_x^{-1}}^2 \sim \chi^2(2, 0) \quad (8-25)$$

即两组候选模糊度引起的坐标差之差的加权平方和服从自由度为 2 的卡方分布如下:

$$T > \chi^2(2, 0) \quad (8-26)$$

若式(8-26)成立,则认为两组候选模糊度能够引起用户位置的显著差异。这与残差差异检验的优势在于其随机模型的确定,这里三维位置之差的随机模型,可以根据定位精度设定,从而避免了检验的模糊性,即

$$Q_{\dot{x}}^{-1} = \begin{bmatrix} \sigma_x^2 & 0 & 0 \\ 0 & \sigma_y^2 & 0 \\ 0 & 0 & \sigma_z^2 \end{bmatrix}^{-1} \tag{8-27}$$

其中,$(\sigma_x, \sigma_y, \sigma_z)$ 为三维坐标精度,对于 RTK 定位,一般为 0.02 m。

位置域差异(或残差域差异)检验与 RATIO 检验是两个不同的方面,RATIO 检验强调的是模糊度,检验的是最优模糊度距离实数模糊度距离是否足够近以及两组模糊度是否具有空间可分性,位置域的差异检验则强调的是位置,检验的是两组候选模糊度组合能否在位置域具有可分性。

多数情况下,模糊度的显著差异必然会引起坐标域或者残差域的显著差异;但当新卫星出现时,RATIO 检验的很可能不能通过,如果其中一组模糊度是正确的模糊度,则会降低高精度定位的可用性,尤其是在多模 GNSS 应用中。而此时,两组模糊度仍然可能会引起坐标域或者残差域的显著差异。因此,与 RATIO 检验相比,差异检验能够有效地提高可用性。当然即使两组模糊度具有显著差异,也并不表示最优模糊度即为正确的模糊度,如果此时最优模糊度不是正确的模糊度,则该模糊度将通过基于伪距的完好性监测和基于相位观测值的完好性监测拒绝。

对于通过检验的模糊度具有以下特性:伪距和相位残差平方和比较小;次优模糊度对应的残差平方和明显大于最优模糊度对应的相位残差平方和,因此有理由认为通过检验的模糊度即为正确的模糊度。

8.4.3.2　伪距和相位观测值的完好性监测

如上所述,差异检验并非检验整周模糊度的正确性,即使检验通过,也不能肯定其正确性。因此,在差异检验通过后,必须进一步确认整周模糊度的正确性。无论何种参数估计方法,其目标都是要求在给出的数学模型下,待估参数最优的符合观测值。因此,确认待估参数的正确性、模型的正确性最有效和最直接的方法是残差检验,即完好性监测。

首先需要确认模型的正确性和实数解的精度,可以采用基于伪距的完好性监测算法保证其实数解的精度,其检验量可写为

$$T_{code} = r_{code}^{\mathrm{T}} Q_{code}^{-1} r_{code} \tag{8-28}$$

其中,r_{code} 为双差伪距残差;Q_{code} 为伪距双差残差的方差协方差矩阵。如果数学模型正确,伪距残差没有明显的偏差,则在给定的显著性水平 α 下:

$$\chi_{1-\frac{\alpha}{2}}^{\mathrm{T}}(n-1,0) \leqslant T_{code} \leqslant \chi_{\frac{\alpha}{2}}^{\mathrm{T}}(n-1,0) \tag{8-29}$$

其中,n 为双差整周模糊度的个数。

基于伪距的完好性监测实际上检验的是模型的正确性和实数解的精度,当基于伪距的完好性监测通过后,需要对载波相位残差进一步确认,即基于相位观测值的完好性监测,以保证相位观测值残差足够小,其检验量可写为

$$T_{phase} = r_{phase}^{\mathrm{T}} \boldsymbol{Q}_{phase}^{-1} r_{phase} \qquad (8-30)$$

其中，r_{phase} 为固定模糊度后的相位观测值双差残差；$\boldsymbol{Q}_{phase}$ 为相位观测值双差残差的方差协方差矩阵。如果整周模糊度固定正确，则在给定的显著性水平 α 下：

$$\chi_{1-\frac{a}{2}}^{\mathrm{T}}(n-1,0) \leqslant T_{phase} \leqslant \chi_{\frac{a}{2}}^{\mathrm{T}}(n-1,0) \qquad (8-31)$$

给定虚警率 $P_{FA,raim}$、$P_{FA,craim}$ 时，有[290]

$$\begin{cases} P(T_{code} < T_{raim} \mid H_0) = \displaystyle\int_0^{T_{raim}} f_{\chi^2(n-1)}(x)\mathrm{d}x = 1 - P_{FA,raim} \\ P(T_{phase} < T_{craim} \mid H_0) = \displaystyle\int_0^{T_{craim}} f_{\chi^2(n-1)}(x)\mathrm{d}x = 1 - P_{FA,craim} \end{cases} \qquad (8-32)$$

根据式(8-32)即可确定伪距和相位完好性监测的阈值，据此对检验量进行判断。在基于伪距和相位观测值的完好性监测实施过程中，除了函数模型外，随机模型($\boldsymbol{Q}_{code}$、$\boldsymbol{Q}_{phase}$)也直接影响着检验的结果。Feng S 等[291]直接基于伪距和相位观测值的先验噪声确定 $\boldsymbol{Q}_{code}$、$\boldsymbol{Q}_{phase}$，即

$$\boldsymbol{Q}_{type} = 2\sigma_{type}^2 \begin{bmatrix} 1 & \cdots & 0 & 0 & -1 \\ \vdots & & \vdots & \vdots & \vdots \\ 0 & \cdots & 1 & 0 & -1 \\ 0 & \cdots & 0 & 1 & -1 \end{bmatrix} \begin{bmatrix} 1 & \cdots & 0 & 0 & -1 \\ \vdots & & \vdots & \vdots & \vdots \\ 0 & \cdots & 1 & 0 & -1 \\ 0 & \cdots & 0 & 1 & -1 \end{bmatrix}^{\mathrm{T}} \qquad (8-33)$$

其中，$type = (code, phase)$，σ_{type}^2 为对应观测值的方差。Liu 等[290]认为，这样给出的误差矩阵会因为依赖所给的观测值的噪声的不同存在不确定性，因此建议通过下式计算观测值双差残差的权阵：

$$\boldsymbol{W}_k = \boldsymbol{A}_k \boldsymbol{P}_{k|k-1} \boldsymbol{A}_k^{\mathrm{T}} + \boldsymbol{R}_k \qquad (8-34)$$

其中，$\boldsymbol{R}_k$ 为观测值噪声矩阵；$\boldsymbol{A}_k$ 为设计矩阵；$\boldsymbol{P}$ 为状态参数的协方差阵。

$\boldsymbol{W}_k$ 同时考虑了协方差、观测值噪声及观测值残差之间的相关性。但本质上该矩阵也是参数估计的内符合结果，为了更好地控制残差，可以采用先验信息设置 $\boldsymbol{Q}_{phase}$、$\boldsymbol{Q}_{code}$。对于相位观测值，考虑到其多路径不超过 $\frac{1}{4}$ 周，在固定模糊度后，其残差最多不超过 $\frac{1}{2}$ 周，因此给定：

$$\boldsymbol{Q}_{phase} = \left(\frac{\lambda}{2}\right)^2 \begin{bmatrix} 1 & 0 & \cdots & 0 \\ 0 & 1 & \cdots & 0 \\ \vdots & \vdots & \ddots & \vdots \\ 0 & 0 & \cdots & 1 \end{bmatrix} \qquad (8-35)$$

其中，λ 为载波相位观测值的波长。对于伪距观测值残差，忽略双差残差之间的相关性，则根据高度角权[292,293]，其方差阵可表示为

$$\boldsymbol{Q}_{code} = \begin{bmatrix} \sigma_{1j}^2 & 0 & 0 & 0 & \cdots & 0 \\ 0 & \ddots & 0 & 0 & \cdots & 0 \\ 0 & 0 & \sigma_{j-1j}^2 & 0 & \cdots & 0 \\ 0 & 0 & 0 & \sigma_{j+1j}^2 & \cdots & 0 \\ \vdots & \vdots & \vdots & \vdots & \ddots & 0 \\ 0 & 0 & 0 & 0 & 0 & \sigma_{nj}^2 \end{bmatrix} \qquad (8-36)$$

$$\sigma_{1j}^2 = \frac{\sigma_0^2}{\sin(ele_1^{r1})} + \frac{\sigma_0^2}{\sin(ele_1^{r2})} + \frac{\sigma_0^2}{\sin(ele_j^{r1})} + \frac{\sigma_0^2}{\sin(ele_j^{r2})} \qquad (8-37)$$

其中，$\sigma_0 = 0.3$ m，n 为卫星颗数，j 为参考星，ele_1^{r1} 为参考星 j 在测站 $r1$ 的卫星高度角，ele_j^{r2} 为参考星 j 在测站 $r2$ 的卫星高度角，ele_1^{r1} 为第 1 颗卫星在测站 $r1$ 的卫星高度角，ele_1^{r2} 为第 1 颗卫星在测站 $r2$ 的卫星高度角。

8.4.3.3　测试分析

选取香港地区 HKWS-HKKS(6.8 km)两个测站 2019 年三天(DOY：134—136)的 1 Hz GPS/GLONASS/Galileo/BDS 四系统数据，统计分析差异检验与完好性监测结合的整周模糊度方法(定义为新方法)的效果。在数据解算时，以小时为单位进行解算，电离层延迟采用 Klobuchar 模型改正，对流层延迟采用 Saasta-moinen 模型进行改正，引入卡尔曼滤波进行参数估计，卫星截止高度角为 10°。研究表明，RATIO 检验与 ILS 成功率相比，更符合实际情况，因此将新方法结果与 RATIO 检验结果比较，RATIO 取值采用 FFRT 的经验取值[294]。模糊度固定时采用全模糊度固定，尽管部分模糊度固定能够提高固定率，但在多模 GNSS 组合定位中，模糊度维数仍然过高，会导致解算效率依然较低。

图 8-1 给出了 2019 年 5 月 14 日(DOY：134)基于 RATIO 进行模糊度检验时，GPS、GLONASS、Galileo、BDS 单系统及 GPS/GLONASS/Galileo/BDS 四系统组合定位结果，图中所示均为 RATIO 检验通过后的定位结果。总体上看，基于 RATIO 检验的定位结果在该次实验中，并未出现较大的偏差，尤其是 GPS、BDS 单系统解算结果和 GPS/GLONASS/Galileo/BDS 组合定位结果，其 N、E 方向定位偏差均在 ±5 cm 以内，U 方向定位偏差略大，但也均在 ±20 cm 内波动。GLO-NASS 和 Galileo 在 N、E 方向则有定位偏差超过 ±10 cm 的情况，其本质是该历元出现了模糊度固定错误，而 RATIO 检验没有拒绝，导致坐标产生较大偏差。

图 8-2 给出了 2019 年 5 月 14 日(DOY：134)采用新方法进行模糊度检验时，GPS、GLONASS、Galileo、BDS 单系统及 GPS/GLONASS/Galileo/BDS 四系统组合定位结果，同样图中所示均为检验通过后的定位结果。对于 GPS、BDS 和 GREC2 组合定位结果与 RATIO 检验定位结果相当，而 GLONASS 和 Galileo 定位结果则很少出现较大偏差，即模糊度固定错误的情况明显比 RATIO 检验少，说明了新方法的有效性。

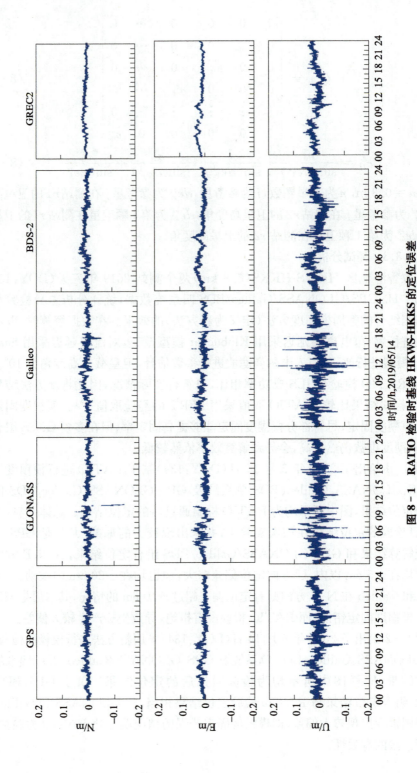

图 8-1　RATIO 检验时基线 HKWS-HKKS 的定位误差

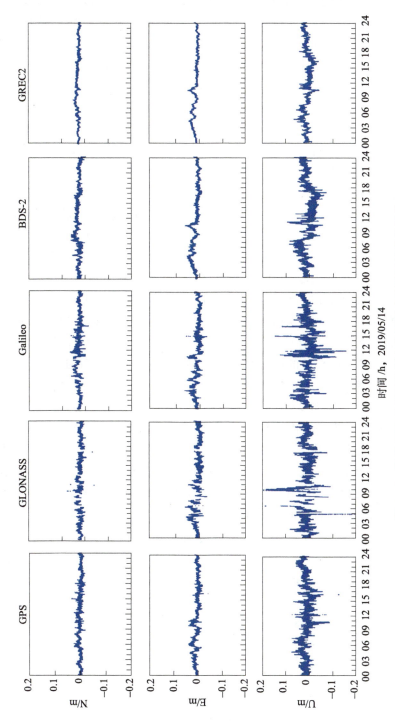

图 8 - 2　基线 HKWS-HKKS 新方法模糊度检验时的定位误差

将 2019 年三天的解算结果(DOY:134-136)进行统计。表 8-1 为模糊度固定率统计,包括 RATIO 检验和新方法的固定率及固定错误率。这里将模糊度固定后的 N、E 方向定位偏差绝对值之和大于 0.2 m 时,即认为模糊度固定错误,模糊度固定错误率即为模糊度固定错误的历元数占总的实数解的百分比。首先从固定率上看,新方法模糊固定率显然高于 RATIO 检验时的固定率,GLONASS 除外。对于 GPS、BDS-2 单系统而言,RATIO 检验的固定率分别为 93.65%、96.19%,新方法的固定率略微高于 RATIO 检验的固定率,分别为 94.43%、96.23%,并且 RATIO 检验的固定错误率也相对较低,分别为 0.14%、0.10%,本例中新方法则没有出现模糊度固定错误的情况。而对于 GLONASS,RATIO 检验和新方法检验的模糊度固定率分别为 87.38%、82.98%,即新方法的固定率比 RATIO 检验低,但 RATIO 检验出现了较大的错误率,为3.42%,说明了 RATIO 检验的不足,而新方法的模糊度固定错误率仅为 0.02%,说明了新方法的可靠性。按照检验原则,与 RATIO 检验相比,新方法需要较长的收敛时间,而收敛时间与伪距精度密切相关,由于 GLONASS 伪距精度较低,使得收敛时间变长,从而使新方法的固定率比较低,这与实际导航定位理论相一致,同时新方法的模糊度固定失败主要体现在收敛时间上,当收敛后,模糊度固定失败的情况则比较少。而对于 Galileo 单系统解算结果,RATIO 检验和新方法的模糊度固定率分别为84.23%、88.69%,即新方法的固定率明显高于 RATIO 检验的固定率,同时 RATIO 检验的固定率还存在 5.51% 的模糊固定错误率,而新方法的固定错误率仅为 0.01%。GREC2 组合解算的结果,两种方法的检验结果都没有出现模糊度固定错误率,这是因为多系统组合时,卫星几何结构好,数学模型强度比较强,从而能够得到高精度的实数解,使得 RATIO 检验没有固定错误的情况发生。但固定率方面,RATIO 检验仅为71.87%,而新方法的固定率为 95.33%,远远高于 RATIO 检验的固定率,这样 RATIO 检验严重降低了高精度定位的可用性,并且在这里,RATIO 检验的阈值仅为 1.3,说明了新方法能够在保证可靠性的同时,提高可用性。

表 8-1　模糊度固定率统计

系统	固定率/%		固定错误率/%	
	RATIO 检验	新方法	RATIO 检验	新方法
GPS	93.65	94.43	0.14	0
GLONASS	87.38	82.98	3.42	0.02
BDS-2	96.19	96.23	0.10	0
Galileo	84.23	88.69	5.51	0.01
GREC2	71.87	95.33	0	0

通过前面的理论分析可知,RATIO 检验出现错误固定的情况是正常的,因为

RATIO 检验并不能检验正确性。只是确认最优候选模糊度距离实数模糊度是否足够近，如果实数解不正确，即使 RATIO 检验通过也不能说明问题。而在表 8-1 中，RATIO 检验的固定率较低的原因在于，当新卫星出现时，由于高度角较低，观测值噪声较大，在计算加权距离时，该模糊度的权相对比较低，如果两组候选模糊度仅仅在这个新卫星的模糊度上有区别，则会导致两组候选模糊度的加权距离非常接近。尤其是在多系统组合时，除了频繁的卫星升降外，模糊度维数较高，候选模糊度到实数模糊度的加权距离本身就比较大，再加上新卫星模糊度的权很低，两组候选模糊度到实数模糊度的加权距离差别很小，导致二者无法区分，RATIO 值非常小，从而降低了可用性。对于 Galileo 系统，因为 Galileo 目前在香港的可见卫星中，经常会有几颗卫星高度角比较低，会引起卫星的频繁初始化。对于模糊度检验的新方法，其模糊度固定失败的时候主要是初始化的时间，其初始化时间比 RATIO 检验时间长，因为新方法是以残差最小为原则，需要各个参数都收敛后，即实数解充分收敛，才固定模糊度。这也是新方法模糊度固定错误率很低的主要原因所在。而对于多模 GNSS 组合定位，由于数学模型强度足够强，实数解很快能达到较高的精度，大大降低了收敛时间，从而极大地提高了模糊度固定率，即定位的可用性。

　　将模糊度固定后的定位精度进行统计，如表 8-2 所示。对于 RATIO 检验，由于模糊度固定错误率比较高，在剔除模糊度固定错误解前后，其统计精度差别较大，而对新方法检验的结果，模糊度固定错误率很低，对总体统计精度影响不大。例如，对于 RATIO 检验，在没有将模糊度固定错误的解剔除时，GPS 单系统在 N、E、U 方向的精度分别为 0.93 cm、0.76 cm、1.20 cm，而在剔除后，精度分别为 0.54 cm、0.55 cm、0.79 cm。而新方法由于模糊度固定错误率很低，剔除模糊度固定错误的解后，对总体精度影响很小，统计精度均为 0.54 cm、0.56 cm、0.81 cm，精度与 RATIO 检验时正确解的精度相当。对于 GLONASS，RATIO 检验的三维统计精度分别为 4.02 cm、2.83 cm、7.78 cm，在剔除错误的解后，精度为 0.58 cm、0.59 cm、0.91 cm，而新方法的精度为 0.55 cm、0.62 cm、1.10 cm，在 E、U 方向，略微比 RATIO 检验结果的精度低，但差别在毫米级。对于 BDS-2、Galileo 单系统解算时，剔除模糊度固定错误的结果后，新方法的统计精度比 RATIO 检验的统计精度略微低，但差别仅为 0.01 cm。而对于 GREC 组合解算结果，新方法的精度比 RATIO 检验的精度略高。

表 8-2　定位精度统计(RMS)　　　　　　　　　　(单位：cm)

系统	固定模糊度(N/E/U)		正确的模糊度(N/E/U)	
	RATIO 检验	新方法	RATIO 检验	新方法
GPS	0.93/0.76/1.20	0.54/0.56/0.81	0.54/0.55/0.79	0.54/0.56/0.81

系统	固定模糊度(N/E/U)		正确的模糊度(N/E/U)	
	RATIO 检验	新方法	RATIO 检验	新方法
GLONASS	4.02/2.83/7.78	0.55/0.62/1.10	0.58/0.59/0.91	0.55/0.62/1.10
BDS-2	0.54/0.57/0.84	0.55/0.58/0.85	0.54/0.57/0.84	0.55/0.58/0.85
Galileo	2.15/1.70/3.38	0.53/0.59/0.93	0.52/0.58/0.90	0.53/0.59/0.93
GREC2	0.47/0.53/0.72	0.46/0.52/0.69	0.47/0.53/0.72	0.46/0.52/0.69

综上所述,新方法能够在保证可靠性的前提下,提高高精度定位的可用性,尤其是多系统组合定位。由于新方法要求伪距和相位观测值残差都比较小,因此相对 RATIO 检验,收敛时间长一些,但解算结果更可靠,收敛后的可用性也更高。

第9章

PPP 增强定位技术

传统 PPP 技术需要数十分钟时间等待模糊度参数收敛,如此长的收敛时间无疑限制了 PPP 技术的发展和应用。为了在收敛时间和定位精度与可靠性方面提升 PPP 的工作效率,尤其是以固定 PPP 的模糊度快速获得高精度位置解为目的,学术界从增加数据源和修正误差等角度出发,提出了多种辅助技术手段缩短收敛时间、提高解的精度,称为 PPP 增强定位技术。

本章介绍几种最为主流的 PPP 增强定位技术,如双频增强单频 PPP 技术、基准站改正 PPP 技术、区域(观测值域与状态域)PPP 增强技术和低轨增强 PPP 技术。

9.1 双频增强单频 PPP 技术

单频精密单点定位技术以其作业成本低、定位精度高、操作方便等优点,已成为当今导航定位领域的一个研究热点,并具有广泛的应用前景。但是,单频用户电离层延迟误差难以有效处理[295-297],其定位收敛时间较长、精度不稳定等问题仍是制约单频 PPP 技术推广的重要因素。现有的电离层模型大多都是基于大区域的 GNSS 观测值建立的,不能准确反映小区域的电离层变化,且精度较低。如何有效高精度地处理电离层误差是单频 PPP 技术的关键。随着各省市城市 CORS 网的不断建设和加密,可以利用这种稠密的、连续运行的多功能监测网为区域内的单频用户服务。Deng Z 等[227]提出利用双频用户原始观测值建立历元差分电离层模型(Satellite-specific Epoch-differenced Ionospheric Delay,SEID)并成功应用于对流层延迟应用中,基于这个背景,可以利用区域内的双频观测值建立 SEID 模型,再利用单频观测值反演得到双频观测值,进而组成双频消电离层组合,实现了单频 PPP 双频解算[298]。该方法可以缩短定位收敛时间,显著地提高单频 PPP 的定位精度。本节将对 SEID 模型和基于 SEID 模型的单频 PPP 双频解模型进行介绍,并通过算例展示该方法的定位性能。

9.1.1 SEID 模型

SEID 模型是一种卫星历元差分电离层模型,对于某一历元 j 的 GNSS 双频观测值数据,可以组成电离层观测方程[299],如式(9-1)和式(9-2)所示:

$$L_4(j) = L_1(j) - L_2(j) = \lambda_1 N_1 - \lambda_2 N_2 - [D_1(j) - D_2(j)] \quad (9-1)$$

$$P_4(j) = P_1(j) - P_2(j) = [D_1(j) - D_2(j)] \quad (9-2)$$

式中,λ_i、D_i 和 N_i 分别为 L_i 观测值的波长、电离层延迟和模糊度($i=1,2$);P_i 为伪距观测值;L_i 为相位观测值。在式(9-1)中,由于存在模糊度问题,可以采用历元求差得到电离层延迟的历元变化量 $\delta L_4(j-1,j)$。在单层模型[107]中,电离层延迟的空间变化量通常用穿刺点的位置来表达,可以采用平面线性函数表示,如式(9-3)和(9-4):

$$\delta L_4(j-1,j) = \alpha_0 + \alpha_1 \varphi + \alpha_2 \theta \quad (9-3)$$

$$P_4 = \beta_0 + \beta_1 \lambda + \beta_2 \theta \quad (9-4)$$

式中,φ 和 θ 分别为基准站穿刺点的经度和纬度;α_i 和 β_i 为求解的模型系数。对于历元 j,当测区内有 3 个或 3 个以上的双频基准站时,可以对每颗卫星构建一个平面模型,利用最小二乘准则求解平面模型系数。当测区内的双频测站多于 3 个且分布距离较远时,因解算的电离层延迟与卫星高度角有关,距离较远的测站解算的模型系数会有较大的偏差,此时可根据虚拟参考站[300]原理建立一个 Delaunay 三角锁,单频用户选择离自己最近的 3 个双频测站作为建模的基准站。对于每一个三角形,可按式(9-3)、式(9-4)建立平面模型解算相应的模型系数值。

当基准站观测值含有粗差或周跳时,会导致模型系数求解错误。因此,需对观测值进行数据预处理,标记粗差和周跳信息,对于出现周跳的历元,模糊度重新初始化处理,并且当区域内基准站较多且距离分布较近时,建议将所有基准站数据一起建模,可以抵抗粗差。

9.1.2 基于 SEID 模型的单频数据反演双频数据

利用上一小节求解的模型系数,根据穿刺点的位置,可计算出单频测站上的载波电离层延迟变化量和伪距的电离层延迟量,如式(9-5)、式(9-6)所示:

$$\delta \widetilde{L}_4(j-1,j) = \alpha_0 + \alpha_1 \varphi + \alpha_2 \theta \quad (9-5)$$

$$\widetilde{P}_4(j) = \beta_0 + \beta_1 \varphi + \beta_2 \theta \quad (9-6)$$

若接收机进行连续观测,则 j 历元载波相位的电离层延迟累计变化量可以表示为

$$\widetilde{L}_4(j_0,j) = \sum_{k=j_0+1}^{j} \delta \widetilde{L}_4(k-1,k) \quad (9-7)$$

利用单频测站的 L_1 观测值和电离层相位延迟累计变化量 $\tilde{L}_4(j_0,j)$，采用无几何组合公式，可以反演出 $\tilde{L}_2$ 观测值：

$$\tilde{L}_2(j) = L_1(j) - \tilde{L}_4(j_0,j) \tag{9-8}$$

同理，可利用伪距观测值 P_1 和电离层码延迟 $\tilde{P}_4(j)$ 反演 $\tilde{P}_2$ 观测值：

$$\tilde{P}_2(j) = P_1(j) - \tilde{P}_4(j) \tag{9-9}$$

需要说明的是，单频 L_1 载波观测值反演得到的 $\tilde{L}_2$ 观测值，相比真实的 L_2 值，相差电离层延迟初始值 $\tilde{L}_4(j_0)$ 和组合模糊度。$\tilde{L}_4(j_0)$ 是个常数，可以被合并到模糊度中，不影响 PPP 的定位结果，但此时的模糊度不再具有整周特性。

9.1.3　单频 PPP 双频解算模型

反演得到的 $\tilde{L}_2$ 观测值，其受电离层延迟影响实质仍是 f_2 频率上的电离层延迟量，只是少了初始历元电离层延迟量，而这个初始电离层延迟量可以被 f_2 频率的模糊度参数所吸收，因此仍可将 $\tilde{L}_2$ 与 L_1 组成消电离层组合观测值，利用双频 PPP 定位模型来解算。组合公式如下：

$$L_{IF} = \frac{f_1{}^2}{f_1{}^2 - f_2{}^2}L_1 - \frac{f_2{}^2}{f_1{}^2 - f_2{}^2}\tilde{L}_2$$

$$= \rho + c \cdot dt + d_{trop} + \frac{cf_1 N_1 - cf_2 \overline{N}_2}{f_1{}^2 - f_2{}^2} + \varepsilon(\Phi_{IF}) \tag{9-10}$$

$$P_{IF} = \frac{f_1{}^2}{f_1{}^2 - f_2{}^2}P_1 - \frac{f_2{}^2}{f_1{}^2 - f_2{}^2}\tilde{P}_2 = \rho + c \cdot dt + d_{trop} + \varepsilon(P_{IF}) \tag{9-11}$$

其中，ρ 为站星距离；c 为光速；dt 为接收机钟差；d_{trop} 为对流层延迟；f_i 为 L_i 的频率；N_1 为 L_1 上的整周模糊度；$\overline{N}_2$ 为 $\tilde{L}_2$ 上包含有电离层延迟初值和硬件延迟偏差的整周模糊度；$\varepsilon(\cdot)$ 为测量噪声。利用上述推导的观测模型，可采用卡尔曼滤波或序贯平差的方法进行标准的非差精密单点定位计算，解算时，各种参数设置都不改变，只是周跳信息是所有测站周跳信息的并集。

基于 SEID 模型实现单频数据反演双频数据进行 PPP 解算的数据处理简要流程如下：首先，选取离单频测站距离较近的三个双频基准站，进行数据预处理，并按式（9-1）至式（9-4）建立历元差分区域电离层模型；再利用式（9-5）至式（9-7）计算单频测站每个历元每颗卫星的载波电离层延迟累计变化量和伪距电离层延迟量；最后，利用式（9-8）和式（9-9）反演得到 $\tilde{L}_2$ 和 $\tilde{P}_2$ 观测值，进而利用双频消电离层组合模型进行 PPP 定位解算。具体流程如图 9-1 所示。

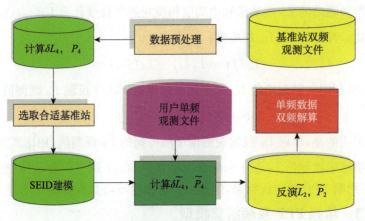

图 9-1　数据处理流程

　　下面通过算例分析基于 SEID 模型单频 PPP 双频解算精度。实验数据取自江苏省 GPS 地面沉降监测网络的 7 个监测站观测数据,数据采样间隔 30 s,观测仪器为双频 ASHTECH 型 GPS 接收机。

　　选择居于中心位置的监测站 S 作为单频监测站,距离监测站 S 较近的 3 个监测站作为近距离双频基准站,平均边长为 53 km;距离监测站 S 较远的 3 个监测站作为远距离双频基准站,平均边长为 123 km。观测数据采用 2009 年 10 月 2 日采集数据,天气状况良好。采用以下三种方案进行单频 PPP 求解。

　　方案 1:对监测站 S 直接进行 P1/L1 单频 PPP 解算,电离层采用半合模型和格网模型改正。

　　方案 2:利用近距离双频基准站(R1,R2,R3)建立 SEID 模型,用单频数据反演双频数据,利用双频消电离层组合进行 PPP 解算。

　　方案 3:利用远距离双频基准站(R4,R5,R6)建立 SEID 模型,用单频数据反演双频数据,利用双频消电离层组合进行 PPP 解算。

　　求解中,选用 IGS 精密星历和精密钟差文件,数据处理软件采用自编的精密单点定位程序。需要说明的是,在精度统计和分析中,以双频数据网解的定位结果为真值,其定位精度优于 5 mm。

　　三种方案得到的三个方向定位残差序列如图 9-2、图 9-3 和图 9-4 所示,收敛后的定位精度统计如图 9-5 所示。基于 SEID 模型单频数据反演双频数据后的 PPP 定位收敛速度明显优于常规的单频 PPP 解,且定位结果与双频 PPP 结果没有明显的系统偏差,这说明新方案采用反演的 $\tilde{L}_2$ 观测值较好地削弱了单频用户电离层延迟误差影响。

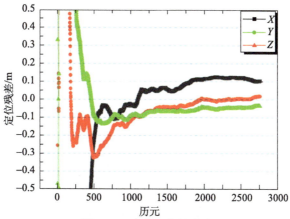

图 9 - 2　方案 1 定位残差

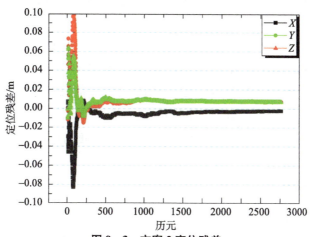

图 9 - 3　方案 2 定位残差

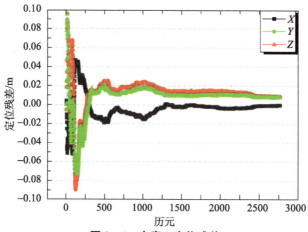

图 9 - 4　方案 3 定位残差

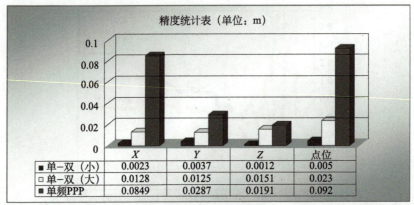

图9-5　定位精度统计

	X	Y	Z	点位
■单-双（小）	0.0023	0.0037	0.0012	0.005
□单-双（大）	0.0128	0.0125	0.0151	0.023
■单频PPP	0.0849	0.0287	0.0191	0.092

从定位精度统计图9-5中可以看出，采用本节提出的电离层处理方法，单频PPP的精度得到了显著的提高，接近于双频PPP定位精度。另外，从方案2、方案3定位结果来看，当双频基准站与单频监测站的距离较远时，由于建立SEID模型时卫星高度角相差较大，电离层相差较大，模型存在偏差，使得反演的 $\tilde{L}_2$ 观测值存在系统偏差，定位精度受到一定的影响，但是定位精度仍优于常规的单频PPP方法。

方案2、方案3定位精度的提高和收敛时间的缩短主要在于有效地改善了单频用户的电离层延迟误差影响，而电离层延迟改正的精度可以用反演的 $\tilde{L}_2$ 观测值与真实 L_2 观测值的差值表示。为了验证这一点，画出方案2中2号卫星和6号卫星反演的 $\tilde{L}_2$ 观测值与真实 L_2 观测值的差值如图9-6、图9-7所示。

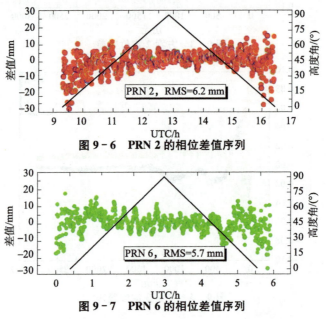

图9-6　PRN 2 的相位差值序列

图9-7　PRN 6 的相位差值序列

从图 9-6、图 9-7 中可以看出，基于 SEID 模型反演 $\tilde{L}_2$ 观测值与真实 L_2 观测值相差较小，2 号卫星和 6 号卫星的相位不符值 RMS 分别为 6.2 mm 和 5.7 mm；考虑到相位观测值本身的标称精度，可以认为反演得到的反演 $\tilde{L}_2$ 观测值与真实 L_2 观测值近似等价。从图 9-6、图 9-7 中还可以看出，在卫星刚出现或即将离开时，由于卫星高度角较小，观测数据质量较差，两者差值较大。

9.2　基准站改正 PPP 技术

基于单站精密单点定位技术存在收敛时间长、精度不稳定的局限性问题以及各地已建成大量的连续跟踪站的背景，本节提出了一种基于基准站改正信息的实时精密单点定位算法。区别于常规的差分定位模式，本算法仍采用经典 PPP 消电离层组合观测模型，可以获得与差分定位等价的定位结果[301]。

9.2.1　基准站改正信息提取

式(7-1)和式(7-2)为经典 PPP 模型的方程，将包括相对论、地球自转误差、海潮、固体潮、天线相位中心等可利用模型改正的误差总和记为 $\Phi_{model/r}$，其他大气误差、多路径等无法利用精确模型改正的误差总和记为 $\Phi_{others/r}$。将式(7-1)和式(7-2)部分误差模型化后，并线性化后可写成如下形式：

$$\hat{L}_r = L_r - \Phi_{model/r} = \boldsymbol{A}_r \boldsymbol{X}_r + B_r \, dt_r + C_r N_r + d_{trop,r} + \Phi_{others/r} + \varepsilon_r \qquad (9-12)$$

式中，r 代表流动站；$\boldsymbol{X}_r$ 包括接收机坐标的三维位置参数；N_r 为消电离层组合模型度参数；$d_{trop,r}$ 为对流层延迟参数；L_r 为组合观测值；ε_r 为观测值残差。

类似式(9-12)，基准站 b 上的载波观测方程可以写成如下形式[301]：

$$\hat{L}_b = L_b - \Phi_{model/b} = \boldsymbol{A}_b \boldsymbol{X}_b + B_b \, dt_b + C_b N_b + d_{trop,b} + \Phi_{others/b} + \varepsilon_b \qquad (9-13)$$

因基准站的测站坐标已知，若不考虑观测残差 ε，则可以获得扣除模型化误差的星地观测距离和实际距离的差值 δV，形式如下[301]：

$$\delta V = \hat{L}_b - \boldsymbol{A}_b \boldsymbol{X}_b = B_b \, dt_b + C_b N_b + d_{trop,b} + \Phi_{others/b} \qquad (9-14)$$

δV 中包含了基准站的接收机钟差、组合模糊度值、对流层误差以及其他一些观测误差。

9.2.2　基于基准站改正信息的精密单点定位模型

若将基准站的改正信息改正到流动站精密单点定位的观测值上，则流动站的观测方程变为如下形式[301]：

$$\hat{L}_r - \delta V = \boldsymbol{A}_r \boldsymbol{X}_r + B_r \, dt_r + C_r N_r + d_{trop,r} + \Phi_{others/r} + \varepsilon_r$$
$$- (B_b \, dt_b + C_b N_b + d_{trop,b} + \Phi_{others/b}) \qquad (9-15)$$

当基准站和流动站观测相同卫星时，有

$$B_r = B_b; \quad C_r = C_b \qquad (9-16)$$

则式(9-15)变成

$$\hat{L}_r - \delta V = \boldsymbol{A}_r \boldsymbol{X}_r + B_r(dt_r - dt_b) + C_r(N_r - N_b) + (d_{trop,r} - d_{trop,b})$$
$$+ (\varPhi_{others/r} - \varPhi_{others/b}) + \varepsilon_r \qquad (9-17)$$

记 $\hat{L}_{r(new)} = \hat{L}_r - \delta V, \Delta dt = dt_r - dt_b, \Delta N = N_r - N_b, \Delta d_{trop} = d_{trop,r} - d_{trop,b}, \Delta \varPhi_{others} = \varPhi_{others/r} - \varPhi_{others/b}$，则式(9-16)可以写成

$$\hat{L}_{r(new)} = \boldsymbol{A}_r \boldsymbol{X}_r + B_r \Delta dt + C_r \Delta N + \Delta d_{trop} + \Delta \varPhi_{others} + \varepsilon_r \qquad (9-18)$$

比较式(9-12)和式(9-18)会发现,二者的形式完全相同,且观测方程中的系数矩阵也没有发生变化。同时参数 Δdt 与 dt_r 具有相同的随机特性;ΔN 与 N_r 在不发生周跳的情况下,均是常数。而式(9-12)和式(9-18),流动站上与基准站的共性误差被大大削弱或消除,观测方程具有更高的精度。需要说明的是,式(9-18)中卫星轨道误差和卫星钟差也被有效消除,因此,式(9-18)还可用于实时定位求解。另外,当基准站和流动站距离较近时,二者受大气误差、多路径误差等影响近似相同,此时式(9-18)还可写成如下简化形式[301]:

$$\hat{L}_{r(new)} = \boldsymbol{A}_r \boldsymbol{X}_r + B_r \Delta dt + C_r \Delta N \qquad (9-19)$$

事实上,这种基于基准站改正信息的 PPP 解算模型与差分相对定位模型是等价的,这种 PPP 算法既保留了原来的单点定位非差观测方程形式,同时又与目前广泛使用的双差相对定位模式等价[301]。

9.2.3 不同组合改正的等价性证明

进行基准站改正 PPP 定位,有两种改正方法:一种是先组成观测方程,再进行基准站改正;另一种是先进行基准站改正,再组成方程定位,具体实现流程如图 9-8,本小节证明这两种改正方式的等价性。

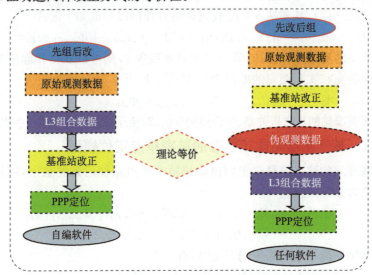

图 9-8　两种组合方式流程图

（1）先组合再进行基准站改正的原理推理如下。

根据式(9-12)，原始经典模型方程线性化后的参数形式可写成如下形式：

$$\hat{L} = L - \Phi_{model} = \boldsymbol{AX} + Bdt + CN + d_{trop} + \Phi_{others} \tag{9-20}$$

基准站改正数方程如下：

$$\delta V = \hat{L}_b - \boldsymbol{A}_b\boldsymbol{X}_b = B_b\, dt_b + C_b N_b + d_{trop,b} + \Phi_{others/b} \tag{9-21}$$

流动站消电离层组合观测值加入基准站改正后的方程如下：

$$\hat{L}_r - \delta V = \boldsymbol{A}_r\boldsymbol{X}_r + B_r(dt_r - dt_b) + C_r((N)_r - N_b) + (d_{trop,r} - d_{trop,b})$$
$$+ (\Phi_{others/r} - \Phi_{others/b}) + \varepsilon_r \tag{9-22}$$

$$\hat{L}_{r(new)} = \boldsymbol{A}_r\boldsymbol{X}_r + B_r\Delta dt + C_r\Delta N + \Delta d_{trop} + \Delta\Phi_{others} + \varepsilon_r \tag{9-23}$$

式中，符号含义同 9.2.2 节。

（2）先进行基准站改正后的消电离层组合方程可以写成如下形式：

$$\Phi_{IF} = \frac{f_i{}^2}{f_i{}^2 - f_j{}^2}(\Phi_i - \delta V_i) - \frac{f_j{}^2}{f_i{}^2 - f_j{}^2}(\Phi_j - \delta V_j)$$
$$= \frac{f_i{}^2 \cdot \Phi_i - f_j{}^2 \cdot \Phi_j}{f_i{}^2 - f_j{}^2} - \frac{f_i{}^2 \cdot \delta V_i - f_j{}^2 \cdot \delta V_j}{f_i{}^2 - f_j{}^2}$$
$$= \boldsymbol{A}_r\boldsymbol{X}_r + B_r dt_r + C_r N_r + d_{trop,r} + \Phi_{others/r} + \varepsilon_r$$
$$- \left[\frac{f_i{}^2}{f_i{}^2 - f_j{}^2}(B_b\, dt_b + C_{b,i}N_{b,i} + d_{trop,b} + d_{ion,b,i} + \Phi_{others/b,i}) \right.$$
$$\left. - \frac{f_j{}^2}{f_i{}^2 - f_j{}^2}(B_b\, dt_b + C_{b,j}N_{b,j} + d_{trop,b} + d_{ion,b,j} + \Phi_{others/b,j}) \right]$$
$$\tag{9-24}$$

线性化后的形式为

$$\boldsymbol{A}_r\boldsymbol{X}_r + B_r dt_r + C_r N_r + d_{trop,r} + \Phi_{others/r} + \varepsilon_r - (B_b\, dt_b + C_b N_b + d_{trop,b} + \Phi_{others/b,i})$$
$$= \boldsymbol{A}_r\boldsymbol{X}_r + B_r\Delta dt + C_r\Delta N + \Delta d_{trop} + \Delta\Phi_{others} + \varepsilon_r \tag{9-25}$$

由以上证明推理可知：方法一和方法二是完全等价的，并且方法二中组成了新的观测值，可以用于任何 PPP 软件处理，方法一仅适合自己的程序处理。

9.2.4　基于基准站改正的 PPP 实现流程

本节讨论的基于基准站改正的 PPP 模型的实施过程如下：首先在已知基准站坐标的情况下，强约束测站坐标进行 PPP 解算，提取包含电离层、对流层等近似共性误差信息；流动站用户在接收改正信息后，在方程解算中扣除这些共性误差，达到高精度修正各种误差源，实现快速高精度定位。经过基准站改正后，流动站上的观测方程和各种参数性质不变，PPP 定位模式不变。需要注意的是基准站和流动站上的综合数据预处理。

具体的实现流程如图 9-9 所示。

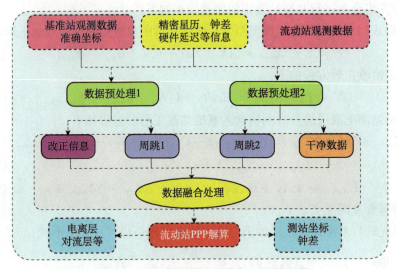

图 9-9　基于基准站改正信息 PPP 流程图

9.2.5　基于基准站改正的 PPP 解算模型拓展

本章讨论的 PPP 解算模型是基于传统消电离层组合观测模型,事实上,这种基于基准站改正信息的 PPP 解算模型可以拓展至 L1 观测模型(单频)、L1＋L2 观测模型(双频)、LW 观测模型中。实际作业中,当基准站与流动站相距较近时,流动站的电离层误差可以通过基准站提供的改正信息得到有效补偿,此时,无须通过双频组合观测消除电离层一阶项误差。单一的观测模型(如 L1 或 L1＋L2 模型)可以保留组合模糊度的整数特性,有效地固定模糊度值,提高收敛速度和定位精度。另外,这种基于单基准站模式的 PPP 解算模型也可以拓展到多个基准站模式,此时,解算模型可以称为基于基准网络改正信息的精密单点定位技术。

需要强调的是,当基准站与流动站距离较近时,测站误差的相似程度较强,此时式(9-14)中可不扣除可以模型化的观测误差 $\Phi_{model/b}$,变成如下形式:

$$\delta V = L_b - \boldsymbol{A}_b\boldsymbol{X}_b = B_b\,dt_b + C_bN_b + d_{trop,b} + \Phi_{model/b} + \Phi_{others/b} \qquad (9-26)$$

类似地,流动站观测方程中也不扣除相应项改正,此时流动站的观测值误差完全依赖基准站改正信息进行消除,这种处理方法与传统短距离差分相对定位意义相同。而当基准站与流动站距离较远时,这种基准站改正的 PPP 算法考虑了不同测站上观测误差的共性误差和非共性误差,先对两测站观测值分别进行模型误差改正,再将共性误差改正消除,同时对残余的大气等测站差异误差进行进一步参数估计处理,因此,相比相对定位模型,这种算法受测站间距离影响较小。

9.2.6　基于基准站改正的 PPP 算法的特点和优势

首先,相比传统精密单点定位法,本节探讨的基于基准站改正的 PPP 算法具有更高的观测值修正精度,且解算模型与 PPP 模型一致。在没有基准站修正信息的情况下,该算法等价于传统精密单点定位。在有基准站修正信息的情况下,该算法定位精度大大优于传统精密单点定位。另外,本章探讨的方法可以直接获取特定坐标基准下的测站坐标,与相对定位功能类似。

其次,相比双差相对定位观测方程,该算法的观测值噪声更小,精度和可靠性更高。该算法的观测方程实质上是一个测站间单差方程式[形式如式(9-14)],而双差方程的观测噪声约为单差方程的 $\sqrt{2}$ 倍[88],因此,这种算法的观测值相比相对定位噪声更小,精度和可靠性更高。另一方面,这种算法并不是直接在两测站间组建单差观测方程,而是在基准站上独立计算其改正信息后播发给流动站,流动站上对观测值进行改正后,利用实时 PPP 算法进行求解,基准站和流动站上的数据处理过程相互独立,因此,相比相对定位法上的基准站和流动站间要实时组建双差观测方程,该算法流动站上的计算工作量更小,数据利用率更高。同时,在基准站和流动站采样间隔不一致的情况下,本算法可以将基准站的改正数内插成跟流动站采样间隔一致的改正数,经过算例验证,仍能保持较好的定位精度,而常规的差分求解要求观测数据必须同步。

最后,相比网络 RTK 或虚拟参考站技术需要至少 3 个以上的基准站,本章探讨的基于基准站改正的 PPP 算法对基准站数目无要求。而网络 RTK 技术或虚拟参考站技术仍然是一种短距离差分技术,且需要昂贵的核心技术保密的商业处理软件进行解算。而本章探讨的方法不依赖复杂的 CORS 或网络 RTK 软件,不需要中央处理器,仅需要精密单点定位软件即可实现。

另外,易证明单差法与双差法定位之间存在弱等价的关系,即在不考虑观测噪声的情况下,两种方法的解是完全等价的。考虑到基于基准站改正的 PPP 算法相比双差定位法具有更小的观测噪声,因此可认为基于基准站改正的 PPP 算法解的可靠性和精度优于相对定位。

当然,本节讨论的方法在实时性以及收敛时间上与差分定位仍存在一定的差距,这主要是由于非差模糊度难以有效固定导致,随着 PPP 模糊度研究的不断深入,相信这一瓶颈在不久会得到有效解决。

本节对单基准站改正单频 PPP 精度进行分析,算例数据选自 2009 年 10 月 2 日长江三角洲(江苏域)GPS 地面沉降监测网络的 4 个监测站观测数据,采样间隔为 30 s。

为了对比不同的测站距离对算法定位精度的影响,选择居于中心位置的监测站 S 作为流动站,其他 3 个测站作为基准站,到流动站的距离分别为 32 km,56 km,67 km。

为了准确获取点 S 的 WGS84 坐标,选取了 BJFS、WUHN、TWTF、SUWN、AIRA5 个 IGS 站与 4 个监测点进行联合求解,基线解算软件采用麻省理工学院免费提供的 GAMIT 软件,同时根据 5 个 IGS 站当期 WGS84 坐标,利用自主研发的高精度平差处理软件进行平差计算,获得监测站的 WGS84 坐标。数据处理中,获得的基线向量平均三维解算精度优于 0.8 cm,WGS84 点位坐标的解算精度优于0.5 cm。

为了验证本文提出的基准站改正的 PPP 算法的正确性和有效性,设计了以下4 种方案进行求解:方案 1 在测站 S 上直接进行单频 PPP 计算,无基准站改正信息〔简记为 PPP(No)〕,方案 2、方案 3、方案 4 分别用基准站 R1、R2、R3 的改正信息,利用本算法对流动站 S 进行单频 PPP 计算,依次简记为 PPP(R1)、PPP(R2)、PPP(R3)。

求解中,选用 IGS 快速精密星历和 5 min 采样率的快速钟差文件,观测数据采用 C1 和 L1 观测值,数据处理软件采用自编的精密单点定位程序。

需要说明的是,为了避免网平差阶段引入计算误差,在精度统计和分析中,方案 2、方案 3、方案 4 均是将解算的 S 测站坐标与基准站坐标作差得到两站间的基线向量,将其直接和 GAMIT 解算的基线向量进行对比,分析其定位精度。而方案1 则直接和网平差后得到的点位坐标进行对比。实际工作中,方案 2、方案 3、方案4 得到的平均点位坐标与网平差的点位坐标符合精度为 5 mm,因此我们认为网平差得到的坐标是较为准确的 WGS84 坐标。

利用精确 WGS84 坐标,获取基准站 R1 和流动站 S 的伪距改正信息序列如图9-10 所示,二者的差值如图 9-11 所示,从图 9-10 和图 9-11 中可以看出,基准站与流动站改正信息变化趋势和量级近似相同,它们的差值呈现近似正态分布特征,说明基准站和流动站共性误差相似,因此,可以将基准站的观测值改正信息用于提高流动站观测值精度。

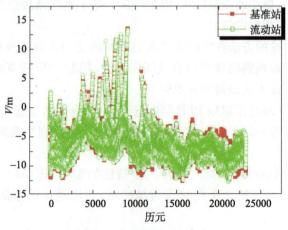

图 9-10 改正信息对比图

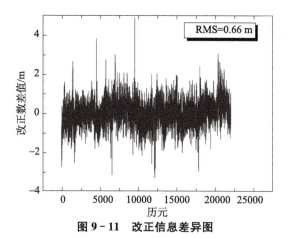

图 9 - 11　改正信息差异图

四种方案得到的三个方向定位残差序列如图 9 - 12、图 9 - 13 和图 9 - 14所示，收敛后的定位精度统计如图 9 - 15 所示。

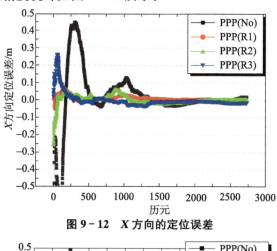

图 9 - 12　X 方向的定位误差

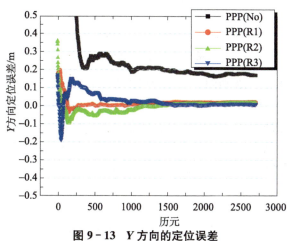

图 9 - 13　Y 方向的定位误差

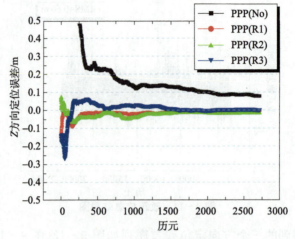

图 9-14 Z 方向的定位误差

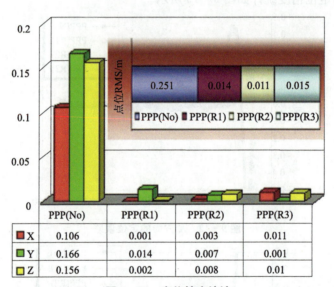

	PPP(No)	PPP(R1)	PPP(R2)	PPP(R3)
X	0.106	0.001	0.003	0.011
Y	0.166	0.014	0.007	0.001
Z	0.156	0.002	0.008	0.01

图 9-15 定位精度统计

  从图 9-12、图 9-13 和图 9-14 中可以看出,基于基准站改正的单频 PPP 算法收敛速度明显优于常规的单频 PPP,且定位结果没有明显的系统误差,这主要是由于这种算法较好地解决了单频电离层延迟误差影响,同时大大消除了共性误差,提高了定位精度。从定位精度统计图 9-15 中可以得出,采用基准站改正的 PPP 算法,使单频 PPP 的精度得到了显著的提高,从分米级提高到了厘米级。另外,从三种方案的结果来看,当基准站与流动站的距离较大时,它们的共性误差相似性降低,定位精度会受到一定的影响。

  顾及基准站改正的 PPP 算法定位精度的提高和收敛时间的缩短主要取决于

有效利用了基准站的改正信息。为了验证这一点,画出方案 1 和方案 2 的每个历元解算后的观测值残差如图 9 - 16 和图 9 - 17 所示。

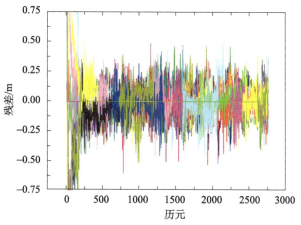

图 9 - 16　方案 1 观测值残差图

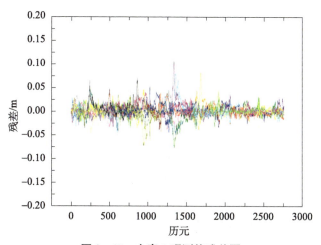

图 9 - 17　方案 2 观测值残差图

从观测值残差(图 9 - 16 和图 9 - 17)可以得出,采用方案 1 时,残差标准差约为 0.25 m,采用方案 2 时,残差标准差约为 0.025 m,这种观测值精度的提高,可以大大改善定位精度与收敛速度。并且,方案 1 在初始化时残差较大,导致收敛效果差。单频 PPP 的电离层延迟误差也是影响精度的关键因素,求解时引入待估参数实时估计电离层延迟误差。这里,得到方案 1 的电离层延迟误差和方案 2 经基准站改正后的电离层残差序列如图 9 - 18 和图 9 - 19 所示。

从图 9 - 18 和图 9 - 19 中可以看出,流动站上的电离层延迟经过基准站改正后,残差量大大减小,且平稳性较高,这也是保证定位精度和收敛速度的重要因素。

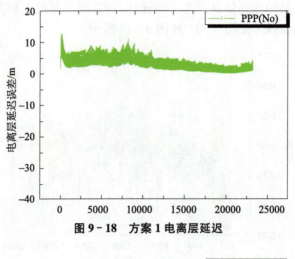

图 9 - 18　方案 1 电离层延迟

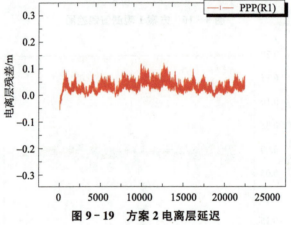

图 9 - 19　方案 2 电离层延迟

9.3　观测值域 PPP 增强技术

与网络 RTK 类似，PPP 增强也可以采用观测值域改正数。在参考站端，获得 UPD 产品进行模糊度固定之后，可采用下述方法计算综合改正数。

首先，以相位观测值为例，在参考站 r 由非差观测值反演的包含轨道误差、电离层和对流层延迟的综合改正数 omc_r^s 的计算公式为

$$omc_r^s = \lambda\Phi_r^s - \rho^s - \lambda N_r^s = ct_r - ct^s + \delta_{\Phi,r} - \delta_\Phi^s + \Delta I_r^s + T_r^s \qquad (9-27)$$

对于 n 个参考站，内插组合系数为 a_i，内插后的流动站综合改正数可表示为

$$omc_u^s = \sum_{r=1}^n a_r(ct_r + \delta_{\Phi,r}) - ct^s - \delta_\Phi^s + \sum_{r=1}^n a_r(\Delta I_r^s + T_r^s) \qquad (9-28)$$

直接在流动站观测值上利用该综合改正数进行改正，可以得到

$$\lambda\,\overline{\Phi}^s_u = \lambda\Phi^s_u - omc^s_u$$

$$= \Big[\Delta I^s_u + T^s_u - \sum_{r=1}^{n} a_r(\Delta I^s_r + T^s_r)\Big] + \Big(ct_u - \sum_{r=1}^{n} a_r ct_r\Big)$$

$$+ \Big(\delta_{\Phi,r} - \sum_{r=1}^{n} a_r \delta_{\Phi,r}\Big) + \rho^s + \lambda N^s_r \tag{9-29}$$

可以看到,由于参考站与流动站同一颗卫星观测值中卫星相关钟差和硬件延迟是相同的,在改正中已经消除,式中不再体现。式中第一部分为内插的大气延迟误差与流动站大气延迟的差值,在站网范围不大、大气变化不是非常剧烈的情况下,可以认为内插后的改正数与流动站真实值差距很小,所以第一项非常接近于0。第二项为内插后的接收机钟差线性组合混合量与流动站接收机钟差之差。第三项为内插后的接收机 UPD 与流动站接收机 UPD 之差,这两项均可以被流动站接收机钟差或整数模糊度吸收。

改正后流动站观测方程可以表示为

$$\lambda\overline{\Phi}^s_u = \overline{\delta}_{\Phi,u} + c\,\overline{t}_u + \rho^s + \lambda N^s_r \tag{9-30}$$

式中,$\overline{\delta}_{\Phi,u}$ 和 $c\,\overline{t}_u$ 分别为吸收了内插项的流动站接收机 UPD 和钟差,将模糊度与 UPD 合并为 $\lambda\overline{N}^s_r = \overline{\delta}_{\Phi,u} + \lambda N^s_r$,方程可进一步简化为

$$\lambda\overline{\Phi}^s_u = c\,\overline{t}_u + \rho^s + \lambda\overline{N}^s_r \tag{9-31}$$

接下来,以类似于处理双差短基线的方法求解式(9-31),之后在进行单差模糊度求解的过程中,混合在模糊度 $\overline{N}^s_r$ 中的流动站接收机相关 UPD 将被消除,模糊度的整数特性也可以正确恢复,从而实现用户端的快速精准定位。

下面通过具体数据和例子,给出观测值域 PPP 增强技术的效果。数据采用9.2.6 节中的长江三角洲(江苏域)GPS 地面沉降数据,采样间隔为 30 s。图 9-20和图 9-21 显示了两种不同观测值组合模式下 PPP 增强效果,可以得出,基于观测域增强的 PPP 技术,在 4~5 历元内均可以实现 5 cm 精度的快速定位。

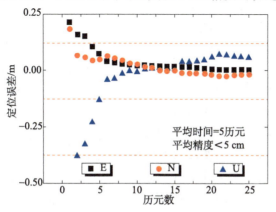

图 9-20　基于 L1+L2 模式的 PPP 增强定位效果

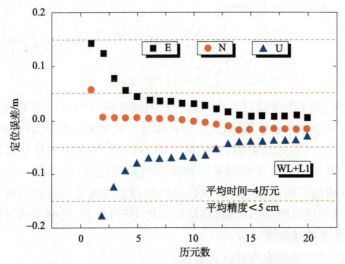

图 9-21 基于 LW+L1 模式的 PPP 增强定位效果

9.4 状态域 PPP 增强技术

相比于观测值域 PPP 增强技术,应用更为广泛的是状态域 PPP 增强技术,因为该技术思路可以充分发挥各项改正数分离解算和内插的优势。这里以 UPD 法为例,介绍基于 UPD 技术的状态域 PPP 增强算法。

在 Ge[18] 提出的 UPD 方法中,利用 UPD 产品实现的模糊度固定的 PPP 技术可以显著地缩短收敛时间并提高定位的精准度。一般对于浮点 PPP 算法,通常需要约 20 min 的收敛时间才能使得模糊度参数足够精确,三维位置误差可以在 1 dm以内。即使获得了全球参考站网提供的 UPD 产品,也依然需要 5~10 min 才可以固定模糊度。如果生成改正数的参考站网是稀疏网(如全球参考站网),服务端无法提供足够精确的大气延迟改正数信息,也就难以实现超快速甚至瞬时的模糊度固定。所以,在没能获取有效大气延迟改正数的情况下,流动站端一般使用 IF 组合避免电离层延迟的影响,而天顶对流层延迟模型残余量和其他参数一起参与估计。从数据处理的角度而言,无电离层组合虽然消除了一阶电离层误差,但将观测噪声放大了,另外,该方法将无电离层模糊度转换为更为简单的宽巷和窄巷模糊度分别固定,然而窄巷模糊度的固定一直是一个较为困难的问题。

如果流动站位于一个较为稠密的区域参考站网内,参考站网的服务中心就可以通过已知的参考站坐标和实时观测数据计算各站大气延迟误差(如电离层和对流层延迟)改正数。之后使用空间插值模型对改正数在流动站的位置进行内插,流动站即可使用精密的大气延迟改正数修正自身误差,联合 UPD 产品快速固定模糊度获得更高精度的位置解。这一创新性的模糊度固定的 PPP 技术被称作区域增强 PPP(Regional Augmented PPP,RA-PPP)技术。

本节将详细介绍区域增强 PPP 算法的完整流程。参考站端在解算大气延迟改正数之前需要先将无电离层组合模糊度发送至数据中心,服务中心解算生成 UPD 产品,向区域内所有参考站和用户广播,参考站获得 UPD 产品后再计算电离层与对流层改正数。

获得 UPD 产品之后,由于要计算非组合非差的大气延迟改正数,需要获得 L1/L2 各频率的原始 UPD 以对各频率非组合模糊度进行修正。在获得宽巷、窄巷 UPD 之后,可将其转换为 L1/L2 形式的 UPD,该过程可以表示为

$$\left.\begin{aligned} b_{L1} &= b_{NL} - \frac{\lambda_1}{\lambda_2 - \lambda_1} b_{WL} \\ b_{L2} &= b_{L1} - b_{WL} = b_{NL} - \frac{\lambda_2}{\lambda_2 - \lambda_1} b_{WL} \end{aligned}\right\} \tag{9-32}$$

为了计算电离层改正数,一个重要的准备步骤是固定非差模糊度。计算非差形式的大气延迟改正数需要正确固定的非差模糊度。使用 UPD 改正非差模糊度小数部分的过程可以写为

$$\left.\begin{aligned} \hat{N}_{WL,r}^s &= \overline{N}_{WL,r}^s + b_{WL,r} + b_{WL}^s \\ \hat{N}_{NL,r}^s &= \overline{N}_{NL,r}^s + b_{NL,r} + b_{NL}^s \end{aligned}\right\} \tag{9-33}$$

其中,r 表示接收机;$b_{WL,r}$ 和 $b_{NL,r}$ 分别为接收机相关的宽巷和窄巷 UPD,可以和卫星 UPD 同时被解算。最终,得到了宽、窄巷非差整周模糊度,即可解算出各个频率的非差非组合模糊度。

$$\left.\begin{aligned} \overline{N}_1^s &= \overline{N}_{NL}^s \\ \overline{N}_2^s &= \overline{N}_1^s - \overline{N}_{WL}^s \end{aligned}\right\} \tag{9-34}$$

非差模糊度固定成功后,接下来可以推导非差电离层和对流层的反演方程。参考站端非差非组合伪距与相位观测方程为

$$\left.\begin{aligned} P_i^s &= \rho^s + ct_i - ct^s + I_i^s + T^s + \delta_{P,i} + \delta_{P,i}^s + \varepsilon_{i,P}^s \\ \lambda_i \Phi_i^s &= \rho^s + ct_i - ct^s - I_i^s + T^s + \lambda_i N_i^s + \delta_{\Phi,i} + \delta_{\Phi,i}^s + \varepsilon_{i,\Phi}^s \end{aligned}\right\} \tag{9-35}$$

计算电离层改正数之前需要先获得对流层延迟参数,同时对流层延迟改正数也需要发送给流动站。对流层模型延迟量 T_{model} 可以写为

$$T_{model} = d_{dry} F_{dry} + d_{wet} F_{wet} \tag{9-36}$$

式中,d_{dry} 和 d_{wet} 分别为干、湿延迟的天顶延迟;F_{dry} 和 F_{wet} 分别为干、湿延迟映射函数。无电离层观测方程中仅估计除去模型延迟外的湿延迟部分天顶延迟,但由于该估计值受映射函数模型限制并不能精确地描述真实的对流层延迟[302],这里并未使用估计量而是采用无电离层观测值反演计算。反演的对流层延迟量 T^s 为

$$T^s = \lambda_{IF} \Phi_{IF}^s - \rho^s - ct_{IF} + ct^s - \lambda_{IF} N_{IF}^s \tag{9-37}$$

发送给用户的斜对流层改正数为式(9-37)的计算值减去模型量,即

$$\Delta T = T^s - T_{model} \qquad (9-38)$$

最后,忽略式(9-35)中的噪声项,伪距与相位的电离层延迟改正数可由下式计算:

$$\left. \begin{array}{l} -\Delta I_i^s(P) = P_i^s - \rho^s - ct + ct^s - T^s - \delta_{P,i} - \delta_{P,i}^s \\ -\Delta I_i^s(\Phi) = \rho^s + ct - ct^s + T^s + \lambda_i N_i^s + \delta_{\Phi,i} + \delta_{\Phi,i}^s - \lambda_i \Phi_i^s \end{array} \right\} \qquad (9-39)$$

式中,硬件延迟项可以直接用 UPD 产品改正。

用户收到改正数之后,首先要根据自己和周边参考站的相对位置进行改正数内插。以电离层改正数 ΔI_r^s 为例,ΔI_r^s 可以写为

$$\Delta I_r^s = \Delta \tilde{I}_r^s + e^s + e_r \qquad (9-40)$$

式中,$\Delta \tilde{I}_r^s$ 为真实电离层延迟;e^s 和 e_r 分别为与卫星相关和与接收机相关的偏差项。偏差 e^s、e_r 将被直接引入电离层延迟,对于卫星相关误差,如果内插的流动站大气改正值中的误差依然为 e^s,则流动站使用 UPD 产品时误差即可消除,这要求线性内插模型的系数 a_i 满足 $\sum_{i=1}^{r} a_i = 1$。同时接收机相关误差内插后成为无意义的混合量,但对于同一系统的所有卫星的改正数均相等,可以被模糊度吸收,星间单差时将被消除。

内插改正数时,如果用户位于一个可提供大气延迟改正数的参考站网(如 CORS网)中,可以选取相距用户站一定距离内的一批参考站进行内插,该距离可根据参考站疏密程度确定。对于三维数据内插模型,在网络 RTK 领域较为典型的有线性组合模型(LCM)[300]、线性内插模型(LIM)[303,304]、反距离加权模型(DIM)和低阶曲面模型(LSM)[304]。这里以 Li X 等[305]推荐的改进的线性组合模型(MLCM)为例。

$$\left. \begin{array}{l} \begin{bmatrix} 1 \\ 0 \\ 0 \end{bmatrix} = \begin{bmatrix} 1 & 1 & \cdots & 1 \\ x_{1u} & x_{2u} & \cdots & x_{ju} \\ y_{1u} & y_{2u} & \cdots & L_{ju} \end{bmatrix} \begin{bmatrix} a_1 \\ a_2 \\ \vdots \\ a_j \end{bmatrix} \\ \sum_{r=1}^{j} a_r^2 = \min \\ x_{ru} = X_r - X_u \\ y_{ru} = Y_r - Y_u \end{array} \right\} \qquad (9-41)$$

式中,(X_r, Y_r) 和 (X_u, Y_u) 分别为参考站和用户在区域坐标系下的平面坐标。该模型同样被用于对流层延迟改正数的内插。以电离层改正数为例,内插后的改正数可以写为

$$\Delta I_u^s = \sum_{r=1}^{j} a_r \Delta I_r^s \qquad (9-42)$$

用户端内插的大气延迟改正数修正后的非差观测值可表示为

$$\left.\begin{array}{c}\overline{P}_i^s = P_i^s + \Delta I_{u,i}^s(P) - \Delta T_u^s - T_{u,model}^s \\ \lambda_i\overline{\Phi}_i^s = \lambda_i\Phi_i^s + \Delta I_{u,i}^s(\Phi) - \Delta T_u^s - T_{u,model}^s\end{array}\right\} \quad (9-43)$$

式中，$\overline{P}_i^s$ 和 $\overline{\Phi}_i^s$ 分别为大气延迟改正数和卫星钟差改正后的伪距和相位观测值；$T_{u,model}^s$ 为斜对流层模型值；ΔT_u^s 为内插的斜对流层改正值。改正后的观测方程可以写为

$$\left.\begin{array}{c}\overline{P}_i^s = \rho^s + c\overline{t}_{IF} + \varepsilon_{i,P}^s \\ \lambda_i\overline{\Phi}_i^s = \rho^s + c\overline{t}_{IF} + \lambda_i\widetilde{N}_i^s + \varepsilon_{i,\Phi}^s\end{array}\right\} \quad (9-44)$$

式中，$\widetilde{N}_i^s$ 为流动站端浮点模糊度。利用最小二乘法解算观测方程(9-44)，获得两个频率的非差模糊度浮点解 $\widetilde{N}_1^s$ 和 $\widetilde{N}_2^s$，两个频率分别选出满足固定条件的非差模糊度，利用它们组建单差模糊度并获得其浮点值。遍历所有单差卫星对，按照共同观测时间排序，选中其中排序靠前且互相独立的，利用 LAMBDA 方法尝试固定。整个服务系统运行流程如图 9-22 所示。

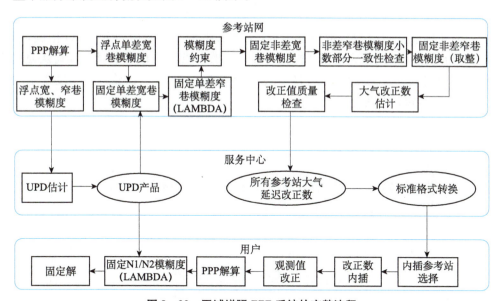

图 9-22　区域增强 PPP 系统的完整流程

本节使用一个真实数据算例来展现 PPP 增强定位技术的实现结果和可以达到的定位效果。提供数据的实验网位于上海东部海岸，是用于进行科学实验数据采集的非商用区域参考站网。该网站间距离为 50 km 左右。用于实验的观测数据时间为 2016 年 6 月 30 日 GPS 时间 1:20 至 22:20 共 21 h 的连续观测数据，当地时间为 9:20 至次日 6:20，观测历元间隔为 1 s。实验期间每分钟重启一次 PPP 解算，一次观测超过 60 个历元(1 min)未能固定模糊度则认为固定失败，解算程序随

即终止。网中参考站为 TJ01 至 TJ06 共 6 个，TJ-user 作为用户站，接收 GPS 和北斗 2 代双系统数据，各站精确坐标由静态 PPP 解算获得，各站分布见图 9-23。

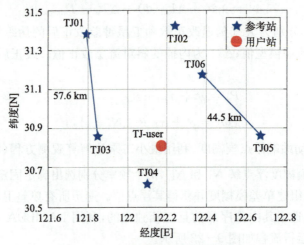

图 9-23　上海实验性区域参考站网

对于模糊度固定的质量控制标准，这里采用了广泛使用的 RATIO 检验，当 RATIO 值大于 2 则认为模糊度检验通过。如果未能通过 RATIO 检验，则认为模糊度固定失败。为了方便表示，将一次 PPP 解算称作一次"试验"，模糊度固定的失败率 P_{unfix} 可以写为

$$P_{unfix} = \frac{\text{固定失败的试验数}}{\text{总试验数}} \qquad (9-45)$$

即使模糊度固定通过 RATIO 准则，也并不意味着模糊度就被正确固定了。为了进一步保障模糊度固定的可靠性，可以检核固定解和真值坐标误差的范围。和真实值相比，误差的判定指标为平面 5 cm（H5）、平面 10 cm（H10）、高程 10 cm（V10）和高程 15 cm（V15），超出则认为固定错误。这一检核标准是经验给出的，误差的累计概率分布将在实验结果部分给出。固定错误率 P_{wfix} 可以表示为

$$P_{wfix} = \frac{\text{固定错误的试验数}}{\text{固定成功的试验数}} \qquad (9-46)$$

将仅利用两个历元观测值就获得正确固定解称为瞬时固定，定义瞬时固定率为瞬时固定的实验次数除以所有正确固定的实验次数，瞬时固定率 P_{infix} 为

$$P_{infix} = \frac{\text{瞬时固定解的数量}}{\text{正确固定解的数量}} \qquad (9-47)$$

另外，首次固定时间（Time-To-First-Fix，TTFF）也是评估改正数产品质量的重要指标。这里定义 TTFF 为成功且正确固定模糊度所消耗的时间。

内插改正数的质量是影响用户模糊度固定的关键因素之一。如果使用了一个

或多个不准确的大气延迟改正数,残余的大气延迟误差将污染包括模糊度在内的各个参数,造成参数估计有偏、更长的收敛时间和模糊度固定错误。首先分析单差内插电离层延迟改正数的质量。将流动站作为参考站也可以单站生成电离层与对流层改正数,可用来评估内插改正数的准确性。图 9-24 为 TJ-user 站北斗与 GPS 系统所有单差卫星对在当地时间 10:00 至 20:00 共 10 小时的电离层改正数误差,蓝色点为 GPS 改正数误差,红色点为 BDS-2 误差。可见,电离层误差大部分在 -10~10 cm,绝对值的最大值大于 15 cm,超过了半周波长。此外,可以发现电离层误差在白天显著大于夜间,在午后大约 14:00 达到最高值,因此造成电离层延迟较大幅度的波动。

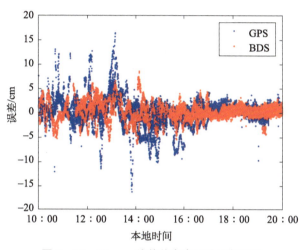

图 9-24　TJ-user 站单差电离层改正数误差

　　PPP 模糊度固定的结果直接反映了区域增强 PPP 系统的服务质量,这里展示区域增强 PPP 的模糊度固定解算效果,同时比较了使用 GPS 单系统和 GPS/北斗组合系统数据的结果差别。表 9-1 总结了 GPS 单系统和 BDS/GPS 组合系统所有解算结果的统计数据。表中 AFA 为平均固定模糊度数量,MT 为平均 TTFF。所有 TTFF 时刻的浮点和固定解平面点位误差如图 9-25 所示,图中两个红圈分别为 H5 和 H10 的阈值边界,可发现浮点解多为分米级,而绝大多数固定解在 5 cm 圈内,可见模糊度固定的重要性。TTFF 时刻固定解水平和高程误差累积概率分布见图 9-26,比较不同阈值的误差累计概率,无论高程或平面误差 BDS/GPS 双系统均优于 GPS 单系统,选取 H10 和 V15 为阈值时双系统累计概率均高出约 5.6%。模糊度数量越多意味着观测到的卫星越多,卫星网形结构更优,结果一般更为可靠,图 9-27 为 H10 阈值时 TTFF 时刻固定的 L1/L2 星间单差模糊度数量,数据个别中断的部分表示该历元固定失败,单系统平均可固定 10.4 个,而 GPS/BDS 双系统为 18.6 个。H10 阈值评定正确固定解的 TTFF 累积概率分布见图 9-28,可见单、双系统的瞬时固定率分别为 90.1% 和 95.9%,平均 TTFF 分别为 3.4 历元和 2.8 历元。

表 9-1 TJ-user 站 GPS 单系统和 BDS/GPS 组合系统所有解算结果的统计数据

系统	P_{wfix}	$P_{wfix}/H5$	$P_{wfix}/H10$	$P_{wfix}/V15$	$P_{cfix}/H5$
G	25.4	7.2	6.7	7.2	69.2
G+C	17.6	2.2	1.1	1.6	80.6
系统	$P_{cfix}/H10$	$P_{cfix}/V15$	$P_{infix}/H10$	AFA	MT/H10
G	69.6	69.2	90.1	10.4	3.4
G+C	81.5	81.1	95.9	18.6	2.8

注:AFA 为平均固定模糊度数量,MT 为平均 TTFF。

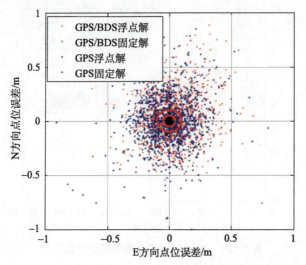

图 9-25 TJ-user 站 TTFF 时刻的浮点和固定解平面点位误差

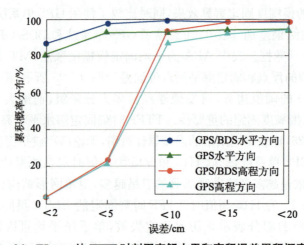

图 9-26 TJ-user 站 TTFF 时刻固定解水平和高程误差累积概率分布

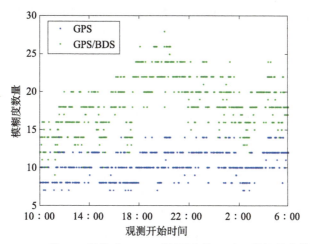

图 9 - 27　TJ-user 站 H10 阈值时 TTFF 时刻固定的 L1/L2 星间单差模糊度数量

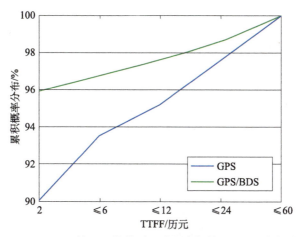

图 9 - 28　TJ-user 站 H10 阈值时正确固定解的 TTFF 累积概率分布

该参考站网相较于城市 CORS 网布局相对稀疏,导致改正数精度相对较低,在某些时段因大气延迟改正数不够准确而导致模糊度在连续 1 min 的观测时段中固定失败。由表 9 - 1 可见,单、双系统在试验期间的统计固定失败率分别为 25.4%和 17.6%,H10 阈值定义的 GPS 单系统固定错误率为 6.7%,而使用 GPS/BDS 双系统观测数据解算该比例为1.1%。另外,单、双系统的 H5 阈值定义的总体正确固定概率分别为69.2%和 80.6%,H10 阈值正确固定率从 69.6%提高至 81.5%。

9.5　低轨增强 PPP 技术

近年来,有商业公司(如 SpaceX、OneWeb 等)提出建立由数百颗 LEO 卫星组成的全球 LEO 卫星星座,建立在全球任意地点都可以连接的全球互联网系统[306,307]。斯坦福大学的研究人员 Reid 等[308]从用户几何构型、SISRE 等角度对 LEO 星座导航的可能性作了详细的分析和研究。如此庞大的 LEO 卫星数量不仅可以用于提供互联网服务,也为导航服务带来了新机遇。相比于 GNSS,LEO 卫星有其独特的导航定位优势。一方面,LEO 卫星距离地面较近,因而会有更强的导航信号以及较强的抗干扰能力;另一方面,LEO 卫星运行速度快,在测站上空的可视弧段时间较短,快速的几何构型变化为加速 PPP 初始化时间提供了可能。但 LEO 卫星同时存在一些缺点,如轨道较低,单星覆盖面积小,实现全球多重覆盖所需卫星较多;摄动力复杂,精密定轨与预报难度大;受大气阻力影响,卫星寿命较短等。在 LEO 卫星增强的 PPP 服务系统中,LEO 卫星需要具有以下两种功能:一是导航星功能,播发与现有 GNSS 导航星座相同的导航信号和广播星历,可以与 GNSS 导航卫星一起构成混合星座,参与导航定位处理;二是转发通信功能,转发地面注入的增强信息,比如精密轨道、精密钟差、电离层延迟、对流层延迟等产品,实现星基差分功能。

关于卫星覆盖面积问题,对于 GPS/BDS/Galileo/GLONASS 等中高轨卫星来说,只需要大约 30 颗卫星就可以获得 2～3 的 GDOP;而对于轨道较低的 LEO 卫星来说,由于其单星覆盖范围小,要达到同样的效果,需要的卫星数则要更多。比如,对于 1100 km 的 LEO 卫星来说,要实现小于 3 的 GDOP,则至少需要 200 颗卫星;对于 700 km 的 LEO 卫星来说,则需要大约 330 颗卫星。

就算法而言,LEO 增强的 PPP 和传统 PPP 并无区别,在原先的观测方程中仅将观测值及卫星轨道数据进行替换即可。卫星钟差改正后,GNSS 与 LEO 观测值联立使用无电离层组合的 PPP 观测方程可以写为

$$C_{IF,GPS} = \rho_R^s + c \cdot dt_R + q_{R,GPS,IF} + T_R^s + \epsilon(C_{IF,GPS})$$

$$C_{IF,LEO} = \rho_R^s + c \cdot dt_R + q_{R,LEO,IF} + T_R^s + \epsilon(C_{IF,LEO})$$

$$L_{IF,GPS} = \rho_R^s + c \cdot dt_R + \delta_{R,GPS,IF} + T_R^s + \lambda_{IF} \cdot N_{IF,GPS} + \epsilon(\varphi_{IF,GPS})$$

$$L_{IF,LEO} = \rho_R^s + c \cdot dt_R + \delta_{R,LEO,IF} + T_R^s + \lambda_{IF} \cdot N_{IF,LEO} + \epsilon(\varphi_{IF,LEO}) \quad (9-48)$$

式中,不同系统间有区别的参数已经用下标标出;$q_{R,GPS,IF}$ 和 $q_{R,LEO,IF}$ 分别为 GPS 和 LEO 系统相对于标准钟差的接收机伪距系统硬件延迟;$\delta_{R,GPS,IF}$ 和 $\delta_{R,LEO,IF}$ 分别为 GPS 和 LEO 系统相对于标准钟差的接收机相位系统硬件延迟。通常解算一个系统的钟差,另一个系统再求解一个系统间偏差参数,即 ISB_{GL}。这里以 GPS 为基准,即 $c \cdot dt_{R,GPS} = c \cdot dt_R + q_{R,GPS,IF}$,则 $c \cdot dt_R + q_{R,LEO,IF} = c \cdot dt_{R,GPS} + ISB_{GL}$,同时引入相位观测值的硬件延迟被模糊度吸收,$\overline{N}_{IF,GPS} = N_{IF,GPS} + (\delta_{R,GPS,IF} - q_{R,GPS,IF})/\lambda_{IF}$。最终的观测方程可以写为

$$C_{IF,GPS} = \rho_R^s + c \cdot dt_{R,GPS} + T_R^s + \epsilon(C_{IF,GPS})$$

$$C_{IF,LEO} = \rho_R^s + c \cdot dt_{R,GPS} + ISB_{GL} + T_R^s + \epsilon(C_{IF,LEO})$$

$$L_{IF,GPS} = \rho_R^s + c \cdot dt_{R,GPS} + T_R^s + \lambda_{IF} \cdot \overline{N}_{IF,GPS} + \epsilon(\varphi_{IF,GPS})$$

$$L_{IF,LEO} = \rho_R^S + c \cdot dt_{R,GPS} + ISB_{GL} + T_R^S + \lambda_{IF} \cdot \overline{N}_{IF,LEO} + \epsilon(\varphi_{IF,LEO})$$

$$(9-49)$$

基于公式(9-49),可以进行低轨增强的 PPP 定位解算。当前一些学者开展了 LEO PPP 定位性能评估、低轨信号辅助参数估计和多系统 GNSS 低轨联合等方面研究[49,309-311]。基于目前的研究成果,学者们认为 LEO 作为导航卫星增强 GNSS 星座辅助 PPP 解算,可以在一定程度上增加卫星数量、改善几何图形结构、提升载波用户的 PPP 定位精度,并显著缩短收敛时间,可以从 25 min 左右缩短至 25 s 以内。

下面通过仿真数据给出低轨增强 PPP 的效果。观测值数据、精密轨道数据、天线文件数据都是通过仿真得到的,LEO 卫星的频率和 GPS 的 L1,L2 频率一致,观测值数据为仿真的 74 颗 GPS 卫星、27 颗 BDS 卫星和 60 颗 LEO 卫星在 2018 年 5 月 20 号的数据,采样间隔为 10 s,将 GPS 静态单天解坐标作为测站的参考坐标。以下从观测卫星数、收敛速度和定位精度方面进行 LEO PPP 定位性能评估。

图 9-29 表示 GPS、BDS、GPS+BDS、GPS+BDS+LEO 系统卫星可见数的比较,GC,GCL 分别表示在一天内不同时刻 GPS+BDS、GPS+BDS+LEO 组合可以观测到的卫星数,可以得到,单 BDS 系统可观测卫星数在 7~10 颗,GPS 在 20 颗左右,GC 组合在 26~30 颗,GCL 组合在 30~45 颗,低轨增强后卫星数显著增加。

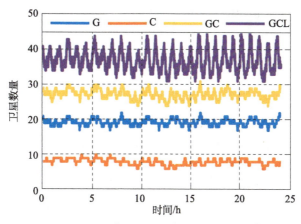

图 9-29　GPS、BDS、GPS+BDS、GPS+BDS+LEO 系统卫星可见数

图 9-30 和图 9-31 分别表示 1 h 内 GPS+BDS 组合和 GPS+BDS+LEO 组合后 PPP 结果,GC 组合的收敛时间性能较差,收敛至 5 cm 需要 5~10 min,GCL 组合收敛时间性能更好,收敛时间为 1~3 min,GCL 组合定位收敛时间较 GC 组合定位收敛时间缩短了 5~8 min。

图 9-32 和图 9-33 分别表示一天内 GPS+BDS 组合 PPP 定位和 GPS+BDS+LEO 组合 PPP 定位的 E、N、U 方向误差的对比,由图可以看出,两种方案定位误差在趋于稳定后基本都可以达到毫米级的定位精度,起伏的曲线基本一致。

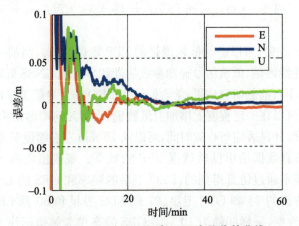

图 9 – 30　GPS＋BDS 组合 PPP 定位收敛曲线

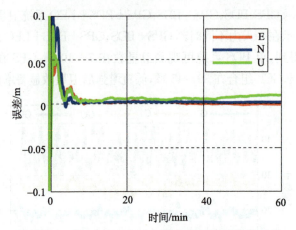

图 9 – 31　GPS＋BDS＋LEO 组合 PPP 定位收敛曲线

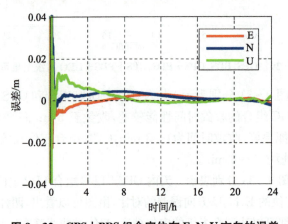

图 9 – 32　GPS＋BDS 组合定位在 E、N、U 方向的误差

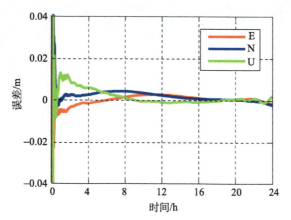

图 9 - 33　GPS＋BDS＋LEO 组合定位在 E、N、U 方向的误差

网络 RTK 定位技术

基于单个参考站的 RTK 技术能够实时得到高精度的定位结果,并且能满足多种工程应用的要求,但是它还有许多明显的缺陷和不足之处,比如需要的硬件设备比较多、初始化时间长、流动站与参考站的作业距离有限,若作业区域较大则需要多次迁移参考站,这种情况下作业成本大、操作烦琐等。为了克服常规 RTK 技术的不足和缺陷,满足更多的工程和科研等要求,同时随着计算机技术、无线通信技术等的快速发展,可以进行大量数据的实时传输和处理,网络 RTK 技术就应运而生,这是目前 GNSS 高精度实时动态定位的重要手段之一。

GNSS 网络 RTK(Network Real-Time Kinematic,NRTK)又称为基于多个参考站的 RTK,是指在一定区域内建立多个(一般为 3 个或 3 个以上)GNSS 参考站,对该地区构成网状覆盖,并以这些参考站为基准,计算和发播 GNSS 改正信息,该地区内的流动站用户通过实时接收 GNSS 改正信息,然后进行定位解算。网络 RTK 解决了差分 GNSS 定位中,流动站离参考站距离较远的情况下,差分观测值的某些残余误差较大(对流层延迟误差、电离层延迟误差等),无法实现精确定位的问题。与常规 RTK 技术相比,网络 RTK 具有参考站网覆盖范围大、作业成本更低、精度和可靠性高、应用范围广、初始化时间更短的优势。

本章将从传统双差网络 RTK、非差网络 RTK 和网络 RTK 的实现与性能评估来详细阐述。

10.1 双差网络 RTK

基于双差误差模型的网络 RTK 方法目前应用较为广泛,该方法利用双差观测值残差对指定卫星对进行建模,按照数据播发方式以及误差建模侧重点不同主要分为综合误差内插法(Combined Bias Interpolation,CBI)[312]及其改进的综合内插法[313]、主辅站法(Master-Auxiliary Concept,MAC)、虚拟参考站法(Virtual Reference Station,VRS)[314]和区域改正参数法等,这些方法本质上都是在一定条件下的误差建模,具有等价性[313]。本节将以虚拟参考站法为例,阐述双差网络 RTK 基本原理。

10.1.1　参考站双差观测模型

参考站间双差观测模型包括非组合双差观测模型和组合双差观测模型。

1. 非组合双差观测模型

对于采用 CDMA 技术的 GNSS 系统内双差模型,卫星和接收机的硬件延迟以及初始相位偏差均被消除,在进行数据处理过程中不需要考虑不同观测环境以及不同类型或不同品牌的接收机对上述因素的影响[108]。因此,采用 CDMA 技术的 GNSS 系统内非组合双差伪距和相位观测方程分别为

$$\nabla\Delta P^{sk}_{br,f_i^{sys}} = \nabla\Delta\rho^{sk}_{br} + \nabla\Delta I^{sk}_{br,f_i^{sys}} + \nabla\Delta T^{sk}_{br} + \nabla\Delta\varepsilon^{sk}_{br,f_i^{sys}} \tag{10-1}$$

$$\begin{aligned}\lambda_{f_i^{sys}}\nabla\Delta\varphi^{sk}_{br,f_i^{sys}} = \nabla\Delta\rho^{sk}_{br} &+ \lambda_{f_i^{sys}}\nabla\Delta N^{sk}_{br,f_i^{sys}} - \nabla\Delta I^{sk}_{br,f_i^{sys}}\\&+ \nabla\Delta T^{sk}_{br} + \nabla\Delta\xi^{sk}_{br,f_i^{sys}}\end{aligned} \tag{10-2}$$

对于采用 FDMA 技术的 GLONASS 系统内双差模型,卫星硬件延迟和初始相位偏差已被消除,而接收机硬件延迟和初始相位偏差至少对于不同接收机类型来说不能被消除[109]。因此,采用 FDMA 技术的 GLONASS 系统内非组合双差伪距和相位观测方程分别为

$$\nabla\Delta P^{sk}_{br,f_i^R} = \nabla\Delta\rho^{sk}_{br} + \nabla\Delta IFCB^{sk}_{br,f_i^R} + \nabla\Delta I^{sk}_{br,f_i^R} + \nabla\Delta T^{sk}_{br} + \nabla\Delta\varepsilon^{sk}_{br,f_i^R} \tag{10-3}$$

$$\begin{aligned}\lambda^{kR}_{f_i}\Delta\varphi^k_{br,f_i^R} - \lambda^{sR}_{f_i}\Delta\varphi^s_{br,f_i^R} = \nabla\Delta\rho^{sk}_{br} &+ \lambda^k_{i,f_i^R}(\Delta\varphi_{br,f_i^R} + \Delta\delta^k_{br,f_i^R} + \Delta N^k_{br,f_i^R})\\&- \lambda^s_{f_i^R}(\Delta\varphi_{br,f_i^R} + \Delta\delta^s_{br,f_i^R} + \Delta N^s_{br,f_i^R})\\&- \nabla\Delta I^{sk}_{br,f_i^R} + \nabla\Delta T^{sk}_{br} + \nabla\Delta\xi^{sk}_{br,f_i^R}\end{aligned} \tag{10-4}$$

式中,$\nabla\Delta IFCB^{sk}_{br,f_i}$ 表示双差伪距 IFB,包括了接收机端伪距硬件延迟;$\lambda^{kR}_{f_i}(\Delta\varphi_{br,f_i^R} + \Delta\delta^k_{br,f_i^R})$ 和 $\lambda^{sR}_{f_i}(\Delta\varphi_{br,f_i^R} + \Delta\delta^s_{br,f_i^R})$ 为站间差分相位 IFB。研究表明:接收机端相位 IFB 可用频率的线性函数表示,该函数包含一个常数项和一个与频率成正比的一次项,一次项系数也就是 IFB 变化率[315,316]。因此,根据接收机端相位 IFB 的这一特性,可以将上述站间差分相位 IFB 表达为

$$\lambda^{kR}_{f_i}(\Delta\varphi_{br,f_i^R} + \Delta\delta^k_{br,f_i^R}) = \alpha_{f_i^R} + K^k\Delta\gamma \tag{10-5}$$

$$\lambda^{sR}_{f_i}(\Delta\varphi_{br,f_i^R} + \Delta\delta^s_{br,f_i^R}) = \alpha_{f_i^R} + K^s\Delta\gamma \tag{10-6}$$

其中,$\alpha_{f_i^R}$ 为相位 IFB 常数项;$\Delta\gamma$ 为相位 IFB 变化率;K^k、K^s 分别为 GLONASS 卫星 k、s 的频率编号。对于 $\alpha_{f_i^R}$ 和 $\Delta\gamma$,在同一频段条件下对所有 GLONASS 卫星来说都是一致的,所以在双差过程中相位 IFB 常数项 $\alpha_{f_i^R}$ 可以被消除;而 $\Delta\gamma$ 前的系数会随着 GLONASS 卫星频率编号的变化而变化,所以这一项不能被消除[109,317]。因此,GLONASS 系统内非组合双差相位观测方程可以表示为

$$\lambda_{f_i}^{kR} \Delta\varphi_{br,f_i}^k - \lambda_{f_i}^{sR} \Delta\varphi_{br,f_i}^s = \nabla\Delta\rho_{br}^* + \lambda_{f_i}^{kR} \Delta N_{br,f_i}^k - \lambda_{f_i}^{sR} \Delta N_{br,f_i}^s + (K^k - K^s)\Delta\gamma$$
$$- \nabla\Delta I_{br,f_i}^* + \nabla\Delta T_{br}^* + \nabla\Delta\xi_{br,f_i}^* \qquad (10-7)$$

为了消除不同波长对双差模糊度固定的影响,通常将两个不同系数波长的单差模糊度之差转换成为一个具有整数特性的双差模糊度以及一个与参考卫星站间单差模糊度有关的部分来解决,也就是

$$\lambda_{f_i}^{kR} \Delta N_{br,f_i}^k - \lambda_{f_i}^{sR} \Delta N_{br,f_i}^s = \lambda_{f_i}^{kR} \nabla\Delta N_{br,f_i}^* + (\lambda_{f_i}^{kR} - \lambda_{f_i}^{sR})\Delta N_{br,f_i}^s \qquad (10-8)$$

因此,GLONASS 系统内非组合双差相位观测方程可以表示为

$$\lambda_{f_i}^{kR} \Delta\varphi_{br,f_i}^k - \lambda_{f_i}^{sR} \Delta\varphi_{br,f_i}^s = \nabla\Delta\rho_{br}^* + \lambda_{f_i}^{kR} \nabla\Delta N_{br,f_i}^* + (\lambda_{f_i}^{kR} - \lambda_{f_i}^{sR})\Delta N_{br,f_i}^s$$
$$+ \nabla\Delta IFPB_{br,f_i}^* - \nabla\Delta I_{br,f_i}^* + \nabla\Delta T_{br}^* + \nabla\Delta\xi_{br,f_i}^*$$

$$(10-9)$$

其中, $\nabla\Delta IFPB_{br,f_i}^* = (K^k - K^s)\Delta\gamma$ 。

如果能将上式等号右边的第三项和第四项进行消除,那么 GLONASS 的数据处理方法将和采用 CDMA 技术的 GNSS 相同。由于这两项的存在,此时的双差模糊度没有整数特性,第三项是由于波长不同对双差模糊度固定产生的影响,第四项是由于接收机端 UPD 对于不同 GLONASS 卫星不同所造成的相位 IFB,该影响与参考卫星的单差模糊度有关。而参考卫星的单差模糊度初值可以根据单差伪距和相位观测值来计算,计算公式为

$$\Delta N_{br,f_i}^s = \frac{1}{\lambda_{f_i}^{sR}} (\lambda_{f_i}^{sR} \Delta\varphi_{br,f_i}^s - \Delta P_{br,f_i}^s + 2\Delta I_{br,f_i}^s) \qquad (10-10)$$

对于短基线来说,站间单差电离层 $\Delta I_{br,f_i}^s$ 比较小,可以忽略不计,此时,计算的参考卫星站间单差模糊度初值 $\Delta N_{br,f_i}^s$ 的误差主要来自测量噪声,特别是伪距观测值的噪声[318];而对于长基线来说, $\Delta I_{br,f_i}^s$ 不可忽略,需要给定 $\Delta I_{br,f_i}^s$ 一个较准确的初值,因此在长基线的情况下,波长不同对双差模糊度固定产生的影响会更大。

由于参考站的坐标精确已知,因此在非组合双差观测模型中,待估参数有双差模糊度、双差电离层延迟和双差对流层延迟,而对于 GLONASS 来说,待估参数还有 IFB。如果将双差对流层延迟进行参数估计,那么观测值个数小于待估参数个数,使用单历元数解算方程不可解。因此,可以将天顶对流层延迟投影到斜路径方向[319],即

$$\nabla\Delta T_{br}^* = \Delta M_{d,r}^* T_{d,r} - \Delta M_{d,b}^* T_{d,b} + \Delta M_{w,r}^* T_{w,r} - \Delta M_{w,b}^* T_{w,b} \qquad (10-11)$$

式中, $\Delta M_{d,b}^*$ 、 $\Delta M_{d,r}^*$ 分别为测站 b 、 r 星间单差干延迟投影系数; $\Delta M_{w,b}^*$ 、 $\Delta M_{w,r}^*$ 分别为测站 b 、 r 星间单差湿延迟投影系数; $T_{d,b}$ 、 $T_{d,r}$ 分别为测站 b 、 r 天顶对流层干延迟; $T_{w,b}$ 、 $T_{w,r}$ 分别为测站 b 、 r 天顶对流层湿延迟。

2. 组合双差观测模型

在参考站间双差模糊度固定中,最常用的还是组合双差观测模型。在非组合双差观测模型的基础上,分别进行 MW 组合和 IF 组合,得到组合观测模型。

对于采用 CDMA 技术的 GNSS 来说,MW 组合、IF 组合伪距和相位观测方程分别为

$$\nabla\Delta MW_{br}^{*} = \lambda_{WL} \ \nabla\Delta N_{W,br}^{*} + \nabla\Delta\xi_{MW,br}^{*} \tag{10-12}$$

$$\nabla\Delta P_{IF,br}^{*} = \nabla\Delta\rho_{br}^{*} + \nabla\Delta T_{br}^{*} + \nabla\Delta\varepsilon_{IF,br}^{*} \tag{10-13}$$

$$\nabla\Delta \ \Phi_{IF,br}^{*} = \nabla\Delta\rho_{br}^{*} + \lambda_{IF} \ \nabla\Delta N_{IF,br}^{*} + \nabla\Delta T_{br}^{*} + \nabla\Delta\varepsilon_{IF,br}^{*} \tag{10-14}$$

其中,MW 组合双差观测值 $\nabla\Delta MW_{br}^{*}$、宽巷模糊度波长 λ_{WL}、无电离层组合双差伪距观测值 $\nabla\Delta P_{IF,br}^{*}$ 和相位观测值 $\nabla\Delta \ \Phi_{IF,br}^{*}$ 分别为

$$\nabla\Delta MW_{br}^{*} = \frac{1}{f_i^{sys} - f_j^{sys}} (f_i^{sys} \ \nabla\Delta\Phi_{br,f_i^{sys}}^{*} - f_j^{sys} \ \nabla\Delta\Phi_{br,f_j^{sys}}^{*})$$
$$- \frac{1}{f_i^{sys} + f_j^{sys}} (f_i^{sys} \ \nabla\Delta P_{br,f_i^{sys}}^{*} + f_j^{sys} \ \nabla\Delta P_{br,f_j^{sys}}^{*}) \tag{10-15}$$

$$\lambda_{WL} = \frac{c}{f_i^{sys} - f_j^{sys}} \tag{10-16}$$

$$\nabla\Delta P_{IF,br}^{*} = \frac{1}{(f_i^{sys})^2 - (f_j^{sys})^2} ((f_i^{sys})^2 \ \nabla\Delta P_{br,f_i^{sys}}^{*} - (f_j^{sys})^2 \ \nabla\Delta P_{br,f_j^{sys}}^{*})$$
$$\tag{10-17}$$

$$\nabla\Delta \ \Phi_{IF,br}^{*} = \frac{1}{(f_i^{sys})^2 - (f_j^{sys})^2} ((f_i^{sys})^2 \ \nabla\Delta \ \Phi_{br,f_i^{sys}}^{*} - (f_j^{sys})^2 \ \nabla\Delta \ \Phi_{br,f_j^{sys}}^{*})$$
$$\tag{10-18}$$

对于采用 FDMA 技术的 GLONASS 来说,MW 组合、IF 组合伪距和相位观测方程分别为

$$\nabla\Delta MW_{br}^{*} = \lambda_{WL} \ \nabla\Delta N_{W,br}^{*} + (\lambda_{f_i}^{k} - \lambda_{f_i}^{s}) \ \Delta N_{W,br}^{s} + \nabla\Delta IFB_{MW,br}^{*} + \nabla\Delta\xi_{MW,br}^{*}$$
$$\tag{10-19}$$

$$\nabla\Delta P_{IF,br}^{*} = \nabla\Delta\rho_{br}^{*} + \nabla\Delta IFCB_{IF,br}^{*} + \nabla\Delta T_{br}^{*} + \nabla\Delta\varepsilon_{IF,br}^{*} \tag{10-20}$$

$$\nabla\Delta \ \Phi_{IF,br}^{*} = \nabla\Delta\rho_{br}^{*} + \lambda_{IF} \ \nabla\Delta N_{IF,br}^{*} + (\lambda_{f_i}^{k} - \lambda_{f_i}^{s}) \Delta N_{IF,br}^{s}$$
$$+ \nabla\Delta IFPB_{IF,br}^{*} + \nabla\Delta T_{br}^{*} + \nabla\Delta\varepsilon_{IF,br}^{*} \tag{10-21}$$

采用组合双差观测模型,唐卫明等[320]提出三步法确定双差模糊度,而周乐韬[321]提出采用并行滤波方法同时估计宽巷模糊度和无电离层模糊度。宽巷模糊度采用多历元均值滤波可削弱观测值噪声的影响,然后进行四舍五入取整即可解得宽巷模糊度。根据双差宽巷模糊度固定解 $\nabla\Delta \hat{N}_{W,br}^{*}$ 和双差无电离层模糊度浮点解 $\nabla\Delta N_{IF,br}^{*}$,可以计算出双差 L1 模糊度的浮点解:

$$\nabla\Delta N_{1,br}^{*} = \frac{\nabla\Delta N_{IF,br}^{*} - e_1 \ \nabla\Delta \hat{N}_{W,br}^{*}}{e_2} \tag{10-22}$$

其中,

$$e_1 = \frac{\lambda_2^{sys} \ (f_2^{sys})^2}{(f_1^{sys})^2 - (f_2^{sys})^2} \tag{10-23}$$

$$e_2 = \frac{c}{f_1^{sys} + f_2^{sys}} \qquad (10-24)$$

根据误差传播定律,可以得到双差 L1 模糊度对应的方差——协方差矩阵,然后通过 LAMBDA 算法将其固定[181,182]。

双差组合观测模型是参考站模糊度固定中最常用的模型[147],但是该模型有以下缺点:①由于宽巷模糊度和无电离层模糊度分开估计,通过固定后的宽巷模糊度和无电离层模糊度浮点解得到 L1 模糊度浮点解并将其固定,最后恢复无电离层模糊度的固定解,该计算过程比较烦琐。②由于宽巷模糊度使用单卫星观测数据解算,因此得到的宽巷模糊度与其他模糊度之间不存在相关性,即使采用部分模糊度固定策略优先固定部分模糊度,也不会加快剩余宽巷模糊度的固定速度。③消除了电离层延迟参数,因此无法对其进行进一步处理。

双差非组合观测模型也被称为电离层浮点模型[322],该模型具有以下优点:①同时解算宽巷模糊度和 L1 模糊度,简化了解算过程。②得到的宽巷模糊度与其他卫星模糊度间具有相关性,采用部分模糊度固定策略优先固定部分模糊度后,必然加快其他宽巷模糊度的固定速度。③保留了电离层延迟参数,若对其进行合理约束,可以提高模糊度的固定速度和可靠性[147]。

10.1.2　虚拟参考站观测模型

10.1.2.1　双差大气延迟改正模型

参考站基线系统内双差模糊度固定后,从双差观测值中可以分离出双差电离层延迟改正数:

$$\nabla\Delta I_{br,f_1}^{*,sys} = \frac{(f_2^{sys})^2}{(f_1^{sys})^2 - (f_2^{sys})^2}(\nabla\Delta\, \Phi_{br,f_1}^{*,sys} - \nabla\Delta\, \Phi_{br,f_2}^{*,sys}$$
$$+ (\lambda_1^{sys} - \lambda_2^{sys})\nabla\Delta N_{1,br}^{*} + \lambda_2^{sys}\,\nabla\Delta N_{W,br}^{*}) \qquad (10-25)$$

对于双差对流层延迟,通常将天顶方向的对流层延迟模型化以后,然后利用投影函数投影到信号传播方向(Tu R 等[319]),即

$$\nabla\Delta T_{br}^{*} = \Delta M_{d,r}^{*}T_{d,r} - \Delta M_{d,b}^{*}T_{d,b} + \Delta M_{w,r}^{*}T_{w,r} - \Delta M_{w,b}^{*}T_{w,b} \qquad (10-26)$$

式中,$\Delta M_{d,b}^{*}$、$\Delta M_{d,r}^{*}$ 分别为测站 b、r 星间单差干延迟投影系数;$\Delta M_{w,b}^{*}$、$\Delta M_{w,r}^{*}$ 分别为测站 b、r 星间单差湿延迟投影系数;$T_{d,b}$、$T_{d,r}$ 分别为测站 b、r 天顶对流层干延迟;$T_{w,b}$、$T_{w,r}$ 分别为测站 b、r 天顶对流层湿延迟。

由于对流层延迟的湿分量不能用模型精确改正,因此可以将天顶对流层延迟投影到斜路径方向,将干延迟部分用模型来改正,将天顶湿延迟作为参数进行估计。天顶对流层延迟估计方法有:分段线性函数法、分段常数法和随机游走法[164]。

3 条及 3 条以上参考站基线双差模糊度固定后,将从每条基线双差观测值中分离出来的双差电离层延迟和对流层延迟,通过建模或内插的方法,逐卫星逐历元

计算主参考站与虚拟参考站间双差电离层延迟和对流层延迟。建模或内插方法有:内插法、线性组合法和多项式拟合法。研究表明:双差电离层延迟不同模型的性能十分接近[323],双差大气延迟改正数的误差一般在 4 cm 以内[147]。

以内插法为例,介绍由参考站网双差大气延迟内插主参考站与虚拟参考站间双差大气延迟改正数。

$$COR_{AV} = a_1(x_V - x_A) + a_2(y_V - y_A) \qquad (10-27)$$

其中,

$$a_2 = \frac{(x_C - x_A)COR_{AB} - (x_B - x_A)COR_{AC}}{(x_C - x_A)(y_B - y_A) - (x_B - x_A)(y_C - y_A)} \qquad (10-28)$$

$$a_1 = \frac{COR_{AB} - a_2(y_B - x_A)}{x_B - x_A} \qquad (10-29)$$

式中,下标 A、B、C 表示参考站,其中 A 为主参考站,V 表示虚拟参考站;COR 表示参考站间双差大气延迟改正数(包括双差电离层延迟和对流层延迟改正数);x、y 为测站的平面坐标。

10.1.2.2　虚拟观测值生成模型

使用主参考站的观测值以及与虚拟参考站组成的 DD 大气延迟校正数,可以通过以下方式生成虚拟参考站的虚拟观测值:

$$P_{1,v} = P_{1,A} + \rho_{AV} + trop_{AV} + ion_{AV} \qquad (10-30)$$

$$P_{j,v} = P_{j,A} + \rho_{AV} + trop_{AV} + \frac{f_1^2}{f_j^2} ion_{AV} \qquad (10-31)$$

$$\Phi_{1,v} = \Phi_{1,A} + \rho_{AV} + (trop_{AV} - ion_{AV})/\lambda_1 \qquad (10-32)$$

$$\Phi_{j,v} = \Phi_{j,A} + \rho_{AV} + \left(trop_{AV} - \frac{f_1^2}{f_j^2} ion_{AV}\right)/\lambda_j \qquad (10-33)$$

式中,ion_{AV}、$trop_{AV}$ 为主参考站与虚拟参考站间的双差电离层延迟和对流层延迟改正数。

10.1.2.3　流动站双差观测模型

首先,因为流动站的坐标未知,所以对于流动站来说,需要将其作为参数进行估计;其次,虚拟参考站的观测值中包含了双差电离层延迟和对流层延迟的改正,与流动站构成超短基线时,不需要考虑大气延迟的影响。

若虚拟参考站为 v,流动站为 r,在流动站近似坐标 (x_0, y_0, z_0) 处线性化后的双差伪距和相位观测方程,其表达式为

$$\nabla\Delta P_{vr,f_i^{sys}}^{sk} = \nabla\Delta\rho_{0,vr}^{sk} - \nabla l_r^{sk}dx - \nabla m_r^{sk}dy - \nabla n_r^{sk}dz + \nabla\Delta\varepsilon_{vr,f_i^{sys}}^{sk} \qquad (10-34)$$

$$\lambda_{f_i^{sys}} \nabla\Delta\varphi_{r,f_i^{sys}}^{sk} = \nabla\Delta\rho_{0,vr}^{sk} - \nabla l_r^{sk}dx - \nabla m_r^{sk}dy$$
$$- \nabla n_r^{sk}dz + \lambda_{f_i^{sys}} \nabla\Delta N_{vr,f_i^{sys}}^{sk} + \nabla\Delta\xi_{vr,f_i^{sys}}^{sk}$$

$$(10-35)$$

其中,

$$\nabla\Delta\rho_{0,r}^{sk} = (\rho_{0,r}^{k} - \rho_{0,r}^{s}) - (\rho_{0,v}^{k} - \rho_{0,v}^{s}) \tag{10-36}$$

$$\rho_{0,v}^{s} = \sqrt{(x_0 - x^s)^2 + (y_0 - y^s)^2 + (z_0 - z^s)^2} \tag{10-37}$$

$$\nabla l_r^{sk} = \frac{x_0 - x^k}{\rho_{0,v}^{k}} - \frac{x_0 - x^s}{\rho_{0,v}^{s}} \tag{10-38}$$

$$\nabla m_r^{sk} = \frac{y_0 - y^k}{\rho_{0,v}^{k}} - \frac{y_0 - y^s}{\rho_{0,v}^{s}} \tag{10-39}$$

$$\nabla n_r^{sk} = \frac{z_0 - z^k}{\rho_{0,v}^{k}} - \frac{z_0 - z^s}{\rho_{0,v}^{s}} \tag{10-40}$$

10.2 非差网络 RTK

基于非差观测值的网络 RTK(Un-differenced Network Real-Time Kinematic, URTK)通过提供每颗卫星的误差改正量,使网内用户获得与网络 RTK 方法等价的快速精密单点定位服务[324]。该方法首先利用现有的相对定位数据处理策略解算得到参考站间双差模糊度及对应的载波相位双差观测值残差。由双差模糊度转换为对应非差模糊度的转换矩阵是秩亏的,此时,通过适当指定某些具有整数特性的非差模糊度,可将双差观测值残差转化为各参考站与可视卫星间非差观测值残差的形式,所指定的非差模糊度为任意整数,不会影响模型构建结果的有效性。与传统单层模型和 Klobuchar 模型等对整个地球表面建模相比,该方法是利用参考站实测数据对每颗可视卫星在地面处分别建模,模型在构建时类似于一个以卫星为顶点、各参考站子网为底面的倒棱锥形,只是对卫星方向的一小块区域进行建模,这一建模思想可以有效模型化局部范围内的电离层和对流层扰动。由于对每颗卫星方向的电离层、对流层以及与卫星相关的硬件延迟、钟差、轨道误差都被精确地构建到误差改正模型中,且模型在构建时保留了模糊度的整数特性,因此,网内用户可以在接收到周边参考站播发的误差改正信息后,根据其测站近似坐标计算得到每颗卫星的误差量并对其观测值进行改正。用户接收机包含的硬件延迟无法通过模型改正的方式消除,但由于同一时刻不同卫星的观测值中包含的接收机硬件延迟是一致的,所以通过星间单差可以消除该误差的影响,此时,经过模型改正后的用户站观测数据便可基于非差数据处理模式,采用星间单差模糊度固定的方法快速计算得到流动站的精密定位结果[313,325]。基于非差观测的网络 RTK 算法流程图如图 10-1 所示,本节将其中的参考站非差改正数和流动站星间单差定位解算方法进行了详细阐述。

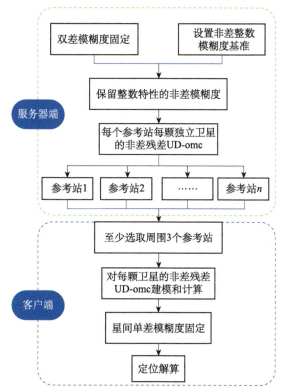

图 10-1　基于非差观测的网络 RTK 方法流程图

10.2.1　生成参考站非差改正数

生成参考站非差改正数,首先需要进行参考站间双差模糊度固定,这一步与传统双差网络 RTK 参考站间双差模糊度固定相一致。在参考站间双差模糊度固定之后,选定非差模糊度基准,可以恢复所有非差模糊度[326,327],转换表达式为

$$
\begin{bmatrix} N_b^s \\ N_b^k \\ N_r^s \\ N_r^k \end{bmatrix} = \begin{bmatrix} 1 & 0 & 0 & 0 \\ 0 & 1 & 0 & 0 \\ 0 & 0 & 1 & 0 \\ 1 & -1 & -1 & 1 \end{bmatrix}^{-1} \begin{bmatrix} B_b^s \\ B_b^k \\ B_r^s \\ \Delta\nabla N_{br}^{sk} \end{bmatrix} \tag{10-41}
$$

其中, N_b^s、N_b^k、N_r^s、N_r^k 为待恢复的非差模糊度; B_b^s、B_b^k、B_r^s 为选定的非差模糊度基准,非差模糊度基准可以是任意整数; $\Delta\nabla N_{br}^{sk}$ 为固定的参考站间双差整周模糊度。

在参考站非差模糊度恢复之后,根据参考站非差观测值逐历元计算非差残差(UD-omc),

$$
omc P_{r,f_i^{sys}}^s = P_{r,f_i^{sys}}^s - \rho_r^s + c(\delta t_r - \delta t^s) + M_{r,P}^s
$$

$$
omc \Phi_{r,f_i^{sys}}^s = \lambda_{f_i^{sys}} \varphi_{r,f_i^{sys}}^s - \rho_r^s + c(\delta t_r - \delta t^s) - \lambda_{f_i^{sys}} N_{r,f_i^{sys}}^s + M_{r,\Phi}^s \tag{10-42}
$$

其中，M 表示模型化的改正数，包括相对论效应、地球自转效应、对流层干延迟、天线相位中心偏差及变化、相位缠绕等。UD-omc 表示非差未建模误差之和，包括电离层延迟、对流层湿延迟、卫星和接收机硬件延迟和初始相位偏差。

10.2.2 流动站星间单差定位解算

如果 UD 未建模误差与距离相关或空间相关，那么流动站 u 上的 UD-omc 可以根据其周围 3 个参考站（1、2、3）估计的 UD-omc 线性插值得到[319]

$$
\begin{aligned}
omc_{u,f_i^{sys}}^s &= a(omc_{2,f_i^{sys}}^s - omc_{1,f_i^{sys}}^s) + b(omc_{3,f_i^{sys}}^s - omc_{1,f_i^{sys}}^s) + omc_{1,f_i^{sys}}^s \\
&= a(\lambda_{f_i^{sys}}^{sys} \varphi_{21,f_i^{sys}}^s - \rho_{21}^s + c\delta t_{21} - \lambda_{f_i^{sys}}^s N_{21,f_i^{sys}}^s + M_{21,\Phi}^s) \\
&\quad + b(\lambda_{f_i^{sys}}^s \varphi_{31,f_i^{sys}}^s - \rho_{31}^s + c\delta t_{31} - \lambda_{f_i^{sys}}^s N_{31,f_i^{sys}}^s + M_{31,\Phi}^s) \\
&\quad + (\lambda_{f_i^{sys}}^s \varphi_{1,f_i^{sys}}^s - \rho_1^s + c(\delta t_1 - \delta t^s) - \lambda_{f_i^{sys}}^s N_{1,f_i^{sys}}^s + M_{1,\Phi}^s)
\end{aligned}
\tag{10-43}
$$

其中，

$$
a = \frac{(x_3 - x_1)(y_u - y_1) - (x_u - x_1)(y_3 - y_1)}{(x_3 - x_1)(y_2 - y_1) - (x_2 - x_1)(y_3 - y_1)}
\tag{10-44}
$$

$$
b = \frac{(x_u - x_1)(y_2 - y_1) - (x_2 - x_1)(y_u - y_1)}{(x_3 - x_1)(y_2 - y_1) - (x_2 - x_1)(y_3 - y_1)}
\tag{10-45}
$$

其中，x,y 表示测站的平面坐标。

如果流动站 u 的非差模糊度 $N_{u,f_i^{sys}}^s$ 精确已知，那么非差未建模误差之和可表示为

$$
omc_{u,f_i^{sys}}^s = \lambda_{f_i^{sys}}^{sys} \varphi_{u,f_i^{sys}}^s - \rho_u^s + c(\delta t_u - \delta t^s) - \lambda_{f_i^{sys}}^s N_{u,f_i^{sys}}^s + M_{u,\Phi}^s
\tag{10-46}
$$

根据式（10-44）和式（10-47），可以得到

$$
\begin{aligned}
\lambda_{f_i^{sys}}^s N_{u,f_i^{sys}}^s &= a(\lambda_{f_i^{sys}}^s \varphi_{21,f_i^{sys}}^s - \rho_{21}^s + c\delta t_{21} - \lambda_{f_i^{sys}}^s N_{21,f_i^{sys}}^s + M_{21,\Phi}^s) \\
&\quad + b(\lambda_{f_i^{sys}}^s \varphi_{31,f_i^{sys}}^s - \rho_{31}^s + c\delta t_{31} - \lambda_{f_i^{sys}}^s N_{31,f_i^{sys}}^s + M_{31,\Phi}^s) \\
&\quad - (\lambda_{f_i^{sys}}^s \varphi_{u1,f_i^{sys}}^s - \rho_{u1}^s + c\delta t_{u1} - \lambda_{f_i^{sys}}^s N_{1,f_i^{sys}}^s + M_{u1,\Phi}^s)
\end{aligned}
\tag{10-47}
$$

对于卫星 k，满足类似的方程：

$$
\begin{aligned}
\lambda_{f_i^{sys}}^k N_{u,f_i^{sys}}^k &= a(\lambda_{f_i^{sys}}^k \varphi_{21,f_i^{sys}}^k - \rho_{21}^k + c\delta t_{21} - \lambda_{f_i^{sys}}^k N_{21,f_i^{sys}}^k + M_{21,\Phi}^k) \\
&\quad + b(\lambda_{f_i^{sys}}^k \varphi_{31,f_i^{sys}}^k - \rho_{31}^k + c\delta t_{31} - \lambda_{f_i^{sys}}^k N_{31,f_i^{sys}}^k + M_{31,\Phi}^k) \\
&\quad - (\lambda_{f_i^{sys}}^k \varphi_{u1,f_i^{sys}}^k - \rho_{u1}^k + c\delta t_{u1} - \lambda_{f_i^{sys}}^k N_{1,f_i^{sys}}^k + M_{u1,\Phi}^k)
\end{aligned}
\tag{10-48}
$$

因此，流动站 u 上的站间单差模糊度为

$$
\begin{aligned}
\lambda_{f_i^{sys}}^s N_{u,f_i^{sys}}^{sk} &= a(\lambda_{f_i^{sys}}^s \varphi_{21,f_i^{sys}}^{sk} - \rho_{21}^{sk} - \lambda_{f_i^{sys}}^s N_{21,f_i^{sys}}^{sk} + M_{21,\Phi}^{sk}) \\
&\quad + b(\lambda_{f_i^{sys}}^s \varphi_{31,f_i^{sys}}^{sk} - \rho_{31}^{sk} - \lambda_{f_i^{sys}}^s N_{31,f_i^{sys}}^{sk} + M_{31,\Phi}^{sk}) \\
&\quad - (\lambda_{f_i^{sys}}^s \varphi_{u1,f_i^{sys}}^{sk} - \rho_{u1}^{sk} - \lambda_{f_i^{sys}}^s N_{1,f_i^{sys}}^{sk} + M_{u1,\Phi}^{sk})
\end{aligned}
\tag{10-49}
$$

如果参考站（1、2、3）对应卫星 s 的非差模糊度存在偏差，比如：$N_{1,f_i^{sys}}^s + dN_{1,f_i^{sys}}^s$，$N_{2,f_i^{sys}}^s + dN_{2,f_i^{sys}}^s$，$N_{3,f_i^{sys}}^s + dN_{3,f_i^{sys}}^s$，那么对应的星间单差模糊度也存在偏

差,即

$$\lambda^{s_{sys}}_{f^{sys}_i} \widetilde{N}^{*}_{u,f^{sys}_i} = a(\lambda^{s_{sys}}_{f^{sys}_i} \varphi^{*}_{21,f^{sys}_i} - \rho^{*}_{21} - \lambda^{s_{sys}}_{f^{sys}_i} N^{*}_{21,f^{sys}_i} + M^{*}_{21,\Phi}$$
$$- \lambda^{s_{sys}}_{f^{sys}_i} dN^{*}_{21,f^{sys}_i}) + b(\lambda^{s_{sys}}_{f^{sys}_i} \varphi^{*}_{31,f^{sys}_i} - \rho^{*}_{31} - \lambda^{s_{sys}}_{f^{sys}_i} N^{*}_{31,f^{sys}_i}$$
$$+ M^{*}_{31,\Phi} - \lambda^{s_{sys}}_{f^{sys}_i} dN^{*}_{31,f^{sys}_i}) - (\lambda^{s_{sys}}_{f^{sys}_i} \varphi^{*}_{u1,f^{sys}_i} - \rho^{*}_{u1}$$
$$- \lambda^{s_{sys}}_{f^{sys}_i} N^{*}_{1,f^{sys}_i} + M^{*}_{u1,\Phi} + \lambda^{s_{sys}}_{f^{sys}_i} dN^{*}_{1,f^{sys}_i}) \qquad (10-50)$$

根据式(10-50)和式(10-51),可以得到下列关系:

$$\widetilde{N}^{*}_{u,f^{sys}_i} = N^{*}_{u,f^{sys}_i} - a\, dN^{*}_{21,f^{sys}_i} - b\, dN^{*}_{31,f^{sys}_i} - dN^{*}_{1,f^{sys}_i} \qquad (10-51)$$

由于双差模糊度可以通过目前已有的方法正确固定[149,181,328],所以 $dN^{*}_{21,f^{sys}_i} = dN^{*}_{31,f^{sys}_i} = 0$,于是,式(10-51)可表示为

$$\widetilde{N}^{*}_{u,f^{sys}_i} = N^{*}_{u,f^{sys}_i} - dN^{*}_{1,f^{sys}_i} \qquad (10-52)$$

式(10-52)表明流动站星间单差模糊度固定解 $\widetilde{N}^{*}_{u,f^{sys}_i}$ 相对于真实值 N^{*}_{u,f^{sys}_i} 存在偏差 dN^{*}_{1,f^{sys}_i} 。因此,将整数值 UD 模糊度 B 选为基础,则DD-omc可以转换为UD-omc,从而保留了模糊度的整数性质。

用户接收机包含的硬件延迟无法通过模型改正的方式消除,但由于同一时刻不同卫星的观测值中包含的接收机硬件延迟是一致的,所以通过星间单差可以消除该误差的影响,此时,经过模型改正后的用户站观测数据便可基于非差数据处理模式,采用星间单差模糊度固定的方法快速计算得到流动站的精密定位结果[313,325]。

该方法包括以下几个步骤:①固定参考站双差模糊度,通过选定非差模糊度基准,恢复所有非差模糊度;②计算各参考站非差改正数;③通过线性组合或空间内插算法,得到流动站非差改正数;④流动站利用非差改正数来消除卫星钟差、未校准相位延迟(Uncalibrated Phase Delay,UPD)[18]和大气延迟的影响,进而通过星间单差消除接收机钟差和 UPD 并恢复模糊度整周特性[326,327,329-332],从而实现快速而精确的绝对定位。虽然流动站采用星间单差观测模型,但是流动站单差模糊度中包含了非差模糊度基准偏差,因此将其称为非差网络 RTK 技术[327]。

10.3　双差网络 RTK 与非差网络 RTK 的比较

图 10-2 为双差网络 RTK 与非差网络 RTK 原理示意图,从理论上讲,非差网络 RTK 和双差网络 RTK 等价。但是 DD 模型和 UD 模型之间存在细微差别,因为 DD 模型的改正数比 UD 模型的改正数更精确,从而导致 DD 模型中的模糊度固定更快。但是,DD 模型的观测噪声是 UD 模型的两倍,这通常会导致 DD 模型定

位精度的 RMS 更高[179]。

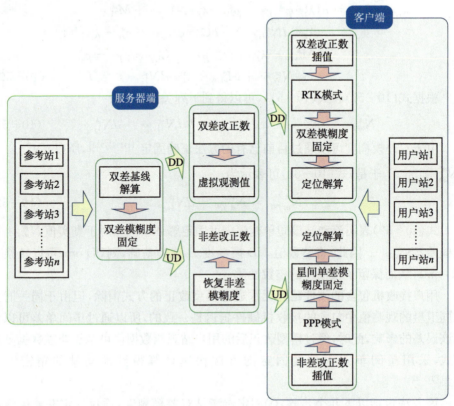

图 10 - 2　双差网络 RTK 与非差网络 RTK 原理示意图

　　传统双差网络 RTK 方法需要选择一颗高度角较高的卫星作为参考卫星,并利用与参考卫星相关各卫星对的双差观测值残差进行建模。用户在按照传统网络 RTK 方法进行精密定位应用是需要同步观测指定参考卫星,因此,存在参考星的选取以及换星时误差改正信息的转换等问题。此外,由于用户需要采用相对定位模式与邻近参考站或虚拟参考站进行联测,当用户跨越由不同参考站组成的子网(参考子网)甚至跨越不同 CORS 网时,将不可避免地存在模糊度重新初始化的问题。

　　基于非差观测的网络 RTK 方法可以有效解决传统双差网络 RTK 方法存在的以上技术缺陷。由于基于非差观测的网络 RTK 方法是对每颗可视卫星分别建模,且采用非差模式固定星间单差模糊度,因此,用户在进行定位时无须指定参考卫星和主参考站。当用户跨越不同 CORS 子网时,该方法能够有效避免传统网络 RTK 方法因所选取的主参考站变化而引起的模糊度重新初始化,从而保持观测时段内用户定位结果的连续可靠和跨 CORS 网服务时算法上的无缝衔接[324]。

10.4 BDS-3 新信号网络 RTK 性能分析

北斗卫星导航系统是中国着眼于国家安全和经济社会发展需要,自主建设运行的全球导航系统,是为全球用户提供全天候、全天时、高精度的定位、导航和授时服务的国家重要时空基础设施。20 世纪后期,中国开始探索适合国情的卫星导航系统发展道路,逐步形成了三步走发展战略:2000 年底,建成北斗一号系统(BDS-1),向中国提供服务;2012 年底,建成北斗二号系统(BDS-2),向亚太地区提供服务;2020 年,建成北斗三号系统(BDS-3),向全球提供服务[333-335]。2020 年 7 月 31 日,习近平总书记向世界宣布北斗三号全球卫星导航系统正式开通,标志着北斗"三步走"发展战略圆满完成,北斗迈进全球服务新时代。BDS-3 的空间部分由 3 颗地球同步轨道卫星(GEO),3 颗倾斜地球同步轨道卫星(IGSO)和 24 颗中地球轨道卫星(MEO)组成,这些卫星的星座状态如表 10 - 1 所示。北斗星座的完整星下点轨迹是由三种轨道卫星协同构建而成的。其中,地球静止轨道(GEO)卫星的星下点轨迹表现为一个固定不变的点;倾斜地球同步轨道(IGSO)卫星的星下点轨迹则呈现出一种独特的"8"字形封闭曲线;而中圆地球轨道(MEO)卫星的星下点轨迹,其形状宛如两个周期的正弦波。三种卫星轨道的巧妙设计相互配合,使北斗导航系统在全球范围内提供高效定位、导航和授时服务[336]。

表 10 - 1 当前 BDS-3 的卫星运行状况(截至 2020 年 9 月)

PRN	IGS-SVN	SVN	发射日期	制造商
19	C201	MEO-1	2017—11—05	CASC
20	C202	MEO-2	2017—11—05	CASC
21	C206	MEO-3	2018—02—12	CASC
22	C205	MEO-4	2018—02—12	CASC
23	C209	MEO-5	2018—07—29	CASC
24	C210	MEO-6	2018—07—29	CASC
25	C212	MEO-11	2018—08—25	SECM
26	C211	MEO-12	2018—08—25	SECM
27	C203	MEO-7	2018—01—12	SECM
28	C204	MEO-8	2018—01—12	SECM
29	C207	MEO-9	2018—03—30	SECM
30	C208	MEO-10	2018—03—30	SECM
32	C213	MEO-13	2018—09—19	CASC

PRN	IGS-SVN	SVN	发射日期	制造商
33	C214	MEO-14	2018−09−19	CASC
34	C216	MEO-15	2018−10−15	SECM
35	C215	MEO-16	2018−10−15	SECM
36	C218	MEO-17	2018−11−19	CASC
37	C219	MEO-18	2018−11−19	CASC
38	C220	IGSO-1	2019−04−20	CASC
39	C221	IGSO-2	2019−06−25	CASC
40	C224	IGSO-3	2019−11−05	CASC
41	C227	MEO-19	2019−12−16	CASC
42	C228	MEO-20	2019−12−16	CASC
43	C226	MEO-21	2019−11−23	SECM
44	C225	MEO-22	2019−11−23	SECM
45	C223	MEO-23	2019−09−23	CASC
46	C222	MEO-24	2019−09−23	CASC
59	C217	GEO-1	2018−11−01	CASC
60	C229	GEO-2	2020−03−09	CASC
61	C230	GEO-3	2020−06−23	CASC

注:SVN——space vehicle number,航天器号;CASC——中国航天科技集团有限公司;SECM——中国科学院上海微小卫星工程中心。

BDS-2 在 B1、B2 和 B3 三个频段提供 B1I、B2I 和 B3I 三个公开服务信号。其中,B1 频段的中心频率为 1561.098 MHz,B2 为 1207.140 MHz,B3 为 1268.520 MHz。BDS-3 在 B1、B2 和 B3 三个频段提供 B1I、B1C、B2a 和 B3I 四个公开服务信号,其中 B1 频段的中心频率为 1575.420 MHz,B2 为 1176.450 MHz,B3 为 1268.520 MHz[337-341]。对于全球用户,B1I、B3I、B1C、B2a 和 B2b 将通过 MEO 卫星进行播发;对于亚太地区的区域用户,B2a 将用于星基增强系统(SBAS),而 B2b 将用于精密单点定位(PPP)[334,342],如表 10−2 所示。

表 10−2 北斗二号(BDS-2)和北斗三号(BDS-3)卫星开放服务信号、
频率、伪距相位观测值的比较

信号	频率(MHz)	BDS-2	BDS-3	伪距观测值	相位观测值
B1I	1561.098	√	√	C2I	L2I
B2I	1207.140	√	×	C7I	L7I
B3I	1268.520	√	√	C6I	L6I

信号	频率(MHz)	BDS-2	BDS-3	伪距观测值	相位观测值
B1C	1575.420	×	√	C1X	L1X
B2a	1176.450	×	√	C5X	L5X
B2b	1207.140	×	√	C7I	L7I

注:"√"表示提供;"×"表示不提供。

目前,很多学者对 BDS-3 全球服务性能进行了评估,包括:开放服务信号质量[343-346],卫星可见性和位置精度衰减因子(Dilution Of Precision,DOP)[347],精密定轨(Precise Orbit Determination,POD)[348-353],差分码偏差(Differential Code Bias,DCB)[354],原子钟频率稳定性[355,356],BDS-2 和 BDS-3 之间的群延迟时间改正(Time correction of Group Delay,TGD)[357],实时动态差分定位(RTK)[346,358,359],精密单点定位(PPP),精密时间传递[360-363]。此外,可以采用 BDS 与其他导航系统融合处理方法[176,364,365]来全面评估 BDS-3 的性能。但是,随着 BDS-3 的发展,目前还没有采用 BDS-3 的新信号对 NRTK 定位性能进行初步评估和分析。

与 BDS-2 系统相比,BDS-3 在卫星星座方面有了重大改进。此外,BDS-3 的信号质量优于 BDS-2,并且通过结合 BDS-3 将 RTK 的模糊度固定成功率从 88.5% 提高到 91.4%。本节将基于虚拟参考站技术(VRS)[366,367]来评估与分析 BDS-3 新信号的 NRTK 以及 URTK 的定位性能,重点是基准站间模糊度固定(Ambiguity Resolution,AR)、双差观测值改正数的生成、非差观测值改正数的生成以及流动站定位精度的评估[368]。

10.4.1　数据介绍

BDS 观测值是 2020 年 DOY 147 天采集,使用的接收机类型和天线类型分别是 SR480 和 HG-GOYH7151,采集时段为 UTC 07:22:03 到 08:29:59,采样率为 1 s,可以跟踪 B1I、B2I、B3I、B1C、B2a 和 B2b 信号。BDS-2 的 B1I-B3I 信号和 BDS-3 的 B1C-B2a 信号所对应的伪距和相位观测值用于双频解决方案,采用广播星历文件来计算卫星的位置。区域参考站网位于陕西省西安市,由 4 个测站组成,选择居于中心位置的测站 NT10 作为流动站,其他 3 个测站(NT07,NT08,NT09)作基准站,到流动站的距离分别为 16 km,20 km,15 km。参考站之间的距离约为 30 km。这些站点均位于开放区域,观测条件良好。

10.4.2　双差观测值改正数的分析

基于 VRS 的 DD NRTK 技术中,关键是使用参考站的精确的 DD 观测值改正数来生成虚拟参考站的观测值。而 URTK 技术中,参考站间精确的 DD 观测值改正数同样重要,是生成区域内非差改正数的基础。NT07 观测到的星空图和卫星数目如图 10-3 所示,在 07:22:03 到08:29:59 这段时间内,参考站(NT07、NT08 和 NT09)跟踪到了 11 颗 BDS-3 卫星(C19、C20、C26、C29、C30、C32、C35、C36、

C38、C40、C45),其中 C38 被选作参考卫星。表 10-3 列出了参考站网中 DD L1 模糊度固定的经验成功率,均高于 96%。参考站网中 DD 电离层延迟改正数和对流层延迟改正数如图 10-4 和图 10-5 所示,从中可以看出,该区域参考站网中的 DD 电离层延迟和对流层延迟改正数变化缓慢,但是由于 C30 和 C32 的高度角较低,对应的 DD 对流层延迟改正数相对比较明显。在表 10-4 中,列出了基准站网中三条基线的 DD 大气延迟改正数的统计数据,不同卫星对的 DD 电离层延迟和对流层延迟改正数的标准偏差(STD)均优于 8 cm,这进一步表明参考站网固定的模糊度是正确的。从图 10-6 可以看出,NT07-NT08 中不同卫星对的 DD 伪距和相位观测值的残差大多分别在 3 m 和 1 cm 以内。表 10-5 中列出了 NT07-NT08 中不同卫星对的 DD 伪距和相位观测值的残差,从中可以看出,所有 BDS-3 卫星的 B1C 信号相对应的伪距和相位观测值的标准偏差(STD)和均方根(RMS)均略大于 B2a,其中 B1C 信号所对应的伪距和相位观测值的 STD 和 RMS 分别为(0.916 m,0.937 m)和(0.003 m,0.003 m),而 B2a 信号所对应的伪距和相位观测值的 STD 和 RMS 分别为(0.688 m,0.710 m)和(0.002 m,0.002 m)。该结论也可以从 NT07-NT09 和 NT08-NT09 中不同卫星对的 DD 伪距和相位观测值的残差中得出,但此处未列出这些图和表。通过以上分析,该参考站网获得的 DD 大气改正数满足要求,可以用来对虚拟参考站的大气延迟改正数进行插值,从而生成虚拟参考站的观测值。

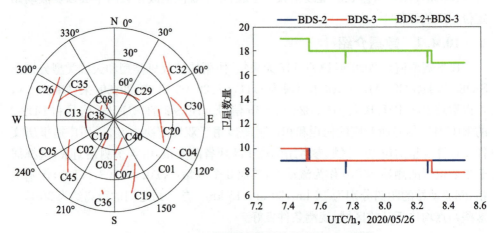

图 10-3　NT07 所观测到的星空图和 BDS 卫星数

表 10-3　参考网中 DD L1 模糊度固定的经验成功率

基线	NT07-NT08	NT07-NT09	NT08-NT09
经验成功率/%	96.66	99.48	99.14

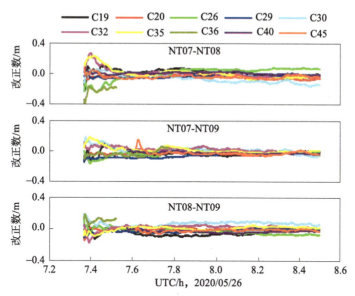

图 10 - 4　参考站网中 BDS-3 的 DD 电离层延迟改正数

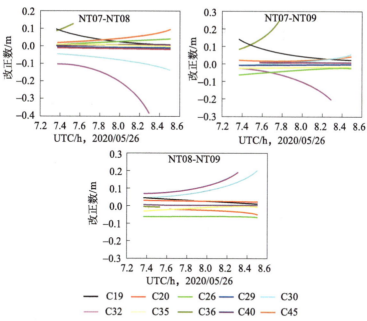

图 10 - 5　参考站网中 BDS-3 的 DD 对流层延迟改正数

表 10 - 4 DD 大气延迟改正数的统计

基线	卫星对	双差电离层延迟改正数		双差对流层延迟改正数	
		Mean/cm	STD/cm	Mean/cm	STD/cm
NT07-NT08	C19—Ref	2.68	3.49	3.34	2.19
	C20—Ref	−3.02	2.25	−1.33	0.14
	C26—Ref	1.48	7.70	2.07	1.15
	C29—Ref	−2.92	1.54	−0.96	0.06
	C30—Ref	−5.59	5.15	−7.75	2.54
	C32—Ref	2.17	5.81	−17.76	7.44
	C35—Ref	1.36	6.60	0.48	0.45
	C36—Ref	−20.09	4.79	10.43	1.18
	C40—Ref	1.39	1.33	0.45	0.28
	C45—Ref	−3.01	2.19	4.54	2.08
NT07-NT09	C19—Ref	−1.76	3.29	5.56	3.02
	C20—Ref	−1.63	1.51	0.99	0.41
	C26—Ref	−0.85	3.81	−3.76	1.10
	C29—Ref	−4.07	2.97	−0.34	0.18
	C30—Ref	2.38	4.17	1.35	1.68
	C32—Ref	4.23	2.09	−7.89	4.42
	C35—Ref	2.98	4.01	−1.40	0.29
	C36—Ref	−2.45	3.45	14.32	4.85
	C40—Ref	−0.72	1.17	0.98	0.19
	C45—Ref	−1.25	2.82	2.38	1.12
NT08-NT09	C19—Ref	−4.09	3.33	2.18	0.80
	C20—Ref	1.21	1.76	2.33	0.28
	C26—Ref	−2.38	3.09	−5.84	0.31
	C29—Ref	−1.39	2.19	0.63	0.23
	C30—Ref	7.43	2.78	9.18	4.25
	C32—Ref	2.84	3.80	10.16	3.19
	C35—Ref	1.51	2.91	−1.88	0.74
	C36—Ref	11.59	2.62	−0.89	0.07
	C40—Ref	−2.04	1.32	0.45	0.06
	C45—Ref	−0.77	1.54	−2.87	0.83

注:Ref 表示参考卫星,在该时段内 C38 被选作参考卫星。

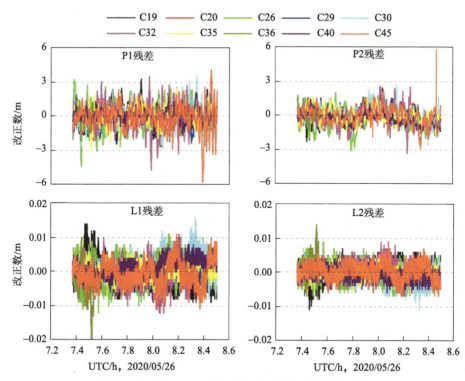

图 10 - 6　NT07-NT08 中 DD 伪距和相位观测值的残差

表 10 - 5　NT07-NT08 中 DD 伪距和相位观测值的残差统计　（单位:m）

类型	伪距 B1C			相位 B1C			伪距 B2a			相位 B2a		
PRN	AVG	STD	RMS	AVG	STD	RMS	AVG	STD	RMS	AVG	STD	RMS
C19	−0.113	0.994	1.001	−0.001	0.004	0.004	0.057	0.743	0.746	0.001	0.002	0.002
C20	−0.289	0.613	0.678	0.001	0.002	0.002	0.071	0.540	0.544	−0.000	0.001	0.001
C26	−0.170	1.124	1.137	0.001	0.003	0.004	−0.269	0.890	0.930	−0.000	0.002	0.002
C29	−0.167	0.717	0.736	−0.001	0.002	0.002	0.132	0.650	0.663	0.000	0.001	0.001
C30	−0.277	1.030	1.066	0.001	0.003	0.004	0.221	0.755	0.787	−0.001	0.002	0.002
C32	−0.096	1.198	1.202	−0.001	0.003	0.003	0.072	0.891	0.894	0.000	0.002	0.002
C35	−0.053	0.836	0.838	0.001	0.002	0.002	0.006	0.625	0.625	−0.000	0.002	0.002
C36	−0.328	0.905	0.962	−0.003	0.005	0.006	0.310	0.533	0.616	0.002	0.003	0.004
C40	0.030	0.583	0.584	0.001	0.002	0.003	−0.196	0.496	0.533	−0.001	0.002	0.002
C45	−0.147	1.161	1.171	−0.001	0.003	0.003	0.006	0.759	0.759	0.000	0.002	0.002

续表

类型	伪距 B1C			相位 B1C			伪距 B2a			相位 B2a		
PRN	AVG	STD	RMS	AVG	STD	RMS	AVG	STD	RMS	AVG	STD	RMS
所有	−0.161	0.916	0.937	−0.000	0.003	0.003	0.041	0.688	0.710	0.000	0.002	0.002

注:AVG 表示平均数。

10.4.3 流动站定位精度分析

在模拟的实时模型中,采用三种不同的方案进行处理:仅 BDS-2 卫星,仅 BDS-3 卫星,BDS-2＋BDS-3 卫星。当使用 BDS-2 卫星和 BDS-3 卫星进行数据处理时,分别采用 B1I-B3I 信号和 B1C-B2a 信号所对应的伪距和相位观测值。另外,将短基线 RTK 的定位结果与基于虚拟参考站的 NRTK 以及 URTK 的定位结果进行比较。在基于 VRS 的 NRTK 中,NT09 作为主参考站,NT10 作为流动站。图 10-7 展示了 NT10 观测时段内的位置精度衰减因子(Position Dilution of Precision,PDOP)和卫星可见性,从中可以看到,NT10 在观测时段内有两处发生了数据短时中断,对应于此处 PDOP 值较大。在 NT10 附近建立一个虚拟参考站,在生成虚拟观测值之后,构成超短基线用于相对定位解算,这也就是基于虚拟参考站技术的网络 RTK 定位结果,并且将基线 NT09-NT10 RTK 的定位结果与 NRTK 和 URTK 进行比较。RTK、NRTK 和 URTK 的定位偏差如图 10-8 所示。从图中可以看出,基线 NT09-NT10 RTK、NRTK 和 URTK 的定位偏差均可以达到厘米级的精度。表 10-6 列出了不同方案的统计结果。在这三种方案中,NRTK 和 URTK 的定位结果优于 RTK:①仅 BDS-2 方案中,RTK、NRTK 和 URTK 三维定位偏差的 STD 分别为(2.5 cm,1.8 cm,4.7 cm)、(0.7 cm,0.5 cm,1.5 cm)和(0.9 cm,0.5 cm,4.0 cm);②仅 BDS-3 方案中,RTK、NRTK 和 URTK 三维定位偏差的 STD 分别为(2.7 cm,1.4 cm,4.6 cm)、(0.8 cm,0.7 cm,2.3 cm)和(1.2 cm,0.7 cm,2.2 cm);③BDS-2＋BDS-3 方案中,RTK、NRTK 和 URTK 三维定位偏差的 STD 分别为(0.6 cm,0.5 cm,1.8 cm)、(0.5 cm,0.4 cm,1.1 cm)和(0.7 cm,0.5 cm,1.9 cm)。其中最主要的原因可能是在初始化阶段未正确固定载波相位模糊度。此外,大气延迟误差在中长基线 RTK 中不能忽略,而 NRTK 中虚拟基准站的大气延迟误差是通过从基准站网内的双差大气延迟误差内插得到,并且与流动站形成的超短基线具有更强的空间相关性。需要指出的是,由于 NT10 信号的短时中断,并且接收机在信号恢复过程中捕获到的 BDS-2 和 BDS-3 卫星的数量逐渐变化,也就是说,并不是所有的卫星信号一旦恢复便易于捕捉到,这将对实时定位结果产生一定的影响。这些结果表明,对于当前的 BDS-3,使用 BDS-3 B1C-B2a 信号所对应的伪距和相位观测值,30 km 左右的中基线 RTK 可以实现厘米级精度的相对定位,区域参考站 NRTK 和 URTK 的定位精度可以达到优于 3 cm。

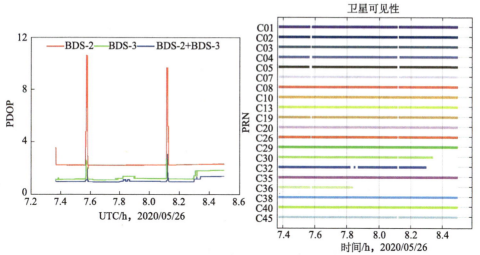

图 10-7　NT10 中 PDOP(左图)和卫星可见性(右图)

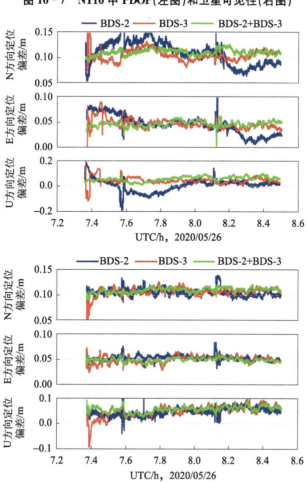

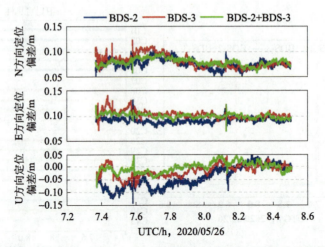

图 10 - 8　RTK(上图)、NRTK(中图)和 URTK(下图)的定位偏差

表 10 - 6　不同方案的定位精度统计

模式	方案	分量	STD/cm
RTK	BDS-2	N	2.5
		E	1.8
		U	4.7
	BDS-3	N	2.7
		E	1.4
		U	4.6
	BDS-2 +BDS-3	N	0.6
		E	0.5
		U	1.8
NRTK	BDS-2	N	0.7
		E	0.5
		U	1.5
	BDS-3	N	0.8
		E	0.7
		U	2.3
	BDS-2 +BDS-3	N	0.5
		E	0.4
		U	1.1

续表

模式	方案	分量	STD/cm
	BDS-2	N	0.9
		E	0.5
		U	4.0
URTK	BDS-3	N	1.2
		E	0.7
		U	2.2
	BDS-2 +BDS-3	N	0.7
		E	0.5
		U	1.9

GNSS 精密定位技术的发展态势

单一的 GNSS 手段存在脆弱性和服务盲区,多传感器的融合定位是发展趋势,也是有效的解决手段。同时,随着通信技术、计算机技术的快速发展,精密数据处理与分析的算法和平台也会发生改变,使得精密定位和应用更加广泛、更加融合、更加智能。

本章主要从观测手段、数据处理、终端集成、应用结合方面讲述 GNSS 精密定位的发展趋势。

11.1   观测手段方面

GNSS 具有全天候、高精度的优势,但即使是多模 GNSS 组合也不能完全摆脱卫星信号受遮挡而不能实施导航的风险,即卫星信号盲区不能通过多类卫星组合加以克服。因此,室内外无缝导航定位系统必然是一个以 GNSS 为主,多传感器组合的系统,根据不同的应用场景,主要包括惯性导航系统、LEO 增强、5G、LiDAR及毫米波等,下面简要介绍各传感器组合定位的优势。

11.1.1   GNSS 与 INS 组合

INS 由于具有全天候、完全自主、不受外界干扰(防欺骗)、可以提供全导航参数(位置、速度、姿态)等优点,是目前最主要的导航方式之一。INS 的致命缺点是导航定位误差随时间积累,噪声有色,漂移、不稳定。GNSS 与 INS 组合可以控制INS 误差积累,降低系统对惯性器件精度的依赖,进而降低整个系统成本可发现并标校惯导系统误差,提高导航精度;弥补卫星导航的信号缺损问题,提高导航连续性;可提高接收机对信号捕获能力,提高导航效率;可以提高卫星导航载波相位的模糊度搜索速度,提高信号周跳的检测能力,提高组合导航可靠性;可增加观测冗余度,提高异常误差的监测能力,提高系统的容错功能;可提高导航系统的抗干扰、抗欺骗能力,提高完好性。

11.1.2　GNSS 与低轨卫星组合

近年来,低轨通信星座的创新概念与方案不断涌现,学术界和产业界对依托低轨卫星星座的导航增强系统的关注度越来越高。一方面,LEO 卫星基于低轨通信星座的通信能力,可提供高带宽、低延时的 GNSS 差分信息增强服务;另一方面,LEO 作为导航信号增强源,能够有效缩短精密定位的收敛时间,提升导航服务的可用性和可靠性。

目前低轨卫星的信号处理研究主要集中在三个方面。

一是基于低轨卫星技术拓展 GNSS 信号全球监测效能的研究,为低轨星座搭载 GNSS 监测接收机开展全球天基监测提供了理论依据。基本研究思路是将铱星星座视为导航卫星系统,开展 GNSS 与低轨卫星星座协同工作时的基本导航性能分析,获得可见卫星数、精度衰减因子、伪距定位精度和完好性等性能数据。

二是低轨星座加速 PPP 收敛的仿真分析。随着 PPP 技术的发展和成熟,低轨卫星有望从根本上解决 PPP 收敛速度过慢的问题。现有研究表明,在 GPS、GLO-NASS、GALILEO、BDS 全球导航系统正常运行的情况下,若采用 288 颗低轨卫星进行增强,首次固定时间从 7.1 min 显著改善到 0.7 min,PPP 收敛时间可缩短至 1.3 min。

三是低轨卫星关键技术的在轨验证。北斗系统投入运行后,如何进一步提升导航服务的综合性能成为新的研究亟须。国内部分高校、科研院所和商业公司高度重视低轨卫星增强系统的关键技术攻关和在轨试验,期望通过技术验证来完善技术体系,为低轨卫星增强系统的工程建设"铺平道路"。代表性的工作有:武汉大学牵头研制的"珞珈一号"科学实验卫星[369],东方红卫星移动通信有限公司建设运营的"鸿雁"星座首颗实验星[370],中国电子科技集团公司第五十四研究所牵头研制的"网通一号"A、B 双星。

11.1.3　GNSS 与 5G 组合

5G 概念白皮书中将连续广域覆盖、热点高容量、低功耗大连接和低时延高可靠定义为 5G 的 4 个主要技术场景。这些场景为 5G 的定位提出了新的需求,也为高精度定位提供了新的方法。

5G 技术提供了多种可用的观测量,主要包括到达时间(Time Of Arrival,TOA)、到达时间差(Time Difference Of Arrival,TDOA)、到达角(Angle Of Arri-val,AOA)、到达频率差(Frequency Difference Of Arrival,FDOA)及 RSS 等。根据选用观测量的不同,基于 5G 的定位方法可以分为基于测距的定位方法和非测距的定位方法,其中利用 TOA、TDOA、AOA 和 FDOA 观测值进行定位都是基于后方交会的方式进行定位,即基于测距的定位方法。利用 RSS 观测值,一般采用指纹匹配的方式进行定位,属于非测距式定位。5G 技术的另外一个优势在于支持设备间通信(Device to Device),是车联网和无人驾驶领域极具潜力的一项观测技术。总之,5G 技术不但提高了传统非协作定位中各类参数的测量精度,而且其信号和网络架构设计为深度融合定位提供了强有力的支撑。

5G 技术与 GNSS 等其他观测手段的融合尚处于起步研究阶段,如何实时可靠地为高动态、多并发用户提供无缝导航定位仍然是亟待解决的问题。

11.1.4 GNSS 与 LiDAR 组合

激光雷达(LiDAR)快速发射激光脉冲(通常最高可达每秒 150000 次脉冲),激光信号到达障碍物后反射回 LiDAR 传感器,传感器通过测量激光信号从发射到返回的时间,精确计算确定传感器到障碍物之间的距离,它还能探测目标物体的准确尺寸。LiDAR 常用于高分辨率地图的绘制,具有高精度、高密度、高效率的特点。

目前,GNSS 与 LiDAR 融合主要有两种方式:一种是利用 LiDAR 生成的点云数据来判断 GNSS 信号是否为直视信号,或者利用 LiDAR 点云数据对非视距观测值进行改正,以提高 GNSS 的定位精度和可靠性[371,372]。另一种不直接利用 LiDAR 点云数据,而是利用两帧 LiDAR 点云的相对位置,对位置进行约束,进而提高定位的精度,即将 LiDAR 作为里程计与其他传感器进行组合[373]。

11.1.5 GNSS 与毫米波组合

毫米波是指波长介于 1~10 mm 的电磁波,波长短、频段宽,比较容易实现窄波束,雷达分辨率高,不易受干扰。毫米波雷达是测量被测物体相对距离、相对速度、方位的高精度传感器,早期被应用于军事领域,随着雷达技术的发展与进步,毫米波雷达传感器开始应用于汽车电子、无人机、智能交通等多个领域。

目前各个国家对车载毫米波雷达分配的频段各有不同,但主要集中在 24 GHz 和 77 GHz,少数国家(如日本)采用 60 GHz 频段。由于 77 GHz 相对于 24 GHz 的诸多优势,未来全球车载毫米波雷达的频段会趋同于 77 GHz 频段(76~81 GHz)。

车载毫米波雷达通过天线向外发射毫米波,接收目标反射信号,经后方处理后快速准确地获取汽车车身周围的物理环境信息(如汽车与其他物体之间的相对距离、相对速度、角度、运动方向等),然后根据所探知的物体信息进行目标追踪和识别分类,进而结合车身动态信息进行数据融合,最终通过中央处理单元(ECU)进行智能处理。经合理决策后,以声、光及触觉等多种方式告知或警告驾驶员,或及时对汽车做出主动干预,从而保证驾驶过程的安全性和舒适性,减少事故的发生概率。

由于可以测量多个目标、分辨率较高、信号处理复杂度低、成本低廉、技术成熟,FWCW 雷达成为最常用的车载毫米波雷达,德尔福、电装、博世等 Tier 1 供应商均采用 FMCW 调制方式。

11.1.6　GNSS 与视觉传感器组合

视觉传感器通过分析相关图像序列来估计目标的位置和姿态,是摄影测量、计算机视觉和机器人学的新型研究方向[374],在移动测图系统、无人驾驶、火星和月球探测、室内导航等领域发挥着重要作用[375]。与其他传感器相比,视觉传感器成本较低,能够获取更加丰富的信息,易于提取环境中的多种特征信息,如角点、直线边、SIFT 特征等,并且适合三维空间应用[376,377]。

视觉传感器与 GNSS 组合时,一般作为视觉里程计来使用,当相机连续跟踪特征点时,通过相邻帧图像特征点的相对运动,解算相机的位置与姿态;视觉传感器与 INS 融合,可以辅助解决 GNSS 长时间遮挡 INS 发散导致的定位问题,提高复杂环境导航定位精度[378]。视觉导航定位的研究主要集中在两个方面:一方面是充分利用图像信息,提取尽可能多的图像特征;另一方面是通过融合 GNSS、INS 等其他传感器,提高复杂场景下数据处理的稳健性[375]。

11.2　数据处理方面

11.2.1　多传感器融合算法

多传感器融合的目的包括三个方面: ① 提高导航定位的可用性。②提高导航系统的容错能力,即系统的可靠性。③提高导航定位的精度。主流的多传感器滤波或融合导航算法可以分为三类:联邦滤波系列、卡尔曼滤波系列及基于因子图的多传感器融合导航算法。

联邦滤波系列融合算法以联邦滤波为代表,它将各个系统采用局部滤波器处理,在主滤波器完成一步预测后,将各局部滤波器估值与主滤波器预测值融合,得到联邦滤波融合解。其优势在于滤波器容错能力强,易于用在实时导航定位中,但联邦滤波的本质是传感器间的松组合,难以发挥多传感器融合的优势。同时,联邦滤波局部滤波器和主滤波器要求使用相同的状态方程,如果状态方程出现扰动,则会影响整体滤波效果。

卡尔曼滤波系列融合算法是多传感器融合的常用算法,包括标准卡尔曼滤波、扩展卡尔曼滤波、无迹卡尔曼滤波等。该类算法在多传感器融合时,能够集中处理所有传感器的数据,避免观测信息的丢失,并具有全局最优的特性。但随着观测数据的增多,系统的容错能力显著降低,影响整个系统的性能。为提高系统的稳健性,有学者提出抗差估计、选权拟合等粗差处理方法,能够有效地处理单粗差问题,但该类算法都是以急剧增加的计算量为代价,且对多粗差问题的处理效果仍有待进一步提高。

基于因子图的多传感器融合导航算法具有较强的鲁棒性和灵活性,当传感器有效性动态改变,或者传感器存在异步、时延时,因子图算法能够连续稳定地给出导航结果,在多传感器融合问题中具有较大的优势。与卡尔曼滤波相比,尽管因子图优化的全局优化和迭代解算也会相应增加计算量,但基于因子图的优化算法能够充分地利用历史观测信息,且在参数优化时采用了高斯–牛顿迭代,能够有效削弱线性化误差的影响。

除了上述滤波算法,机器学习、深度学习等人工智能算法也逐步应用于多传感器组合导航定位中。机器学习等智能算法在多传感器组合导航中的应用分为两个方面:一方面是针对单个传感器,建立误差标定模型,然后再基于上述滤波算法进行多传感器融合;另一方面是将所有传感器的数据作为输入,用机器学习的方法确定多传感器导航定位模型。

组合导航算法的效率和稳健性直接关系到导航定位结果的可用性与可靠性,高效、稳健的融合算法仍然是多传感器融合导航定位的关键。

11.2.2　数据处理平台

随着无线传输技术、移动互联网技术、空间信息与移动通信技术的不断发展,卫星导航应用进入了由测绘专业领域向大众应用领域的快速发展时期。同时,由于移动终端性能的日趋完善,移动终端也慢慢开放原始观测数据,人们对位置服务的需求呈现出高精度、多终端、多领域的特点。近年来,有学者提出可以通过解算服务器与业务服务器分离的云服务模式,解决用户高并发服务请求及数据安全性的问题,满足大量级、多领域、低门槛的高精度位置服务需求。

GNSS 云平台即以包括 GNSS 终端在内的多源传感器为基础,以大规模 GNSS 网络数据中心为平台,以 GNSS 数据处理算法为核心,结合高速互联网、大数据处理、边缘计算技术等构成的 GNSS 大规模高效处理虚拟平台。未来的 GNSS 终端或其他多源传感器可通过 5G、NB-Iot、LORA 等通信方式将终端数据回传至云平台网络,构成综合 PNT 物联网,云平台通过边缘计算中心进行融合处理并通过云平台虚拟网络为用户提供多层次的数据服务。云平台是以物理门户和业务框架为代表,打破应用和服务中间件的紧耦合,实现空间海量信息获取、多源融合处理、高效泛在服务的现代化智能综合平台。云平台将凭借其无缝接入、快速传输、高效处理、高精度服务等特点,为国家乃至全球海量 PNT 源信息融合和综合服务提供全新的解决方案。

11.2.3　GNSS 大数据分析

平台是数据的载体,数据才是其生命源泉。GNSS 大数据包括多源终端的位置属性数据、多源终端产生的原始数据、经过处理的多类数据产品、泛在用户位置属性数据、云平台属性信息、云平台运维数据等海量数据。随着 GNSS、智能设备等终端的普及和大量用户的应用,又会产生位置、属性等动态数据,运用大数据分析方法、机器学习、深度学习等技术,通过分析、处理少量信息,从中挖掘隐藏的物理机制、空间变迁信息,进而为智慧城市的发展与规划中的定位和导航需求提供服务。

GNSS 大数据分析包括:利用大数据分析,提高基于位置服务的质量,例如,导航地图实时预报道路交通拥堵状况,根据路况实时调整导航路线等;还可以将大数据分析和机器学习结合,对多传感器误差建模,提高导航定位的精度。另外,基于大数据分析方法,挖掘海量的位置信息数据中隐藏的信息,例如,城市热点、人流量、人群聚焦点等,为百姓出行和决策者提供参考。GNSS 数据分析的最终目的是将位置与属性相结合,为政策决策和人类的生活提供更优的规划。

11.3　终端集成方面

北斗 GNSS 终端是获取精密定位数据源的重要基础。随着 GNSS 芯片以及终端生产工艺的逐步进步,GNSS 终端的集成工艺也取得了较大的发展。目前,按照应用场景的不同,GNSS 终端的集成方案主要包括:北斗 GNSS 整机集成方案、北斗 GNSS+惯导集成方案、北斗GNSS+其他集成方案等。

北斗 GNSS 整机集成方案是当前北斗 GNSS 整机的主要解决方案,主要用于低动态或者静态载体的位置测量。其主要集成模块包括:壳体、频率放大与解调器、信号处理器、前面板指示器、电源电路、数据采集电路、通信电路、定位芯片、电池盖、存储卡、通信模组等。其中,大多终端供应商电源模组采用外接电源和内置电源两种电源模式,方便自动切换;通信模组可支持 3G/4G/5G、WiFi、蓝牙、NB-Iot、NFC 无线通信等方式;定位模组可支持 BDS(B1I/B2I/B3I)、GPS(L1/L2/L5)、GLONASS(L1/L2)、GALILEO(E1/E5a/E5b)、QZSS(L1/L2/L5)等主流导航系统。随着 2020 年 7 月 31 日北斗全球卫星导航系统正式开通,全球各厂商开始支持 B1C/B2a 信号。北斗 GNSS 整机定位模式一般可以支持单点定位、RTK定位等功能。国外具有代表性的集成终端包括:比利时 Septentrio 公司的 AsteRx SB ProConnect 和 AsteRx SB ProDirect、美国天宝公司的 R9s 和 R12、瑞士 Geo-Max 公司的 Zenith16 系列等。中国国内具有代表性的集成终端包括:和芯星通科技(北京)有限公司的 UR480、广州南方测绘科技股份有限公司银河系列、上海华测导航技术股份有限公司的 K 系列终端。

北斗 GNSS+惯导集成方案是将 GNSS 接收器和 IMU 传感器集成到一个外壳中,可实现二者紧密耦合并实现稳定定位的解决方案,主要用于动态甚至高动态载体的位置和运行状态测量。国外具有代表性的集成终端包括:比利时 Septentrio 公司的 AsteRx SBi、美国天宝公司的 GNSS 惯性导航系统、澳大利亚 Advanced Navigation 公司的 Certus 等。中国国内具有代表性的集成终端包括:广州南方测绘科技股份有限公司银河6、上海华测导航技术股份有限公司的i90、广州市中海达测绘仪器有限公司 iRTK5X 终端等。

为了满足 GNSS 应用场景的多样性和易用性,北斗 GNSS 终端往往会集成其他比较实用的功能。例如,广州南方测绘科技股份有限公司银河 6 除 IMU 传感器外,还集成了内置电台,使接收机可以满足甚至 15 km 的远距离作业,该接收机集成的短信操控功能,可以实现远距离主机设置,可通过短信操控完成,实现基准站移动站全面掌控。又如,上海华测的 i80 和 i90 等多款接收机集成了 NFC 近场通信功能,该功能是一种新兴的技术,可以在彼此靠近的情况下进行数据交换。再如,千寻位置网络有限公司的千寻星矩 SR6 和南方测绘的银河 6 内置了中国移动通信运营商 eSIM 卡,可实现全地域信号覆盖,终端可根据信号情况自动切换运营商,用户无须办卡便可通过移动互联网实现终端的无线传输。

目前,终端的算法集成方面,大多数 GNSS 终端集成了码差分 GNSS 定位、静态 GNSS 测量、实时动态测量、网络 RTK 测量等定位算法。同时,一些知名的厂商集成了自研的定位算法,如美国天宝 R10 等终端集成了自己的 RTX 技术,中国上海华测 X10 终端,以及南方测绘的银河系列终端集成了 SBAS 广域差分技术,千寻位置终端支持的千寻知寸、千寻跬步等高精度定位技术。

近年来,随着 5G 基站的普及,5G+北斗集成与融合定位技术已经成为众多学者和终端研制的焦点。5G+北斗能够实现毫秒级的识别,毫米级的定位。5G+北斗的融合可以带来许多产业的转变,可以构建高精度、高可靠、高安全的新一代信息时空技术体系。

11.4 应用结合方面

北斗 GNSS 精密定位技术应用比较广泛,可以满足位置、导航、授时等相关领域的大多数需求。人类社会活动的 80% 与空间位置信息有关,空间地理数据采集是 GNSS 最基本的专业应用。国土、矿产、环境调查、铁路、公路、电力、石油、水利、房地产、资产、设备巡检等均需要地理信息数据的采集。GNSS 卫星导航定位测量具有测量精度高、操作简便、仪器体积小、便于携带、全天候操作、观测点之间无须通视等优势。按应用领域北斗 GNSS 精密定位需求主要分为五大类:地理数据采集、高精度测量、交通高度及导航服务、航空和航海应用、精密授时服务。此外,智慧交通、精准农业、智慧城市等新兴领域对北斗 GNSS 精密定位技术有着迫切的需求。

近年来,为了满足不同场景的应用需求,北斗 GNSS 精密定位解决方案也逐渐根据具体应用场景的差异而选用定制化的定位终端和定位技术。例如,现代化的地理信息采集中用到的"一体化"接收机,采用"一体式"机箱完美集成 GNSS 板卡、

GNSS 天线、无线通信、内置电池等必需模块,用户可以采用蓝牙或者 WiFi 通过手机对主机直接进行配置,并将精确定位数据发送到外部蓝牙控制器,使传统测量工作可以高效完成。再如,针对安全监测领域中的地质灾害监测和大坝监测,"轻终端"+"云平台"的解决方案已经逐步成为主流。"轻终端"是指在满足定位需求的基础上去掉传统终端冗余模块和算法,仅保留卫星数据采集和实时传输模块,使采集终端实现低成本、低功耗等轻量化,将大量的数据处理和存储工作转移至数据处理云平台,实现载体的高精度实时安全监测。

随着人类生活的进步和电子信息技术的飞速发展,北斗 GNSS 精密定位技术已逐步向实时化、自动化、智能化、弹性化等方向发展。当今,5G 技术的发展和基础设施建设如火如荼,大数据、物联网等织就的万物互联时代也为北斗 GNSS 定位技术与之的弹性结合提供了可能。具体表现为以下几个方面:①多源定位采集终端的弹性选取。即根据用户资源、条件、需求和信息源的特性,结合终端信息弹性化度量指标来进行数据采集终端的弹性选取。②多源终端数据的弹性处理。根据用户对定位精度和计算效率的需求,采用数据源、环境和需求变化的自适应调整的数据融合模型,实现高效的、可靠的、高性能的定位结果。③多源终端信息的弹性分析。即利用终端定位结果的时变特征和动态趋势,结合模式识别理论,挖掘终端结果的规律,建立相应的预报预测模型,根据各传感器观测的贡献,对结果进行预报感知。④弹性应用服务。即平台根据终端信息与用户间的弹性结合反馈机制,以及对应的响应策略,实现定位数据处理结果与用户服务的密切结合和弹性调整,达到定位基础数据生产与用户消费服务的最佳平衡,提升服务体验。

参 考 文 献

[1] 中国卫星导航系统办公室. 北斗卫星导航系统发展报告(4.0)[R]. 2019.

[2] 刘春保. 首颗 GPS-3 卫星发射, GPS 第三代系统建设帷幕开启[J]. 国际太空, 2019(01):26-30.

[3] 刘天雄. GPS 现代化及其影响下篇[J]. 卫星与网络, 2015(6):56-61.

[4] 朱建锋, 安建平, 王爱华. GLONASS 系统新一代 CDMA 导航信号体制与性能评估[J]. 数字通信世界, 2012(12):69-72.

[5] 陈念茹, 唐云. GLONASS 加速现代化进程[J]. 卫星与网络, 2012(9):70-74.

[6] 王琦. "伽利略"(Galileo)卫星导航系统综述[J]. 卫星与网络, 2011(6):28-33.

[7] JAXA. Interface Specification for Quasi-Zenith Satellite System[S]. IS-QZSS Ver. 1.8, Tokyo, Japan, 2016.

[8] 刘春保. "印度区域卫星导航系统"完成部署[J]. 国际太空, 2016(9):65-69.

[9] 魏艳艳. 印度 IRNSS 变身 NavIC[J]. 现代导航, 2016, 7(4):282.

[10] 刘天雄. 卫星导航差分系统和增强系统(十一)[J]. 卫星与网络, 2018(12):66-69.

[11] 刘天雄. 卫星导航差分系统和增强系统(十二)[J]. 卫星与网络, 2019a, (3):64-67.

[12] 刘天雄. 卫星导航差分系统和增强系统(十三)[J]. 卫星与网络, 2019b, (4):66-69.

[13] Zumberge J, Heflin M, Jefferson D, et al. Precise point positioning for the efficient and robust analysis of GPS data from large networks[J]. Journal of Geophysical Research: Solid Earth, 1997, 102(B3):5005-5017.

[14] Kouba J, Héroux P. Precise point positioning using IGS orbit and clock products[J]. GPS Solutions, 2001, 5(2):12-28.

[15] Gao Y, Shen X. A new method for carrier-phase-based precise point positioning[J]. Navigation, 2002, 49(2):109-116.

[16] 叶世榕. GPS 非差相位精密单点定位理论与实现[D]. 武汉:武汉大学, 2002.

[17] Laurichesse D, Mercier F, Berthias J P, et al. Integer ambiguity resolution on undifferenced GPS phase measurements and its application to PPP and satellite precise orbit determination [J]. Navigation, 2009, 56(2):135-149.

[18] Ge M, Gendt G, Rothacher M, et al. Resolution of GPS carrier-phase ambiguities in precise point positioning (PPP) with daily observations[J]. Journal of Geodesy, 2008, 82(7):389-399.

[19] Li X, Zhang X. Improving the estimation of uncalibrated fractional phase offsets for PPP ambiguity resolution[J]. Journal of Navigation, 2012, 65(3):513-529.

[20] Loyer S, Félix P, Mercier F, et al. Zero-difference GPS ambiguity resolution at CNES-CLS IGS analysis center[J]. Journal of Geodesy, 2012, 86(11):991-1003.

[21] Geng J, Meng R, Dodson R H, et al. Integer ambiguity resolution in precise point positioning:

method comparison[J]. Journal of Geodesy,2010,84(9):569 - 581.

[22]Muellerschoen R J. NASA's global DGPS for high-precision users[J]. GPS World,2001,12.

[23]Zhang X,Li X,Guo F. Satellite clock estimation at 1 Hz for realtime kinematic PPP applications[J]. GPS Solutions,2011,15(4):315 - 324.

[24]Cai C,Gao Y. Modeling and assessment of combined GPS/GLONASS precise point positioning[J]. GPS Solutions,2013,17(2):223 - 236.

[25]辜声峰.多频 GNSS 非差非组合精密数据处理理论及其应用[D].武汉:武汉大学,2013.

[26]李盼. GNSS 精密单点定位模糊度快速固定技术和方法研究[D].武汉:武汉大学,2016.

[27]刘腾.多模 GNSS 非差非组合精密单点定位算法及其电离层应用研究[D].武汉:中国科学院测量与地球物理研究所,2017.

[28]Pan L,Zhang X,Li X,et al. Characteristics of inter-frequency clock bias for block IIF satellites and its effect on triple-frequency GPS precise point positioning[J]. GPS Solutions,2017, 21(2):811 - 822.

[29]Guo F,Zhang X,Wang J. Timing group delay and differential code bias corrections for BeiDou positioning[J]. Journal of Geodesy,2015,89(5):427 - 445.

[30]李征航,黄劲松. GPS 数据与处理[M].武汉:武汉大学出版社,2011.

[31]Ji S,Gao Z,Wang W. M-DGPS:mobile devices supported differential global positioning system algorithm[J]. Arabian Journal of Geosciences,2015,8(9):6667 - 6675.

[32]Weng D,Gan X,Chen W,et al. A new DGNSS positioning infrastructure for android smartphones[J]. Sensors,2020,20(2):487.

[33]Counselman C C,Gourevitch S A. Miniature interferometer terminals for earth surveying:ambiguity and multipath with global positioning system[J]. IEEE Transactions on Geoscience and Remote Sensing,1981,GE-19(4):244 - 252.

[34]Janssen V. A comparison of the VRS and MAC principles for network RTK[C]. IGNSS Symposium 2009,December 2009.

[35]Park B,Kee R. The compact network RTK method:an effective solution to reduce GNSS temporal and spatial decorrelation error[J]. Journal of Navigation,2010,63(2):343 - 362.

[36]Gao X and Liu J. Novel algorithms for GPS network RTK[J]. Wuhan University Journal of Natural Science,2003,8(2):596 - 602.

[37]Ulmer K,Hwang P,Disselkoen B,et al. Accurate azimuth from a single PLGR+GLS DoD GPS receiver using time relative positioning[C]. Proceedings of the 8th International Technical Meeting of the Satellite Division of The Institute of Navigation (ION GPS 1995),Palm Springs,CA,September 1995:1733 - 1741.

[38]Michaud S,Santerre R. Time-relative positioning with a single civil GPS receiver[J]. GPS Solutions,2001,5(2):71 - 77.

[39]Balard N,Santerre R,Cocard M,et al. Single GPS receiver time-relative positioning with loop misclosure corrections[J]. GPS Solutions,2006,10(1):56 - 62.

[40]Zhao Y. Applying time-differenced carrier phase in nondifferential GPS/IMU tightly coupled

navigation systems to improve the positioning performance[J]. IEEE Transactions on Vehicular Technology,2017,66(2):992－1003.

[41]Ji S,Sun Z,Weng D,et al. High-precision ocean navigation with single set of BeiDou short-message device[J]. Journal of Geodesy,2019,93(9):1589－1602.

[42]柴洪洲,潘宗鹏,崔岳. GNSS 多系统组合精密定位研究进展[J]. 海洋测绘,2016,36(4):21－26.

[43]姚宜斌,胡明贤,许超钤. 基于 DREAMNET 的 GPS/BDS/GLONASS 多系统网络 RTK 定位性能分析[J]. 测绘学报,2016,45(9):1009－1018.

[44]Melgard T,Tegedor J,de Jong K,et al. Interchangeable Integration of GPS and Galileo by Using a Common System Clock in PPP[C]. Proceedings of the 26th International Technical Meeting of the Satellite Division of The Institute of Navigation (ION GNSS＋ 2013),Nashville,TN,September 2013,1198－1206.

[45]Pullen S. Worldwide Trends in GNSS Development and their Implications for Civil User Performance and Safety[C]. Japan Institute of Navigation GPS/GNSS Symposium,2013.

[46]Jiang W,Zhao W,Chen H,et al. Analysis of BDS fractional cycle biases and PPP ambiguity resolution[J]. Sensors,2019,19(21):4725.

[47]Jiang N,Xu Y,Xu T,et al. GPS/BDS short-term ISB modelling and prediction[J]. GPS Solutions,2017,21(1):163－175.

[48]Li X,Ge M,Dai X,et al. Accuracy and reliability of multi-GNSS real-time precise positioning:GPS,GLONASS,BeiDou,and Galileo[J]. Journal of Geodesy,2015,89(6):607－635.

[49]Li B,Ge H,Ge M,et al. LEO enhanced global navigation satellite system (LeGNSS) for real-time precise positioning services[J]. Advances in Space Research,2019,63(1):73－93.

[50]Lu Y,Wang Z,Ji S,et al. Assessing the positioning performance under the effects of strong ionospheric anomalies with multi-GNSS in Hong Kong[J]. Radio Science,2020,55(8).

[51]Zhang W,Cannon M E,Julien O,et al. Investigation of combined GPS/Galileo cascading ambiguity resolution schemes[C]. Proceedings of the 16th International Technical Meeting of the Satellite Division of The Institute of Navigation (ION GPS/GNSS 2003),Portland,OR,September 2003:2599－2610.

[52]Julien O,Alves P,Cannon M E,et al. A Tightly Coupled GPS-Galileo Combination for Improved Ambiguity Resolution [C]. Proceedings of the European Navigation Conference (ENC-GNSS 2003),2003:1－14.

[53]Gao W,Pan S,Gao C,et al. Tightly combined GPS and GLONASS for RTK positioning with consideration of differential inter-system phase bias[J]. Measurement Science and Technology,2019,30(5):054001.

[54]Wu M,Liu W,Wu R,et al. Tightly combined GPS/Galileo RTK for short and long baseline:model and performance analysis[J]. Advances in Space Research,2019,63(7):2003－2020.

[55]Wu Y,Zou D,Liu P,et al. Dynamic magnetometer calibration and alignment to inertial sensors by Kalman filtering[J]. IEEE Transactions on Control Systems Technology, 2018, 26

(2):716 - 723.

[56]Wang Z,Wu Y,Niu Q. Multi-sensor fusion in automated driving:a survey[J]. IEEE Access, 2020,8:2847 - 2868.

[57]Ye J,Li Y,Luo H,et al. Hybrid urban canyon pedestrian navigation scheme combined PDR, GNSS and beacon based on smartphone[J]. Remote Sensing,2019,11(18):2174 - 2178.

[58]Chen R,Wang L,Li D,et al. A Survey on the fusion of the navigation and the remote sensing techniques[J]. Acta Geodaetica et Cartographica Sinica,2019,48(12):1507 - 1522.

[59]Gao X,Zhang T. Robust RGB-D simultaneous localization and mapping using planar point features[J]. Robotics and Autonomous Systems,2015,72:1 - 14.

[60]Chiella A C B,Machado H N,Teixeira B O S,et al. GNSS/LiDAR-based navigation of an aerial robot in sparse forests[J]. Sensors,2019,19(19):4061.

[61]曾庆喜,邱文旗,冯玉朋,等. GNSS/VO 组合导航研究现状及发展趋势[J]. 导航定位学报, 2018,6(2):1 - 6.

[62]邵永社,陈鹰,祝小平,等. 利用影像匹配和摄影测量实现无人机精确导航[J]. 测控技术, 2006,25(8):79 - 82.

[63]Lange S,Niko S,Protzel P. Autonomous landing for a multirotor UAV using vision[C]. Simpar Intl. Conf. on Simulation,Modeling & Programming for Autonomous Robots,2008.

[64]江春红,苏惠敏,陈哲. 信息融合技术在 INS/GPS/TAN/SMN 四组合系统中的应用[J]. 信息与控制,2001,30(6):537 - 542.

[65]傅博,焦艳梅,丁夏清,等. 一种鲁棒的多目视觉惯性即时定位与建图方法[J]. 载人航天, 2019,25(5):21 - 25.

[66]郭延宁,冯振,马广富,等. 行星车视觉导航与自主控制进展与展望[J]. 宇航学报,2018,39 (11):1185 - 1196.

[67]Groves P D. Shadow matching:a new GNSS positioning technique for urban canyons[J]. Journal of Navigation,2011,64(3):417 - 430.

[68]Hsu L T,Gu Y,Kamijo S. NLOS correction/exclusion for GNSS measurement using RAIM and city building models[J]. Sensors,2015,15(7):17329 - 17349.

[69]Hsu L T,Gu Y,Huang Y,et al. Urban pedestrian navigation using smartphone-based dead reckoning and 3-D map-aided GNSS[J]. IEEE Sensors Journal,2016,16(5):1281 - 1293.

[70]Wymeersch H,Seco-Granados G,Destino G,et al. 5G mm wave positioning for vehicular networks[J]. IEEE Wireless Communications,2018,24(6):80 - 86.

[71]Falco G,Pini M,Marucco G. Loose and tight GNSS/INS integrations:comparison of performance assessed in real urban scenarios[J]. Sensors,2017,17(2):27.

[72]Gao Z,Ge M,Li Y,et al. Modeling of multi-sensor tightly aided BDS triple-frequency precise point positioning and initial assessments[J]. Information Fusion,2020,55:184 - 198.

[73]Geng J,Wen Q,Zhang T,et al. Strong-motion seismogeodesy by deeply coupling GNSS receivers with inertial measurement units [J]. Geophysical Research Letters, 2020, 47 (8):e2020GL087161.

[74]Zhang T,Zhang H,Ban Y,et al. Performance Evaluation of a Real-Time Integrated MEMS IMU/ GNSS Deeply Coupled System[C]. Proceedings of China Satellite Navigation Conference (CSNC) 2013,May 2013:737－749.

[75]Feng X,Zhang T,Lin T,et al. Implementation and performance of a deeply-coupled GNSS receiver with low-cost MEMS inertial sensors for vehicle urban navigation[J]. Sensors (Basel, Switzerland),2020,20(12):3397.

[76]许承权. 单频 GPS 精密单点定位算法研究与程序实现[D]. 武汉:武汉大学,2008.

[77]周命端,郭际明,郑勇波,等. 卫星天线相位中心偏移对 GPS 精密单点定位精度的影响研究 [J]. 测绘通报,2008,(10):8－9,13.

[78]Braun J,Stephens B,Ruud O,et al. The effect of antenna covers on GPS baseline solutions [R]. UNAVCO Report,University NAVSTAR Consortium,Bouider,1997.

[79]Schmid R,Steigenberger P,Gendt G,et al. Generation of a consistent absolute phase-center correction model for GPS receiver and satellite antennas[J]. Journal of Geodesy,2007,81 (12):781－798.

[80]Schmid R,Rothacher M. Estimation of elevation-dependent satellite antenna phase center variations of GPS satellites[J]. Journal of Geodesy,2003,77(7):440－446.

[81]Schmid R,Rother M,Thaller D,et al. Absolute phase center corrections of satellite and receiver antennas[J]. GPS Solutions,2005,9(4):283－293.

[82]Xu G. GPS Theory,Algorithms and Applications[M]. New York:Springer Vienna,2007.

[83]Hofmann-Wellenhof B,Lichtenegger H,Wasle E. GNSS-Global Navigation Satellite Systems:GPS,GLONASS,GALILEO,and More[M]. New York:Springer Vienna,2007.

[84]李济生. 人造卫星精密轨道确定[M]. 北京:解放军出版社,1995.

[85]IERS. IERS Standards[S]. 1989.

[86]IERS. IERS Conventions[S]. 1996.

[87]李征航,赵晓峰,蔡昌盛. 全球定位系统(GPS)技术的最近进展第五讲利用双频 GPS 观测值 建立电离层延迟模型[J]. 测绘信息与工程,2003,28(1):41－44.

[88]张勤,李家权. GPS 测量原理及应用[M]. 北京:科学出版社,2005.

[89]张民伟,郭际明,黄全义. 基于 GPS 双频 P 码伪距进行单点定位研究[J]. 地理空间信息, 2005,3(3):21－22.

[90]Saastamoinen J. Atmospheric correction for the troposphere and stratosphere in radio ranging satellites[J]. The Use of Artificial Satellites for Geodesy,1972,15:247－251.

[91]Bertiger W I,Bar-Sever Y E,Haines B J,et al. A Prototype Real-Time Wide Area Differential GPS System[C]. Proceedings of the 1997 National Meeting of the Institute of Navigation, Santa Monica,CA,January 1997:645－660.

[92]Yunck T,Bar-Sever Y,Bertiger W,et al. A prototype WADGPS system for real time sub-meter positioning worldwide[C]. Proceedings of the 9th International Technical Meeting of the Satellite Division of The Institute of Navigation (ION GPS 1996),Kansas City,MO,September 1996:1819－1826.

[93]Lawrence D,Bunce D,Mathur N G,et al. Wide area augmentation system (WAAS) -program status[C]. Proceedings of the 20th International Technical Meeting of the Satellite Division of The Institute of Navigation (ION GNSS 2007),Fort Worth,TX,September 2007:892 - 899.

[94]Lawrence D,Bunce D,Mathur N G,et al. Wide area augmentation system (WAAS) -program status[J]. Journal of Navigation,2010,48(2):180 - 191.

[95] Urda T,Mathur N G. Availability Requirements for Local Area Augmentation System (LAAS)[C]. Proceeding of the 15th International Technical Meeting of the Satellite Division of The Institute of Navigation (ION GPS 2002),Portland,OR,September 2002:1924 - 1933.

[96]Lannelongue S,Levy J,Derambure X,et al. EGNOS Performance at System CDR[C]. Proceedings of the 15th International Technical Meeting of the Satellite Division of the Institute of Navigation (ION GPS 2002),Portland,OR,September 2002:1727 - 1735.

[97]Rao K S. GAGAN-The Indian satellite based augmentation system[J]. Indian Journal of Radio & Space Physics,2007,36:293 - 302.

[98]姜萍,柯熙政. 基于北斗差分信息的 GPS 广域差分定位技术[J]. 西安理工大学学报,2007,23(1):79 - 82.

[99]Bose A,Dutta D. SBAS Visibility from India - a brief review[C]. National Conference on Materials,Devices and Circuits for Communication Technology,MDCCT 2016,2016.

[100]Kahr E,Montenbruck O,O'Keefe K. A Comparative Study of SBAS Systems for Navigation in Geostationary Orbit[C]. Proceeding of the 28th International Technical Meeting of the Satellite Division of The Institute of Navigation (ION GNSS+ 2015),Tampa,Florida,September 2015:3875 - 3886.

[101]World G. Korean SBAS contract awarded,2022 set as service launch[Z]. 2017. Available at: http://GPSworld. com/korean-sbas-contract-awarded-2022 - set-as-service-launch/.

[102]Yun Y. An analysis of reference station distribution impact on KASS UDRE performance [J]. The Journal of Advanced Navigation Technology,2015,19(3):207 - 216.

[103]Dixon K. StarFire:A Global SBAS for Sub-Decimeter Precise Point Positioning[C]. Proceedings of the 19th International Technical Meeting of the Satellite Division of The Institute of Navigation (ION GNSS 2006),Fort Worth,TX,September 2006:2286 - 2296.

[104]Choy S,Kuckartz J,Dempster A G,et al. GNSS satellite-based augmentation systems for Australia[J]. GPS Solutions,2017,21(3):1 - 14.

[105]Meindl M. Combined Analysis of Observations from Different Global Navigation Satellite Systems[D]. Sanfujinka,2011.

[106]Teunissen P J G,Kleusberg A. GPS for Geodesy. 2nd edition[M]. der Schweiz:Springer-Verlag,1998.

[107]魏子卿,葛茂荣. GPS 相对定位的数学模型[M]. 北京:测绘出版社,1998.

[108]隋心. 多 GNSS 系统间双差模糊度构建与固定理论方法研究[D]. 武汉:武汉大学,2017.

[109]Wanninger L. Carrier-phase inter-frequency biases of GLONASS receivers[J]. Journal of Geodesy,2012,86(2):139 - 148.

[110]黄丁发,熊永良,周乐韬,等. GPS 卫星导航定位技术与方法[M]. 北京:科学出版社,2009.

[111]Teunissen P J G. On the GPS widelane and its decorrelating property[J]. Journal of Geodesy,1997,71(9):577 - 587.

[112]Melbourne W. The case for ranging in GPS-based geodetic systems[C]. Proceedings of the First International Symposium on Precise Positioning with the Global Positioning System, 1985:373 - 386.

[113]Wübbena G. Software developments for geodetic positioning with GPS using TI 4100 code and carrier measurements[C]. Proceedings 1st International Symposium on Precise Positioning with the Global Positioning System,US Department of Commerce,1985:403 - 412.

[114]黄令勇,宋力杰,王琰,等. 北斗三频无几何相位组合周跳探测与修复[J]. 测绘学报,2012, 41(5):763 - 768.

[115]高旺,高成发,潘树国,等. 北斗三频宽巷组合网络 RTK 单历元定位方法[J]. 测绘学报, 2015,44(6):641 - 648.

[116]张小红,何锡扬. 北斗三频相位观测值线性组合模型及特性研究[J]. 中国科学:地球科学, 2015,45(5):601 - 610.

[117]刘炎炎,叶世榕,江鹏,等. 基于北斗三频的短基线单历元模糊度固定[J]. 武汉大学学报 (信息科学版),2015,40(2):209 - 213.

[118]Eueler H J,Goad C C. On optimal filtering of GPS dual frequency observations without using orbit information[J]. Bulletin Géodésique,1991,65(2):130 - 143.

[119]King R,Bock Y. Documentation for the GAMIT GPS analysis software,release 10. 0[R]. Departement of Earth,Atmospheric and Planetary Sciences Massachusetts Institute of Technology-Scripps Institution of Oceanography University of California at San Diego,2000.

[120]Hugentobler U,Schaer S,Fridez P. Bernese GPS software[R]. 2001.

[121]Jin S,Wang J. Impacts of stochastic modeling on GPS-derived ZTD estimations[C]. Proceedings of the 17th International Technical Meeting of the Satellite Division of the Institute of Navigation (ION GNSS 2004),Long Beach,CA,September 2004:941 - 946.

[122]Brunner F,Hartinger H,Troyer L. GPS signal diffraction modelling:the stochastic SIGMA-δ model[J]. Journal of Geodesy,1999,73(5):259 - 267.

[123]Hartinger H,Brunner F. Variances of GPS phase observations:the SIGMA-δ model[J]. GPS Solutions,1999,2:35 - 43.

[124]崔希璋,於宗俦,陶本藻. 广义测量平差[M]. 北京:测绘出版社,1992.

[125]Witchayangkoon B. Elements of GPS precise point positioning[D]. University of New Brunswick,2000.

[126]Yuan Y,Zhang B. Retrieval of inter-system biases (ISBs) using a network of multi-GNSS receivers[J]. Journal of Global Positioning Systems,2014,13:22 - 29.

[127]Takasu T,Yasuda A. Development of the low-cost RTK-GPS receiver with an open source program package RTKLIB[C]. International Symposium on GPS/GNSS,International Convention Center Jeju,November 2009.

[128]Gao W,Meng X,Gao C,et al. Combined GPS and BDS for single-frequency continuous RTK positioning through real-time estimation of differential inter-system biases[J]. GPS Solutions,2018,22(1):20.

[129]Tralli D M,Lichten S M. Stochastic estimation of tropospheric path delays in global positioning system geodetic measurements[J]. Bulletin Géodésique,1990,64(2):127 – 159.

[130]Klobuchar J A. Ionospheric time-delay algorithm for single-frequency GPS users[J]. IEEE Transactions on Aerospace and Electronic Systems,1987,AES-23(3):325 – 331.

[131]Yuan Y,Huo X,Ou J,et al. Refining the Klobuchar ionospheric coefficients based on GPS observations[J]. IEEE Transactions on Aerospace and Electronic Systems,2008,44(4): 1498 – 1510.

[132]Bi T,An J,Yang J,et al. A modified Klobuchar model for single-frequency GNSS users over the polar region[J]. Advances in Space Research,2017,59(3):833 – 842.

[133]Chen J,Huang L,Liu L,et al. Applicability analysis of VTEC derived from the sophisticated Klobuchar model in China[J]. ISPRS International Journal of Geo-Information,2017,6 (3):75.

[134]Nava B,Coisson P,Radicella S. A new version of the NeQuick ionosphere electron density model[J]. Journal of Atmospheric and Solar-Terrestrial Physics,2008,70(15):1856 – 1862.

[135]Brunini C,Azpilicueta F,Gende M,et al. Ground- and space-based GPS data ingestion into the NeQuick model[J]. Journal of Geodesy,2011,85(12):931 – 939.

[136]Angrisano A,Gaglione S,Gioia C,et al. Assessment of NeQuick ionospheric model for Galileo single-frequency users[J]. Acta Geophysica,2013,61(6):1457 – 1476.

[137]Hoque M,Jakowski N. An alternative ionospheric correction model for global navigation satellite systems[J]. Journal of Geodesy,2015,89(4):391 – 406.

[138]Hoque M,Jakowski N,Berdermann J. Positioning performance of the NTCM model driven by GPS Klobuchar model parameters[J]. Journal of Space Weather and Space Climate, 2018,8:A20.

[139]Zhang X,Ma F,Ren X,et al. Evaluation of NTCM-BC and a proposed modification for single-frequency positioning[J]. GPS Solutions,2017,21:1535 – 1548.

[140]Wang N,Li Z,Li M,et al. GPS,BDS and Galileo ionospheric correction models:an evaluation in range delay and position domain[J]. Journal of Atmospheric and Solar-Terrestrial Physics,2018,170:83 – 91.

[141]Wang N,Li Z,Yuan Y,et al. Ionospheric correction using GPS Klobuchar coefficients with an empirical night-time delay model[J]. Advances in Space Research,2019,63(2):886 – 896.

[142]Yuan Y,Wang N,Li Z,et al. The BeiDou global broadcast ionospheric delay correction model (BDGIM) and its preliminary performance evaluation results[J]. Navigation,2019,66:55 – 69.

[143]Orús R,Hernández-Pajares M,Juan J,et al. Performance of different TEC models to provide GPS ionospheric corrections[J]. Journal of Atmospheric and Solar-Terrestrial Physics, 2002,64(18):2055 – 2062.

[144] Hernández-Pajares M, Juan J, Sanz J, et al. The IGS VTEC maps: a reliable source of ionospheric information since 1998[J]. Journal of Geodesy, 2009, 83(3-4): 263 – 275.

[145] Roma-Dollase D, Hernández-Pajares M, Krankowski A, et al. Consistency of seven different GNSS global ionospheric mapping techniques during one solar cycle[J]. Journal of Geodesy, 2018, 92(6): 691 – 706.

[146] 鄢子平, 丁乐乐, 黄恩兴, 等. 网络 RTK 参考站间模糊度固定新方法[J]. 武汉大学学报(信息科学版), 2013, 38(3): 295 – 298.

[147] 张明. GPS/BDS 长距离网络 RTK 关键技术研究[D]. 武汉: 武汉大学, 2015.

[148] Blewitt G. Carrier phase ambiguity resolution for the global positioning system applied to geodetic baselines up to 2000 km[J]. Journal of Geophysical Research: Atmospheres, 1989, 94(B8): 10187 – 10203.

[149] Dong D, Bock Y. Global positioning system network analysis with phase ambiguity resolution applied to crustal deformation studies in California[J]. Journal of Geophysical Research: Solid Earth, 1989, 94(B4): 3949 – 3966.

[150] Bock Y, Gourevitch S A, Counselman C C I, et al. Interferometric analysis of GPS phase observations[J]. Manuscripta Geodaetica, 1986, 11(4): 282 – 288.

[151] Odijk D, Teunissen P J G. Improving the Speed of CORS Network RTK Ambiguity Resolution[C]. IEEE/ION Position, Location and Navigation Symposium, IEEE, 2010, 79 – 84.

[152] Tu R, Lu C, Zhang P, et al. The study of BDS RTK algorithm based on zero-combined observations and ionosphere constraints[J]. Advances in Space Research, 2019, 63(9): 2687 – 2695.

[153] Misra P, Enge P. Global Positioning System: Signals, Measurements and Performance[M]. Ganga-Jamuna Press, Massachusetts, 2001.

[154] Hopfield H. Two-quartic tropospheric refractivity profile for correcting satellite data[J]. Journal of Geophysical Research Atmospheres, 1969, 74(18): 4487 – 4499.

[155] Leandro R F, Langley R B, Santos M C. UNB3m_pack: a neutral atmosphere delay package for radiometric space techniques[J]. GPS Solutions, 2008, 12(1): 65 – 70.

[156] Leandro R, Santos M, Langley R. UNB Neutral Atmosphere Models: Development and Performance[C]. Proceedings of the 2006 National Technical Meeting of the Institute of Navigation, Monterey, CA, January 2006: 564 – 573.

[157] Böhm J, Möller G, Schindelegger M, et al. Development of an improved empirical model for slant delays in the troposphere (GPT2w)[J]. GPS Solutions, 2015, 19(3): 433 – 441.

[158] Böhm J, Niell A, Tregoning P, et al. Global mapping function (GMF): a new empirical mapping function based on numerical weather model data[J]. Geophysical Research Letters, 2006, 25(33): L07304.

[159] Marini J W. Correction of satellite tracking data for an arbitrary tropospheric profile[J]. Radio Science, 1972, 7(2): 223 – 231.

[160] Chao C C. The Troposphere calibration model for mariner Mars 1971[R]. 1974.

[161] Niell A. Global mapping functions for the atmosphere delay at radio wavelengths[J]. Jour-

nal of Geophysical Research Atmospheres,1996,101(B2):3227 - 3246.

［162］Böhm J,Schuh H. Vienna Mapping Functions［C］. Proceedings of the 16th EVGA Working Meeting,Leipzig,Germany,May 2003.

［163］Böhm J,Werl B,Schuh H. Troposphere mapping functions for GPS and very long baseline interferometry from European centre for medium-range weather forecasts operational analysis data［J］. Journal of Geophysical Research,2006,111(B2):B02406.

［164］葛茂荣,刘经南. GPS 定位中对流层折射估计研究［J］.测绘学报,1996,25(4):285 - 291.

［165］Kalman R E. New results in linear filtering and prediction theory［J］. Transactions of the ASME,Journal of Basic Engineering,1961,83(1):95 - 108.

［166］杨元喜. 自适应动态导航定位［M］. 北京:测绘出版社,2006.

［167］秦永元,张洪钺,汪叔华. 卡尔曼滤波与组合导航原理［M］. 西安:西北工业大学出版社,1998.

［168］高旺. 多系统多频 GNSS 融合快速精密定位关键技术研究［D］. 南京:东南大学,2018.

［169］Bent R,Llewellyn S,Schmid P. A Highly Successful Empirical Model for the Worldwide Ionospheric Electron Density Profile［R］. Rep,Florida,1972.

［170］Bent R,Llewellyn S,Walloch M. Description and Evaluation of the Bent Ionospheric Model ［R］. Rep,Florida,1972.

［171］Bilitza D. International Reference Ionosphere 2000［J］. Radio Science,2001,36(2):261 - 275.

［172］Bilitza D,Reinisch B W. International reference ionosphere 2007:improvements and new parameters［J］. Advances in Space Research,2008,42(4):599 - 609.

［173］Bilitza D,McKinnell L,Reinisch B,et al. The international reference ionosphere today and in the future［J］. Journal of Geodesy,2011,85(12):909 - 920.

［174］Wang L,Feng Y,Guo J. Impact of decorrelation on success rate bounds of ambiguity estimation［J］. Journal of Navigation,2016,69(5):1061 - 1081.

［175］Tu R,Ge M,Zhang H,et al. The realization and convergence analysis of combined PPP based on raw observation［J］. Advances in Space Research,2013,52(1):211 - 221.

［176］Odolinski R,Teunissen P J G,Odijk D. Combined GPS＋BDS for short to long baseline RTK positioning［J］. Measurement Science and Technology,2015,26(4):045801.

［177］Liu J,Tu R,Han J,et al. Estimability analysis of differential inter-system biases and differential inter-frequency biases for dual-frequency GPS and BDS combined RTK［J］. Measurement Science and Technology,2020,31(2):025009.

［178］Li G,Wu J,Zhao C,et al. Double differencing within GNSS constellations［J］. GPS Solutions,2017,21(3):1161 - 1177.

［179］Tu R,Liu J,Lu C,et al. The comparison and analysis of BDS NRTK between DD and UD models［J］. Navigation:Journal of the Institute of Navigation,2018,65(2):275 - 285.

［180］Tu R,Liu J,Zhang R,et al. A model for combined GPS and BDS real-time kinematic positioning using one common reference ambiguity［J］. Journal of Navigation,2018,71(4):1011 - 1024.

［181］Teunissen P J G. The least-squares ambiguity decorrelation adjustment:a method for fast

GPS integer ambiguity estimation[J]. Journal of Geodesy,1995,70(1-2):65 - 82.

[182]Teunissen P J G, Verhagen S. The GNSS ambiguity ratio-test revisited: a better way of using it[J]. Empire Survey Review,2009,41(312):138 - 151.

[183]Odijk D,Teunissen P J G. Estimation of Differential Inter-System Biases between the Overlapping Frequencies of GPS,GALILEO,BEIDOU and QZSS[C]. Proceedings of the 4th International Colloquium Scientific and Fundamental Aspects of the Galileo Programme, Prague,Czech Republic,December 2013.

[184]Paziewski J,Wielgosz P. Accounting for Galileo-GPS inter-system biases in precise satellite positioning[J]. Journal of Geodesy,2015,89:81 - 93.

[185]Wang J,Rizos C,Stewart M P,et al. GPS and GLONASS integration: modeling and ambiguity resolution issues[J]. GPS Solutions,2001,5(1):55 - 64.

[186]Torre A D,Caporali A. An analysis of intersystem biases for multi-GNSS positioning[J]. GPS Solutions,2015,19(2):297 - 307.

[187]Tegedor J,Øvstedal O,Vigen E. Precise orbit determination and point positioning using GPS,GLONASS,Galileo and BeiDou[J]. Journal of Geodetic Science,2014,4(1):65 - 73.

[188]Zhang H,Hao J,Liu W,et al. A Kalman filter method for BDS/GPS short-term ISB modelling and prediction[J]. Acta Geodaetica et Cartographica Sinica,2016,45(S2):31 - 38.

[189]Liu J,Tu R,Zhang R,et al. Positioning bias of different frequency observations in double-differenced relative positioning[J]. Advances in Space Research,2020,66(6):1321 - 1328.

[190]Zhang Y,Yu W,Han Y,et al. Static and kinematic positioning performance of a low-cost real-time kinematic navigation system module[J]. Advances in Space Research,2019,63 (9):3029 - 3042.

[191]Richert T,El-Sheimy N. Optimal linear combinations of triple frequency carrier phase data from future global navigation satellite systems[J]. GPS Solutions,2007,11(1):11 - 19.

[192]Tang W,Deng C,Shi C,et al. Triple-frequency carrier ambiguity resolution for BeiDou navigation satellite system[J]. GPS Solutions,2014,18(3):335 - 344.

[193]Zhang X,He X. Performance analysis of triple-frequency ambiguity resolution with BeiDou observations[J]. GPS Solutions,2016,20(2):269 - 281.

[194]De Lacy M C,Reguzzoni M,Sansò F. Real-time cycle slip detection in triple-frequency GNSS[J]. GPS Solutions,2012,16(3):353 - 362.

[195]Zangeneh-Nejad F,Amiri-Simkooei A,Sharifi M,et al. Cycle slip detection and repair of undifferenced single-frequency GPS carrier phase observations[J]. GPS Solutions, 2017, 21 (4):1593 - 1603.

[196]Zhang X,Li X. Instantaneous re-initialization in real-time kinematic PPP with cycle slip fixing[J]. GPS Solutions,2012,16(3):315 - 327.

[197]Zhang X,Li P. Benefits of the third frequency signal on cycle slip correction[J]. GPS Solutions,2016,20(3):451 - 460.

[198]Gao W,Gao C,Pan S,et al. Inter-system differencing between GPS and BDS for medium-

baseline RTK positioning[J]. Remote Sensing,2017,9(9):948.

[199]Paziewski J,Sieradzki R,Wielgosz P. Selected properties of GPS and Galileo-IOV receiver intersystem biases in multi-GNSS data processing[J]. Measurement Science and Technology,2015,26(9):095008.

[200]Liu J,Tu R,Han J,et al. Inter-system biases in GPS and BDS combined relative positioning by double-differenced observations [J]. Measurement Science and Technology, 2019, 30 (8):085001.

[201]Nadarajah N,Teunissen P J G,Sleewaegen J M,et al. The mixed-receiver BeiDou inter-satellite-type bias and its impact on RTK positioning[J]. GPS Solutions,2015,19(3):357 – 368.

[202]Odijk D,Teunissen P J G. Characterization of between-receiver GPS-Galileo inter-system biases and their effect on mixed ambiguity resolution[J]. GPS Solutions,2013,17(4):521 – 533.

[203]Liu H,Shu B,Xu L,et al. Accounting for inter-system bias in DGNSS positioning with GPS/GLONASS/BDS/Galileo[J]. Journal of Navigation,2017,70(4):686 – 698.

[204]Wu M,Zhang X,Liu W,et al. Tightly combined BeiDou B2 and Galileo E5b signals for precise relative positioning[J]. Journal of Navigation,2017,70(6):1253 – 1266.

[205]Wu M,Zhang X,Liu W,et al. Influencing factors of GNSS dierential inter-system bias and performance assessment of tightly combined GPS,Galileo,and QZSS relative positioning for short baseline[J]. Journal of Navigation,2019,72(4):965 – 986.

[206]Mi X,Zhang B,Yuan Y. Multi-GNSS inter-system biases estimability analysis and impact on RTK positioning[J]. GPS Solutions,2019,23(3):81.

[207]Tian Y,Ge M,Neitzel F,et al. Particle filter-based estimation of inter-system phase bias for real-time integer ambiguity resolution[J]. GPS Solutions,2017,21(3):949 – 961.

[208]Tian Y,Liu Z,Ge M,et al. Determining inter-system bias of GNSS signals with narrowly spaced frequencies for GNSS positioning[J]. Journal of Geodesy,2018,92(8):873 – 887.

[209]Tian Y,Liu Z,Ge M,et al. Multi-dimensional particle filter-based estimation of inter-system phase biases for multi-GNSS real-time integer ambiguity resolution[J]. Journal of Geodesy, 2019,93(7):1073 – 1087.

[210]Wu M,Liu W,Wang W,et al. Differential inter-system biases estimation and initial assessment of instantaneous tightly combined RTK with BDS-3, GPS, and Galileo[J]. Remote Sensing,2019,11(12):1430 – 1447.

[211]El-Mowafy A,Deo M,Rizos C. On biases in precise point positioning with multi-constellation and multi-frequency GNSS data[J]. Measurement Science and Technology, 2016, 27 (3):035102.

[212]Gendt G. IGSMAIL-5272:Switch the absolute antenna model within the IGS [E13/OL]. 2005. https://sirgas.ipgh.org/docs/_IGSMAIL-5272_Switch_the_absolute_antanne_model_within_the_IGS.pdf.

[213]欧吉坤. GPS测量中的大气折射改正的研究[J]. 测绘学报,1998,27(1):31 – 36.

[214]杨力. 大气对GPS测量影响的理论与研究[D]. 郑州:信息工程大学,2001.

[215]楼益栋. 导航卫星实时精密轨道与钟差确定[D]. 武汉:武汉大学,2008.

[216]Abdel-salam M. Precise point positioning using un-differenced code and carrier phase observations[D]. Calgary:University of Calgary,2005.

[217]Abdel-salam M,Gao Y. Precise GPS Atmosphere Sensing Based on Un-differenced Observations [C]. Proceedings of the 17th International Technical Meeting of the Satellite Division of the Institute of Navigation (ION GNSS 2004),Long Beach,CA,September 2004:933 - 940.

[218]Chen K. Real-Time Precise Point Positioning and Its Potential Applications[C]. Proceedings of 17th International Technical Meeting of the Satellite Division of the Institute of Navigation (ION GNSS 2004),September 2004:1844 - 1854.

[219]张宝成,欧吉坤,袁运斌,等. 基于 GPS 双频原始观测值的精密单点定位算法及应用[J]. 测绘学报,2010,39(5):478 - 483.

[220]张宝成. GNSS 非差非组合精密单点定位的理论方法与应用研究[D]. 武汉:中国科学院测量与地球物理研究所,2012.

[221]章红平,高周正,牛小骥,等. GPS 非差非组合精密单点定位算法研究[J]. 武汉大学学报(信息科学版),2013,38(12):1396 - 1399.

[222]Gold K,Bertiger W,Wu S,et al. GPS orbit determination for the extreme ultraviolet explorer[J]. Advances in the Astronautical Sciences,1994,41(3):336 - 352.

[223]王刚,魏子卿. 格网电离层延迟模型的建立方法与试算结果[J]. 测绘通报,2000,(9):1.

[224]章红平,平劲松,朱文耀,等. 电离层延迟改正模型综述[J]. 天文学进展,2006,24(1):16 - 26.

[225]霍星亮. 基于 GNSS 的电离层形态监测与延迟模型研究[D]. 武汉:中国科学院测量与地球物理研究所,2008.

[226]涂锐,黄观文,张勤,等. 利用单基准站改正信息和电离层参数估计的单频 PPP 算法[J]. 武汉大学学报(信息科学版),2012,37(2):170 - 173.

[227]Deng Z,Bender M,Dick G,et al. Retrieving tropospheric delays from GPS networks densified with single frequency receivers[J]. Geophysical Research Letters,2009,36(19):308.

[228]Wanninger L,Beer S. BeiDou satellite-induced code pseudorange variations:diagnosis and therapy[J]. GPS Solutions,2015,19(4):639 - 648.

[229]Xu H,Cui X,Lu M. Satellite-Induced Multipath Analysis on the Cause of BeiDou Code Pseudorange Bias[C]. Proceedings of the China Satellite Navigation Conference (CSNC), Shanghai,May 2017.

[230]Gisbert J V P,Batzilis N,Risueño G L,et al. GNSS Payload and Signal Characterization Using a 3 m Dish Antenna[C]. Proceedings of the 25th International Technical Meeting of the Satellite Division of the Institute of Navigation (ION GNSS 2012),Nashville,Tennessee,September 2012:347 - 356.

[231]Montenbruck O,Rizos C,Weber R,et al. Getting a grip on multi-GNSS—the international GNSS service MGEX campaign[J]. GPS World,2013,24(7):44 - 49.

[232]Li M,Qu L,Zhao Q,et al. Precise point positioning with the BeiDou navigation satellite system[J]. Sensors,2014,14(1):927 - 943.

[233]Li P,Zhang X,Guo F. Ambiguity resolved precise point positioning with GPS and BeiDou [J]. Journal of Geodesy,2016,91(1):25 - 40.

[234]Hong J,Tu R,Zhang R,et al. Analyzing the satellite-induced code bias variation characteristics for the BDS-3 via a 40 m dish antenna[J]. Sensors,2020,20(5):1339.

[235]Lou Y,Zheng F,Gu S,et al. Multi-GNSS precise point positioning with raw single-frequency and dual-frequency measurement models[J]. GPS Solutions,2016,20(4):849 - 862.

[236]于兴旺. 多频 GNSS 精密定位理论和方法研究[D]. 武汉:武汉大学,2011.

[237]Rossbach U. Positioning and Navigation Using the Russian Satellite System GLONASS [M]. Munchen:Universitat der Bunbeswehr Munchen,2001.

[238]Montenbruck O,Hauschild A,Hessels U. Characterization of GPS/GIOVE sensor stations in the CONGO network[J]. GPS Solutions,2011,15(3):193 - 205.

[239]Zeng A,Yang Y,Ming F,et al. BDS-GPS inter-system bias of code observation and its preliminary analysis[J]. GPS Solutions,2017,21(2):1573 - 1581.

[240]Zhou F,Dong D,Li W,et al. GAMP:an open-source software of multi-GNSS precise point positioning using undifferenced and uncombined observations[J]. GPS Solutions,2018,22 (2):33.

[241]张小红,李星星,李盼. GNSS 精密单点定位技术及应用进展[J]. 测绘学报,2017,46(10): 1399 - 1407.

[242]宋福成,陈宜金,杨汀,等. 矿山近井点测量精密单点定位技术研究[J]. 煤炭科学技术, 2017,45(1):200 - 204.

[243]杜向锋,张兴福,李智强. 精密单点定位技术在控制测量中的应用[J]. 工程勘察,2015,43 (2):75 - 78.

[244]臧建飞,范士杰,易昌华,等. 实时精密单点定位的远海实时 GPS 潮汐观测[J]. 测绘科学, 2017,42(6):155 - 160.

[245]袁修孝,付建红,楼益栋. 基于精密单点定位技术的 GPS 辅助空中三角测量[J]. 测绘学报, 2007,36(3):251 - 255.

[246]李凯锋,欧阳永忠,陆秀平,等. 基于 GPS 精密单点定位技术的水深测量[J]. 海洋测绘, 2009,29(6):1 - 4.

[247]Gendt G,Dick G,Reigber C H. Demonstration of NRT GPS water vapor monitoring for numerical weather prediction in Germany[J]. International Workshop on GPS Meteorology Tsukaba,1998,82:361 - 370.

[248]Rocken C. Atmospheric water vapor and geoid measurements in the open ocean with GPS [J]. Geophysical Research Letters,2005,32(12).

[249]蒋旭惠,张汉德,韩磊,等. 精密单点定位技术在海岛海岸带航空遥感调查中的应用[J]. 海洋技术学报,2011,30(2):18 - 21.

[250]隋立芬,王威. GPS 技术在大气探测中的应用[J]. 测绘科学技术学报,2006,23(2):119 - 122,126.

[251]Bisnath S B,Langley R B. Precise Orbit Determination of Low Earth Orbiters with GPS

Point Positioning[C]. Proceedings of the 2001 National Technical Meeting of the Institute of Navigation,Long Beach,CA,January 2001:725－733.

[252]姜卫平,邹贤才,李建成. GRACE 卫星非差运动学厘米级定轨[J]. 科学通报,2009,54 (16):2355－2362.

[253]康国华,刘瑶,金晨迪,等. 采用自适应噪声估计的低轨卫星非差精密单点定位[J]. 航天控制,2018,36(3):46－51.

[254]Wright T J, Nicolas Houlié, Hildyard M, et al. Real-time, reliable magnitudes for large earthquakes from 1 Hz GPS precise point positioning:the 2011 Tohoku-Oki (Japan) earthquake[J]. Geophysical Research Letters,2012,39(12):L12302.

[255]Larson K M. Using 1-Hz GPS data to measure deformations caused by the denali fault earthquake[J]. Science,2003,300(5624):1421－1424.

[256]阮仁桂. GPS 非差相位精密单点定位研究[D]. 郑州:解放军信息工程大学,2009.

[257]张小红,蔡诗响,李星星,等. 利用 GPS 精密单点定位进行时间传递精度分析[J]. 武汉大学学报(信息科学版),2010,35(3):274－278.

[258]闫伟,袁运斌,欧吉坤,等. 非组合精密单点定位算法精密授时的可行性研究[J]. 武汉大学学报(信息科学版),2011,36(6):648－651.

[259]于合理,郝金明,刘伟平,等. 附加原子钟物理模型的 PPP 时间传递算法[J]. 测绘学报,2016,45(11):1285－1292.

[260]涂锐,卢晓春,张鹏飞,等. 一种北斗三频非差非组合观测值时间传递系统及方法[P]. 201810914774.3,2018.

[261]Teunissen P J G. An optimality property of the integer least-squares estimator[J]. Journal of Geodesy,1999,73(11):587－593.

[262]Mercier F, Laurichesse D. Zero-difference Ambiguity Blocking Properties of Satellite/Receiver Widelane Biases[C]. Proceedings of European Navigation Conference, Toulouse, 2008,2325.

[263]Gabor M J. GPS carrier phase ambiguity resolution using satellite-satellite single differences [D]. Austin,Texas:The University of Texas at Austin,1999.

[264]Laurichesse D. The CNES Real-time PPP with Undifferenced Integer Ambiguity Resolution Demonstrator[C]. Proceedings of the 24th International Technical Meeting of the Satellite Division of the Institute of Navigation (ION GNSS 2011),Portland,OR,September 2011: 654－662.

[265]Collins P. Isolating and Estimating Undifferenced GPS Integer Ambiguities[C]. Proceedings of 2008 National Technical Meeting of the Institute of Navigation,San Diego,CA,January 2008:720－732.

[266]Collins P,Henton J,Mireault Y,et al. Precise Point Positioning for Real-time Determination of Co-seismic Crustal Motion[C]. Proceedings of 22nd International Technical Meeting of the Satellite Division of the Institute of Navigation (ION GNSS 2009),Savannah,GA,September 2009:2479－2488.

[267]Collins P,Bisnath S. Issues in Ambiguity Resolution for Precise Point Positioning[C]. Proceedings of the 24th International Technical Meeting of the Satellite Division of the Institute of Navigation (ION GNSS 2011),Portland,OR,September 2011:679 – 687.

[268]Hatch R. The Synergism of GPS Code and Carrier Measurements[C]. Proceedings of International Geodetic Symposium on Satellite Doppler Positioning,1983:1213 – 1231.

[269]Ji S,Chen W,Ding X,et al. Ambiguity validation with combined ratio test and ellipsoidal integer aperture estimator[J]. Journal of Geodesy,2010,84(10):597 – 604.

[270]Teunissen P J G. Influence of ambiguity precision on the success rate of GNSS integer ambiguity bootstrapping[J]. Journal of Geodesy,2007,81(5):351 – 358.

[271]Verhagen S,Li B,Teunissen P J G. Ps-LAMBDA:ambiguity success rate evaluation software for interferometric applications[J]. Computers & Geosciences,2013,54:361 – 376.

[272]Verhagen S,Teunissen P J G. The ratio test for future GNSS ambiguity resolution[J]. GPS Solutions,2013,17(4):535 – 548.

[273]Wang Y,Zhan X,Zhang Y. Improved ambiguity function method based on analytical resolution for GPS attitude determination[J]. Measurement Science and Technology,2007,18(9):2985 – 2990.

[274] Vollath U,Birnbach S,Landau L,et al. Analysis of three-carrier ambiguity resolution (TCAR) technique for precise relative positioning in GNSS-2[J]. Navigation,1999,46(1):13 – 23.

[275]Jung J,Enge P,Pervan B. Optimization of Cascade Integer Resolution with Three Civil GPS Frequencies[C]. Proceedings of the 13th International Technical Meeting of the Satellite Division of the Institute of Navigation (ION GPS 2000),Salt Lake City,UT,September 2000:2191 – 2200.

[276]Feng Y,Rizos C. Geometry-Based TCAR Models and Performance Analysis[C]. Sideris M G(eds). Observing Our Changing Earth. International Association of Geodesy Symposia. Springer Berlin Heidelberg,Berlin,Heidelberg,2009:645 – 653.

[277]Li L,Li Z,Yuan H,et al. Integrity monitoring-based ratio test for GNSS integer ambiguity validation[J]. GPS Solutions,2016,20(3):573 – 585.

[278]Teunissen P J G,Joosten P,Tiberius C. A Comparison of TCAR,CIR and LAMBDA GNSS Ambiguity Resolution[C]. Proceedings of the 15th International Technical Meeting of the Satellite Division of the Institute of Navigation (ION GPS 2002),Portland,OR,September 2002:2799 – 2808.

[279]Chang X W,Yang X,Zhou T. MLAMBDA:a modified LAMBDA method for integer least-squares estimation[J]. Journal of Geodesy,2005,79(9):552 – 565.

[280]Chang X W,Zhou T. MILES:MATLAB package for solving mixed integer least squares problems[J]. GPS Solutions,2007,11(4):289 – 294.

[281]Hatch R. Instantaneous Ambiguity Resolution[C]. Schwarz K P,Lachapelle G (eds). Kinematic Systems in Geodesy,Surveying,and Remote Sensing. Springer New York,New York,

NY,1991:299－308.

[282]Baroni L,Kuga H K,O'Keefe K. Analysis of Three Ambiguity Resolution Methods for Real Time Static and Kinematic Positioning of a GPS Receiver[C]. Proceedings of the 22nd International Technical Meeting of the Satellite Division of the Institute of Navigation (ION GNSS 2009),Savannah,GA,September 2009:2020－2028.

[283]Chen D. Development of a Fast Ambiguity Search Filtering (FASF) Method for GPS Carrier Phase Ambiguity Resolution[D]. Calgary:University of Calgary,1994.

[284]Xu P. Random Simulation and GPS Decorrelation[C]. Grafarend E W, Krumm F W, Schwarze V S (eds). Geodesy-The Challenge of the 3rd Millennium. Springer Berlin Heidelberg,Berlin,Heidelberg,2003:405－422.

[285]刘经南,邓辰龙,唐卫明. GNSS 整周模糊度确认理论方法研究进展[J]. 武汉大学学报(信息科学版),2014,39(9):1009－1016.

[286]Verhagen S,Teunissen P J G. New global navigation satellite system ambiguity resolution method compared to existing approaches[J]. Journal of Guidance Control & Dynamics, 2006,29(4):981－991.

[287]Li T,Wang J. Some remarks on GNSS integer ambiguity validation methods[J]. Survey Review,2012,44(326):230－238.

[288]Feng S,Jokinen A. Integer ambiguity validation in high accuracy GNSS positioning[J]. GPS Solutions,2017,21(1):79－87.

[289]Teunissen P J G. Statistical GNSS carrier phase ambiguity resolution:a review[C]. Proceedings of the 11th IEEE Signal Processing Workshop on Statistical Signal Processing (Cat. No. 01TH8563),2001:4－12.

[290]Liu H,Gao Y,Yue Y,et al. Carrier-phase-based quality control for GNSS dynamic relative navigation[J]. Journal of Aerospace Engineering,2017,30(6):04017067.

[291]Feng S,Ochieng W,Moore T,et al. Carrier phase-based integrity monitoring for high-accuracy positioning[J]. GPS Solutions,2009,13(1):13－22.

[292]Barnes B J,Cross P A. Processing models for very high accuracy GPS positioning[J]. Journal of Navigation,1998,51(2):180－193.

[293]Satirapod,C,Luansang M. Comparing stochastic models used in GPS precise point positioning technique[J]. Survey Review,2008,40(308):188－194.

[294]Li B,Shen Y,Feng Y,et al. GNSS ambiguity resolution with controllable failure rate for long baseline network RTK[J]. Journal of Geodesy,2013,88(2):99－112.

[295]郎贺,张小红,张明,等. GPS 单频精密单点定位方法与实践[J]. 测绘信息与工程,2008,33 (3):1－3.

[296]袁运斌,霍星亮,欧吉坤. 精确求定 GPS 信号的电离层延迟的模型与方法研究[J]. 自然科学进展,2006(1):40－48.

[297]史文森,朱海,梁洪涛. 基于网格化的电离层延时修正法[J]. 四川兵工学报,2008,29(3): 37－39.

［298］涂锐,黄观文,张勤,等.基于 SEID 模型的单频 PPP 双频解算方法研究［J］.武汉大学学报
　　　（信息科学版）,2011,36(10):1187－1190.

［299］郝明.加速 GPS 精密单点定位收敛的方法研究［D］.武汉:中国科学院测量与地球物理研
　　　究所,2007.

［300］Han S,Rizos C. GPS Network Design and Error Mitigation for Real-time Continuous Array
　　　Monitoring Systems［C］. Proceedings of the 9th International Technical Meeting of the
　　　Satellite Division of the Institute of Navigation (ION GPS 1996),Kansas City,MO,Septem-
　　　ber 1996:1827－1836.

［301］黄观文,涂锐,张勤,等.基于基准站改正信息的实时动态精密单点定位算法［J］.大地测量
　　　与地球动力学,2010,30(6):135－139.

［302］Li B,Feng Y,Shen Y,et al. Geometry-specified troposphere decorrelation for subcentimeter
　　　real-time kinematic solutions over long baselines［J］. Journal of Geophysical Research Solid
　　　Earth,2010,115(B11):B11404.

［303］Wanninger L. Improved Ambiguity Resolution by Regional Differential Modelling of the Iono-
　　　sphere［C］. Proceedings of the 8th International Technical Meeting of the Satellite Division of the
　　　Institute of Navigation (ION GPS 1995),Palm Springs,CA,September 1995:55－62.

［304］Wübbena G,Bagge A,Seeber G,et al. Reducing Distance Dependent Errors for Real-time
　　　Precise DGPS Applications by Establishing Reference Station Networks［C］. Proceedings of
　　　the 9th International Technical Meeting of the Satellite Division of the Institute of Naviga-
　　　tion (ION GPS 1996),Kansas City,MO,September 1996:1845－1852.

［305］Li X,Zhang X,Ge M. Regional reference network augmented precise point positioning for
　　　instantaneous ambiguity resolution［J］. Journal of Geodesy,2011,85(3):151－158.

［306］Hanson W A. In their own words:OneWeb's internet constellation as described in their FCC
　　　form 312 application［J］. New Space,2016,4(3):153－167.

［307］de Selding P B. SpaceX to build 4000 broadband satellites in seattle［Z］. 2015. http://space-
　　　news. com/spacex-opening-seattle-plant-to-build-4000－broadband-satellites/,Accessed 22
　　　January,2018.

［308］Reid T G R,Neish A M,Walter T F,et al. Leveraging Commercial Broadband LEO Constel-
　　　lations for Navigation［C］. Proceedings of the 29th International Technical Meeting of the
　　　Satellite Division of the Institute of Navigation (ION GNSS＋ 2016),Portland,Oregon,
　　　September 2016:2300－2314.

［309］Zhou P,Nie Z,Xiang Y,et al. Differential code bias estimation based on uncombined PPP with
　　　LEO onboard GPS observations［J］. Advances in Space Research,2020,65(1):541－551.

［310］Zhao Q,Pan S,Gao C,et al. BDS/GPS/LEO triple-frequency uncombined precise point posi-
　　　tioning and its performance in harsh environments［J］. Measurement,2020,151:107216.

［311］Su M,Su X,Zhao Q,et al. BeiDou augmented navigation from low earth orbit satellites［J］.
　　　Sensors,2019,19(1):198.

［312］高星伟.GPS/GLONASS 网络 RTK 的算法研究与程序实现［D］.武汉:武汉大学,2002.

[313]唐卫明.大范围长距离 GNSS 网络 RTK 技术研究及软件实现[D].武汉:武汉大学,2006.

[314]Landau H,Vollath U,Deking A,et al. Virtual Reference Station Networks-recent Innovations by Trimble[C]. Proceedings of GPS Symposium,2001:14 - 16.

[315]Povalyaev A. Using Single Differences for Relative Positioning in GLONASS[C]. Proceedings of the 10th International Technical Meeting of the Satellite Division of the Institute of Navigation (ION GPS 1997),Kansas City,Mo,September,1997:929 - 934.

[316]Pratt M,Burke B,Misra P. Single-epoch Integer Ambiguity Resolution with GPS-GLONASS L1 - L2 Data[C]. Proceedings of the 11th International Technical Meeting of the Satellite Division of the Institute of Navigation (ION GPS 1998),Nashville,TN,September 1998:389 - 398.

[317]Al-Shaery A,Zhang S,Rizos C. An enhanced calibration method of GLONASS inter-channel bias for GNSS RTK[J]. GPS Solutions,2013,17(2):165 - 173.

[318]Mader G,Beser J,Leick A,et al. Processing GLONASS Carrier Phase Observations - Theory and First Experience[C]. Proceedings of the 8th International Technical Meeting of the Satellite Division of the Institute of Navigation (ION GPS 1995),Palm Springs,CA,September 1995:1041 - 1047.

[319]Tu R,Zhang P,Zhang R,et al. The study and realization of BDS un-differenced network-RTK based on raw observations[J]. Advances in Space Research,2017,59(11):2809 - 2818.

[320]唐卫明,刘经南,施闯,等.三步法确定网络 RTK 基准站双差模糊度[J].武汉大学学报(信息科学版),2007,32(4):305 - 308.

[321]周乐韬.连续运行参考站网络实时动态定位理论、算法和系统实现[D].成都:西南交通大学,2007.

[322]Liu G C,Lachapelle G. Ionosphere Weighted GPS Cycle Ambiguity Resolution[C]. Proceedings of the 2002 National Technical Meeting of the Institute of Navigation,San Diego,CA,Janurary 2002:889 - 899.

[323]Dai L,Han S,Wang J,et al. Comparison of interpolation algorithms in network-based GPS techniques[J]. Navigation,2003,50(4):277 - 293.

[324]邹璇,唐卫明,葛茂荣,等.基于非差观测的网络实时动态定位方法及其在连续运行基准站跨网服务中的应用[J].测绘学报,2011,40(S1):1 - 5.

[325]邹璇. GNSS 单频接收机精密点定位统一性方法的研究[D].武汉:武汉大学,2010.

[326]Ge M,Zou X,Dick G,et al. An Alternative Network RTK Approach Based on Undifferenced Observation Corrections[C]. Proceedings of the 23th International Technical Meeting of the Satellite Division of the Institute of Navigation (ION GNSS 2010),Portland,Oregon,September 2010.

[327]Zou X,Ge M,Tang W,et al. URTK:undifferenced network RTK positioning[J]. GPS Solutions,2013,17(3):283 - 293.

[328]Sun H,Cannon M,Melgard T. Real-time GPS reference network carrier phase ambiguity resolution[C]. Proceedings of the 1999 National Technical Meeting of the Institute of Navigation,San Diego,CA,January 1999:193 - 199.

[329]Zou X, Tang W, Ge M, et al. New network RTK based on transparent reference selection in absolute positioning mode[J]. Journal of Surveying Engineering, 2013, 139(1):11 – 18.

[330]Zou X, Tang W, Shi C, et al. A New Ambiguity Resolution Method for PPP Using CORS Network and Its Real-time Realization[C]. China Satellite Navigation Conference (CSNC) 2012 Proceedings. Springer Berlin Heidelberg, 2012.

[331]Zou X, Tang W, Shi C, et al. Instantaneous ambiguity resolution for URTK and its seamless transition with PPP-AR[J]. GPS Solutions, 2015, 19(4):559 – 567.

[332]Zou X, Wang Y, Deng C, et al. Instantaneous BDS+GPS undifferenced NRTK positioning with dynamic atmospheric constraints[J]. GPS Solutions, 2018, 22(1):17.

[333]Yang Y. Progress, contribution and challenges of compass/Beidou satellite navigation system[J]. Acta Geodaetica et Cartographica Sinica, 2010, 39(1):1 – 6.

[334]Yang Y, Gao W, Guo S, et al. Introduction to BeiDou-3 navigation satellite system[J]. NAVIGATION: Journal of the Institute of Navigation, 2019, 66(1):7 – 18.

[335]Yang Y, Xu Y, Li J, et al. Progress and performance evaluation of BeiDou global navigation satellite system: data analysis based on BDS-3 demonstration system[J]. Science China Earth Sciences, 2018, 61(5):614 – 624.

[336]China Satellite Navigation Office. 2020. http://www.csno-tarc.cn/.

[337]China Satellite Navigation Office. BeiDou navigation satellite system signal in space interface control document open service signal B1C (Version 1.0)[S]. 2017.

[338]China Satellite Navigation Office. BeiDou navigation satellite system signal in space interface control document open service signal B2a (Version 1.0)[S]. 2017.

[339]China Satellite Navigation Office. BeiDou navigation satellite system signal in space interface control document open service signal B3I (Version 1.0)[S]. 2018.

[340]China Satellite Navigation Office. BeiDou navigation satellite system signal in space interface control document open service signal B1I (Version 3.0)[S]. 2019.

[341]China Satellite Navigation Office. BeiDou navigation satellite system signal in space interface control document open service signal B2b (Beta Version)[S]. 2019.

[342]Lu M, Li W, Yao Z, et al. Overview of BDS III new signals[J]. Navigation: Journal of The Institute of Navigation, 2019, 66(1):19 – 35.

[343]Huang C, Song S, Chen Q, et al. Preliminary analysis of BDS-3 data based on iGMAS[J]. Chinese Astronomy and Astrophysics, 2019, 43(3):390 – 404.

[344]Lv Y, Geng T, Zhao Q, et al. Initial assessment of BDS-3 preliminary system signal-in-space range error[J]. GPS Solutions, 2020, 24(1):16.

[345]Zhang Y, Kubo N, Chen J, et al. Initial positioning assessment of BDS new satellites and new signals[J]. Remote Sensing, 2019, 11(11):1320.

[346]Zhang Z, Li B, Nie L, et al. Initial assessment of BeiDou3 global navigation satellite system: signal quality, RTK and PPP[J]. GPS Solutions, 2019, 23(4):111.

[347]Wang M, Wang J, Dong D, et al. Performance of BDS-3: satellite visibility and dilution of

precision[J]. GPS Solutions,2019,23(2):56.

[348]Gong X,Huang D,Cai S,et al. Parameter decomposition filter of BDS-3 combined orbit determination using inter-satellite link observations[J]. Advances in Space Research,2019,64 (1):88－103.

[349]Yang H,Xu T,Nie W,et al. Precise Orbit Determination of BDS-2 and BDS-3 Using SLR [J]. Remote Sensing,2019,11(23):2735.

[350]Xie X,Geng T,Zhao Q,et al. Precise orbit determination for BDS-3 satellites using satellite-ground and inter-satellite link observations[J]. GPS Solutions,2019,23(2):40.

[351]Yang Y,Yang Y,Hu X,et al. Inter-satellite link enhanced orbit determination for BeiDou-3 [J]. Journal of Navigation,2020,73(1):115－130.

[352]Wang C,Zhao Q,Guo J,et al. The contribution of intersatellite links to BDS-3 orbit determination:model refinement and comparisons[J]. NAVIGATION:Journal of The Institute of Navigation,2019,66(1):71－82.

[353]Wang Q,Hu C,Zhang K. A BDS-2/BDS-3 integrated method for ultra-rapid orbit determination with the aid of precise satellite clock offsets［J］. Remote Sensing, 2019, 11 (15):1758.

[354]Wang Q,Jin S,Yuan L,et al. Estimation and analysis of BDS-3 differential code biases from MGEX observations[J]. Remote Sensing,2020,12(1):68.

[355]Jia X,Zeng T,Ruan R,et al. Atomic clock performance assessment of BeiDou-3 basic system with the noise analysis of orbit determination and time synchronization[J]. Remote Sensing, 2019,11(24):2895.

[356]Xu X,Wang X,Liu J,et al. Characteristics of BD3 global service satellites:POD,open service signal and atomic clock performance[J]. Remote Sensing,2019,11(13):1559.

[357]Zhang Y,Kubo N,Chen J,et al. Apparent clock and TGD biases between BDS-2 and BDS-3 [J]. GPS Solutions,2020,24(1):27.

[358]Miao W,Li B,Zhang Z,et al. Combined BeiDou-2 and BeiDou-3 instantaneous RTK positioning:stochastic modeling and positioning performance assessment[J]. Journal of Spatial Science,2020,65(1):7－24.

[359]Wu M,Zhang X,Liu W,et al. Influencing factors of GNSS differential inter-system bias and performance assessment of tightly combined GPS,Galileo,and QZSS relative positioning for short baseline[J]. Journal of Navigation,2019,72(4):965－986.

[360]Qin W,Ge Y,Wei P,et al. Assessment of the BDS-3 on-board clocks and their impact on the PPP time transfer performance[J]. Measurement,2019,153:107356.

[361]Zhang P,Tu R,Wu W,et al. Initial accuracy and reliability of current BDS-3 precise positioning,velocity estimation,and time transfer (PVT)[J]. Advances in Space Research,2020, 65(4):1225－1234.

[362]Zhang P,Tu R,Zhang R,et al. Time and frequency transfer using BDS-2 and BDS-3 carrier-phase observations[J]. IET Radar,Sonar & Navigation,2019,13(8):1249－1255.

[363]Su K, Jin S. Triple-frequency carrier phase precise time and frequency transfer models for BDS-3[J]. GPS Solutions, 2019, 23(3):86.

[364]Brack A. Long Baseline GPS+BDS RTK Positioning with Partial Ambiguity Resolution [C]. Proceedings of the 2017 International Technical Meeting of the Institute of Navigation, Monterey, California, January 2017:754 - 762.

[365]Paziewski J, Sieradzki R. Integrated GPS+BDS instantaneous medium baseline RTK positioning: signal analysis, methodology and performance assessment[J]. Advances in Space Research, 2017, 60(12):2561 - 2573.

[366]Landau H, Vollath U, Chen X. Virtual reference station systems[J]. Journal of Global Positioning Systems, 2002, 1(2):137 - 143.

[367]Vollath U, Buecherl A, Landau H, et al. Multi Base RTK Positioning Using Virtual Reference Stations[C]. Proceedings of the 13th International Technical Meeting of the Satellite Division of the Institute of Navigation (ION GPS 2000), Salt Lake City, UT, September 2000:123 - 131.

[368]Liu J, Tu R, Han J, et al. Initial evaluation and analysis of NRTK positioning performance with new BDS-3 signals[J]. Measurement Science and Technology, 2021, 32(1):014002.

[369]Wang L, Chen R, Li D, et al. Initial assessment of the LEO based navigation signal augmentation system from Luojia-1A satellite[J]. Sensors, 2018, 18(11):3919.

[370]蒙艳松, 边朗, 王瑛, 等. 基于"鸿雁"星座的全球导航增强系统[J]. 国际太空, 2018, 478 (10):22 - 29.

[371]Kanhere A, Gao G X. Integrity for GPS/LiDAR Fusion Utilizing a RAIM Framework[C]. Proceedings of 31st International Technical Meeting of the Satellite Division of the Institute of Navigation (ION GNSS+ 2018), Miami, Florida, September 2018:3145 - 3155.

[372]Wen W, Zhang G, Hsu L. Correcting NLOS by 3D LiDAR and building height to improve GNSS single point positioning[J]. Navigation, 2019, 66(4):705 - 718.

[373]Chen D, Gao G X. Probabilistic graphical fusion of LiDAR, GPS, and 3D building maps for urban UAV navigation[J]. Navigation, 2019, 66(1):151 - 168.

[374]龚健雅, 季顺平. 摄影测量与深度学习[J]. 测绘学报, 2018, 47(6):693 - 704.

[375]邱凯昌, 万文辉, 赵红颖等. 视觉 SLAM 技术的进展与应用[J]. 测绘学报, 2018, 47(6): 770 - 779.

[376]孙凤池, 黄亚楼, 康叶伟. 基于视觉的移动机器人同时定位与建图研究进展[J]. 控制理论与应用, 2010, 27(4):488 - 494.

[377]赵望宇, 李必军, 单云霄, 等. 融合毫米波雷达与单目视觉的前车检测与跟踪[J]. 武汉大学学报(信息科学版), 2019, 44(12):1832 - 1840.

[378]Liu F, Sarvrood Y B, Gao Y. Implementation and analysis of tightly integrated INS/Stereo VO for land vehicle navigation[J]. Journal of Navigation, 2017, 71(1):1 - 17.